普通高等教育材料类系列教材

金属热处理原理及工艺

主　编　倪俊杰
副主编　彭晓领

机械工业出版社

本书阐述了有关钢铁和有色金属（铝合金、铜合金、钛合金、镁合金）的热处理原理及工艺，共 11 章，内容包括绪论、铁碳相图、钢的奥氏体转变、钢冷却时的珠光体转变、马氏体转变、贝氏体转变、钢的过冷奥氏体转变图、钢的退火与正火、钢的淬火与回火、钢的表面热处理、有色金属的热处理。

　　本书兼顾知识的系统性和实用性，注重反映近年来国内外在热处理方面的新成果和新发展，并给出了典型案例及分析。

　　本书为新形态教材，配套了授课视频，读者可扫描封面二维码，通过兑换码登录天工讲堂小程序进行观看、学习；分章节给出了思维导图，便于读者自学；同时还提供了电子课件、习题答案等资源，方便教师选用。

　　本书可作为高等院校材料类、机械类专业的金属热处理课程教材，也可供从事金属材料及热处理工作的工程技术人员参考。

图书在版编目（CIP）数据

金属热处理原理及工艺/倪俊杰主编. —北京：机械工业出版社，2022.2（2024.7重印）

普通高等教育材料类系列教材

ISBN 978-7-111-69768-8

Ⅰ.①金…　Ⅱ.①倪…　Ⅲ.①金属材料-热处理-高等学校-教材　Ⅳ.①TG151

中国版本图书馆 CIP 数据核字（2021）第 248361 号

机械工业出版社（北京市百万庄大街 22 号　邮政编码 100037）
策划编辑：赵亚敏　　　　　责任编辑：赵亚敏
责任校对：郑　婕　张　薇　封面设计：张　静
责任印制：李　昂
北京捷迅佳彩印刷有限公司印刷
2024 年 7 月第 1 版第 3 次印刷
184mm×260mm·16.5 印张·428 千字
标准书号：ISBN 978-7-111-69768-8
定价：49.00 元

电话服务　　　　　　　　　网络服务
客服电话：010-88361066　　机　工　官　网：www.cmpbook.com
　　　　　010-88379833　　机　工　官　博：weibo.com/cmp1952
　　　　　010-68326294　　金　书　网：www.golden-book.com
封底无防伪标均为盗版　　　机工教育服务网：www.cmpedu.com

前 言

"金属热处理"是金属材料工程专业的必修课程,也是其他材料学科知识体系的重要构成。课程内容源于生产用于生产,包括金属(合金)在加热和冷却过程中的固态相变规律、组织结构与性能之间的关联性,以及相变实现的途径和工艺。该课程理论性强,工程应用背景突出,学生在本科阶段熟练掌握相关理论与工程知识,对其未来在冶金、材料、机械、电子等领域从事金属或金属基复合材料设计制备、成形加工、热处理等工作具有重要意义。

本书具有的主要特色有以下几点:

1)本书内容反映热处理领域近年来的发展成果,以钢铁的热处理为基本构成,适当增加铝合金、铜合金、钛合金、镁合金等有色金属的热处理知识;增编铁碳相图内容,分别对淬火与回火、化学热处理与表面淬火进行了章节合并。

2)章节安排遵循"先理论、后工艺"的次序,原理论述清楚、扼要,以必需、够用为度,按照"加热→保温→冷却"路径为主线布局篇章,按照"组织结构→性能"和相变"热力学→动力学"的逻辑安排内容。

3)工艺以应用为目的,兼顾知识的系统性和实用性,配有典型实例、示例及工艺,可满足不同人才培养层次的需要。

4)规范了关键专业术语(如珠光体、马氏体、贝氏体、正火、退火、淬火、回火等)论述的先后次序,使本书具有较强的逻辑性和可读性。

5)分章节增添了思维导图,便于读者自学。

6)本书配套视频课程、电子课件、习题答案等资源,方便教师选用。

7)基于党的二十大报告中关于"我们要坚持教育优先发展、科技自立自强、人才引领驱动,加快建设教育强国、科技强国、人才强国,坚持为党育人、为国育才,全面提高人才自主培养质量"的要求,本书融入了"中国创造:笔头创新之路""中国第一座30吨氧气顶吹转炉"等视频,便于课程思政教学。

本书可作为高等院校材料类、机械类专业"金属热处理"课程的教材,也可供从事金属材料及热处理相关工作的工程技术人员参考。

全书共 11 章。第 1~3 章由中国计量大学彭晓领编写，第 4~11 章由聊城大学倪俊杰编写，第 7、8 章图片由聊城大学赵性川制作，第 8、10 章的工程案例由山东鑫亚股份有限公司高级工程师刘士香编写。全书由倪俊杰统稿，由山东大学吕宇鹏教授主审。

本书的编写参考了大量国内外教材与文献，获得山东省本科高校教学改革研究项目（编号：2015M051）、聊城大学规划教材建设项目（编号：JC201908）的支持，得到机械工业出版社的大力支持和帮助。在教材出版之际，向资金的支持方表示感谢！

由于编者水平所限，书中不足之处在所难免，敬请广大读者批评指正。

编 者

2021 年 6 月 16 日

目 录

CONTENTS

1

第 1 章

绪 论

    金属热处理是在固态下将金属或合金加热到一定温度、保温一定时间，然后用不同的冷却速度冷却下来，通过对加热速度、加热温度、保温时间、冷却速度四个要素的有机配合，使其发生相的转变，形成各种各样的组织结构，从而获得所需使用性能的一种热加工工艺。该工艺广泛用于冶金、材料、机械、航空、兵器等领域，已成为当今诸多工业部门不可或缺的技术。尤其是在机械行业，约 80% 的零部件、100% 的工模具需要进行热处理。热处理是提高机械零件和工模具的使用寿命和可靠性的关键工序，是机械工业的一项重要基础技术，在充分发挥金属材料的性能潜力，提升产品质量，延长产品寿命及提高经济效益方面都具有十分重要的意义。

1.1　金属热处理发展沿革与趋势

    金属热处理与人类发展同向而行。考古发现，退火技术在我国大约可以追溯到公元前三千年以前。在商朝退火处理被用来处理金箔；有文字记载，在春秋战国时期，固体渗碳、淬火、正火等热处理技术已用于生产，如河北易县燕下都出土的剑戟的显微组织中都有马氏体，这说明当时已经掌握了淬火技术。在三国和南北朝时期，人们懂得了不同水质及油脂对淬火件性能的影响，正如《蒲元别传》中"汉中水钝弱不任淬，蜀水爽烈易淬"，又如《北史》中记载"又造宿铁刀，其法烧生铁精以重柔铤，数宿则成钢。以柔铁为刀脊，浴以五牲之溺，淬以五牲之脂，斩甲过三十札"。这些热处理技术促进了当时社会的发展，先人知其然，却不知其所以然。直至 19 世纪 60 年代，随着铁碳相图及等温转变图的建立，热处理才由技艺变为科学。此后，X 射线衍射及各种电子显微技术的发展为热处理研究提供了强有力的技术支撑，加之相变理论、热力学等相关学科的发展，以及新材料、新技术的应用，热处理在理论研究和应用方面都取得了巨大进步。

    纵观热处理发展史，我国是世界上应用热处理技术最早的国家，在唐宋年间，中国的金属热处理技术领先世界，但在近代发展中却落后于西方国家。20 世纪 80 年代，我国热处理生产面貌得到明显改观，进入热处理科学研究和技术蓬勃发展的转折期。经过 40 多年的发展，目前我国在热处理技术和设备更新方面取得了显著成绩，在某些热处理新工艺、新技术方面取得了长足发展。2017 年，我国科学家集成运用"变形、热处理"技术，成功研制出超级钢，钢的屈服强度达到 2.2GPa，伸长率为 16%。在原理方面，我国起初学习和应用苏联的热处理理论，后从改革开放到 20 世纪末，学习欧洲、美国、日本的热处理理论。在此过程中，我国的专家学者（如徐祖耀、柯俊、刘宗昌等）也多有贡献，进入 21 世纪后，已有研究团队创新性地对前期热处理理论进行了修正、更新，促进了热处理原理的科学性、先进性及工业应用的可靠性。

目前，我国在金属热处理原理及技术方面均取得长足进展，但仍有以下不足之处：

1）热处理质量难以适应高端装备和关键零部件的要求。

2）热处理能耗大，环境污染严重。

3）高端热处理设备依赖进口。

我国热处理发展趋势如下：

1）发展绿色清洁的热处理技术，如真空低压渗碳技术、真空高压气淬技术、可控气氛热处理减量化技术、余热利用热处理技术等。

2）发展高端热处理装备。以标准化引领高端热处理设备发展，重点发展绿色化、精密化和智能化等技术，形成独具特色的高端热处理装备产业体系和标准化体系。

3）发展信息化智能热处理技术。综合运用计算机技术、精密传感技术、热处理机器人、精密控制技术，提高热处理质量和工作效率；优化工艺过程，实现节能环保；提高自动化、智能化水平，降低生产劳动强度与人力成本。

4）推进热处理标准化战略。开展先进热处理工艺装备标准的制定；加快材料尤其是有色金属热处理标准的制定；加大节能、环保、安全方面标准的制定和修订力度。

1.2 金属热处理工艺及类别

1.2.1 金属热处理工艺

热处理是金属材料制备中的关键工艺，与其他加工工艺不同，它一般不改变工件形状和整体的化学成分，而是通过改变材料内部的组织形态，或改变材料表面的化学成分，最终改善工件性能。热处理的特点是改变材料的内在质量，这种改变一般是肉眼无法看到的。热处理工艺一般分为加热、保温、冷却三个阶段（图1-1）；包括五个要素，即加热介质、加热速度、加热温度、保温时间和冷却速度。

（1）加热介质　高温下，加热介质可能与工件表面发生化学反应而改变其表层成分。例如，氧化性介质可使工件表面氧化，可能会使钢铁材料发生脱碳现象。

（2）加热速度　加热速度会影响工件的热应力、组织应力和相变过程。例如，高的加热速度会增大工件表面和心部的温度差，使热应力和组织应力增大，尤其是大型工件不能进行快速加热。

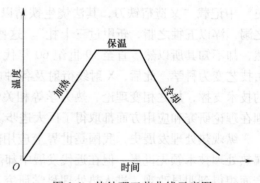

图 1-1　热处理工艺曲线示意图

（3）加热温度和保温时间　加热温度和保温时间是热处理加热规范的基本参数，决定了加热后金属内部的组织结构及构成相的成分。加热温度和保温时间要根据合金成分和热处理的目的而定，加热温度还需根据平衡相图，考虑金属及合金的相变临界点、再结晶温度等而确定，保温时间常由试验和经验确定。

（4）冷却速度　冷却是最重要的环节，对所有在冷却过程中发生相变的热处理，通过合理控制冷却速度就能获得所需组织，达到性能要求。

1.2.2　金属热处理的类别

根据冷却方式及钢的组织性能变化特点，结合加热温度范围，归纳出图 1-2 所示金属热处理的主要类别。

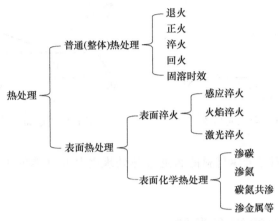

图 1-2　金属热处理的类别

应指出，表面淬火属于局部热处理，而表面化学热处理属于整体热处理，普通热处理通常属于整体热处理。其中，固溶时效是铝、铜、镁等有色金属最常用的热处理方法。根据热处理在工件加工工序中的位置差异，可分为预备热处理和最终热处理，前者主要为满足工件加工性能要求，后者是为满足工件组织和使用性能要求。淬火/回火和表面热处理都属于最终热处理，部分正火、退火也属于最终热处理。

1.3　金属热处理的理论依据

并非所有的金属材料都可以进行热处理。原则上，只有在加热或冷却过程中发生固态相变，或者固溶度发生显著变化的合金才可以热处理。对于纯金属，必须要有同素异构转变才可以进行热处理。例如，纯铁存在奥氏体和铁素体的同素异构转变，可以进行热处理。铜、铝等不存在同素异构转变的

视频 1

纯金属，在加热和冷却过程中，没有相和组织的变化，无法进行热处理。这类材料只能通过形变强化或者再结晶退火的方式来提高性能。需要注意的是，这里所讨论的热处理不包括低温的去应力退火。

例如，Cu-Ni 合金无法热处理。因为从图 1-3 中可以看出，Cu-Ni 合金固相时为两组元无限互溶的固溶体，对于任意成分 C_0，加热至固相线温度 T_0 前，不存在溶解度变化和固态相变。然而，在 Mg-Cu 合金二元相图（图 1-4）中，位于 C 点以左的合金，室温相为 α 和 Mg_2Cu 相。升温时，α 相的固溶度增大，Mg_2Cu 相成分不变，但部分 Mg_2Cu 会溶解，其中的 Cu 溶入 α 相。降温时，α 相的固溶度降低，固溶体 α 中的部分 Cu 脱溶析出，生成 Mg_2Cu 相。因此，C 点左侧成分的 Mg-Cu 合金，可以通过热处理调节合金组织，改善性能。位于 C 点以右的合金，室温相为 Mg_2Cu 相和 $MgCu_2$ 相。温度改变时，合金的相和组织都不变化，故 C 点右侧成分的 Mg-Cu 合金不能热处理。

4

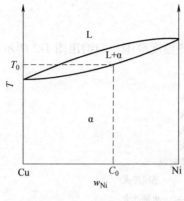

图 1-3 Cu-Ni 合金二元相图

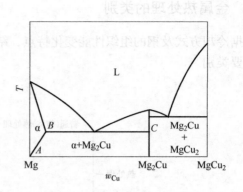

图 1-4 Mg-Cu 合金二元相图

综上，合金相图是判定金属材料能否通过热处理提升其性能的理论依据，是研究金属材料热处理最重要的工具。

1.4 金属热处理中的相变类型

热处理过程中发生的相变类型繁多，特征各异。按相变状态，可以分为平衡相变和非平衡相变；按原子迁移方式，分为扩散型相变、过渡型相变和无扩散型相变；按相变时热力学函数的变化特征，固态相变分为一级相变和二级（或高级）相变；按长大方式，分为形核-长大型相变和非形核-长大型相变。下面简要介绍平衡转变和非平衡转变。

1.4.1 平衡转变

在足够缓慢加热或冷却过程中发生的，符合平衡相图所描述的转变过程，并获得相图所示的平衡组织的相变，称为平衡转变。平衡转变主要有以下几种：

（1）同素异构转变　单质在温度和压力变化时，由一种晶体结构转变为另一种晶体结构的过程，称为同素异构转变。铁、锰、铬、锡、钨、钛等具有多种晶体结构，在一定条件下会发生同素异构转变。纯铁具有三种同素异构体，即 α-Fe、γ-Fe 和 δ-Fe。纯铁加热至 912℃ 时，由 α-Fe 转变为 γ-Fe，继续加热至 1394℃ 时，又会转变为 δ-Fe。

（2）共析转变　冷却时，由一个固相同时分解为另外两个不同固相的固态转变，称为共析转变。共析转变的生成相与母相的成分和结构不相同，反应式为：

$$\alpha \longrightarrow \beta + \gamma \tag{1-1}$$

例如，铁碳相图中的 PSK 线对应于共析转变。降温时，奥氏体经共析转变形成珠光体；加热时，珠光体在共析线以上重新转变为奥氏体（详见第 2 章）。

（3）平衡脱溶沉淀　图 1-5 所示为 A-B 二元合金相图。PQ 为固溶度曲线，组元 B 在 α 相中的固溶度随温度降低而减小。在 O 点以上温度时，C_0 成分的合金为稳定的单相固溶体。缓慢降温至 O 点以下时，B 在 α 相中的溶解度超过饱和固溶度。过饱和的 B 以 β 相的形式从 α 相中脱溶析出，这一过程称为平衡脱溶沉淀。在平衡脱溶沉淀过程中，新相 β 与母相 α 的成分、结构都不相同，温度越低，脱溶沉淀出的 β 相越多，母相 α 越少，但母相不会消失。平衡脱溶沉淀的反应式为：

$$\alpha \longrightarrow \alpha' + \beta \qquad (1\text{-}2)$$

例如，铁碳相图中的 ES 线是碳在奥氏体中的饱和固溶度曲线。随着温度下降，碳的饱和固溶度随之降低，奥氏体沿 ES 线不断析出二次渗碳体（详见第 2 章图 2-9）。

（4）调幅分解　高温时的均匀固溶体，在缓慢冷却至某一温度范围时，分解为两种结构与母相相同，但成分明显不同的新相的转变，称为调幅分解。调幅分解的反应式为：

$$\alpha \longrightarrow \alpha_1 + \alpha_2 \qquad (1\text{-}3)$$

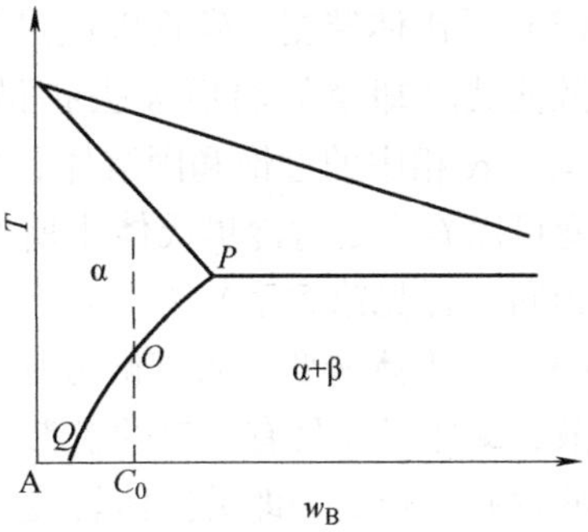

图 1-5　二元合金相图中的平衡
脱溶沉淀示意图

调幅分解的特征是溶质从低浓度区向高浓度区扩散（即上坡扩散），使均匀的单相固溶体转变为两相不均匀的固溶体，属于非形核转变。例如，铝镍钴永磁合金由高温 α 相通过调幅分解形成 α_1 和 α_2 两个晶格常数和成分不同的室温体心立方相，即 $\alpha(\text{Al-Ni-Co})_{高温} \longleftrightarrow \alpha_1(\text{Fe-Co}) + \alpha_2(\text{Ni-Al})$。富含 Fe、Co 的强磁性相 $\alpha_1(\text{Fe-Co})$ 分散在非磁性相 $\alpha_2(\text{Ni-Al})$ 基体上，获得高矫顽力。

（5）有序化转变　在平衡条件下，固溶体中各组元原子的相对位置由无序到有序的转变过程，称为有序化转变。有序化转变的反应式为：

$$\alpha(\text{无序}) \longrightarrow \alpha'(\text{有序}) \qquad (1\text{-}4)$$

Cu-Zn、Au-Cu、Fe-Al 等合金可发生有序化转变。例如，铝含量为 13.9% ~ 20.0% 的铁铝合金，从 700℃ 以上的无序 α 相缓慢冷却时，将会发生 $\alpha \longrightarrow \beta(\text{Fe}_3\text{Al})$ 的转变，产物 Fe_3Al 为体心立方结构的有序固溶体。

1.4.2　非平衡转变

固体材料在快速加热和冷却条件下，平衡转变受到抑制，将会偏离平衡相图所描述的转变过程，获得不平衡组织或亚稳态组织，称为非平衡转变。常见的固体非平衡转变主要包括以下五种。

（1）不平衡脱溶沉淀　如图 1-5 所示，若 C_0 成分的合金由 α 相快速冷却至 PQ 线以下时，β 相来不及析出，直接得到过饱和固溶体 α'。α' 为热力学非稳定相，在 PQ 线下某个温度等温时，溶质原子具有一定的扩散能力，会逐渐从 α' 相中脱溶析出新相。新相在析出的初始阶段，其成分和结构均与平衡沉淀相 β 不同，这种相变称为不平衡脱溶沉淀，也称为时效。

在低碳钢或铝、镁等有色金属中，都会发生不平衡脱溶沉淀。

（2）伪共析转变　以碳钢共析部分的相图（图 1-6）为例，当奥氏体快速冷却至 GS 和 ES 延长线所包围的阴影区域时，铁素体和渗碳体同时析出，形成单一的珠光体组织，该过程称为伪共析转变，相应的组织为伪共析组织。在伪共析转变前，过冷奥氏体的先共析铁素体或先共析渗碳体转变过程被抑制，亚共析钢或过共析钢都能获得单一的伪共析珠光体（详见第 4 章）。

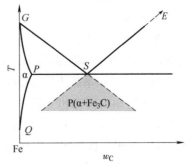

图 1-6　碳钢中的伪共析转变示意图

（3）**马氏体转变**　碳钢以超过某一临界值的冷却速度冷却时，铁原子和碳原子来不及发生扩散便被冷却至低温而失去扩散能力，过冷奥氏体以无原子扩散的方式实现 γ 相到 α' 相（碳在 α 相中的过饱和固溶体，即马氏体）的点阵改组，这种转变称为马氏体转变。马氏体转变可以看作是过冷奥氏体中所有原子的短程协同位移。转变产物马氏体的成分与母相奥氏体相同（详见第 5 章）。

（4）**贝氏体转变**　碳钢被冷却至珠光体转变和马氏体转变之间的温度区域时，铁原子难以扩散，碳原子尚具有一定的扩散能力，过冷奥氏体将产生一种不同于珠光体转变和马氏体转变的过渡性转变，即贝氏体转变。转变产物为贝氏体，其组成相为 α 相和碳化物，但两相的形态和分布均与珠光体的不同（详见第 6 章）。

（5）**块状转变**　在一定的冷却速度下（小于马氏体转变的临界速度），母相通过界面的短程扩散，转变为成分相同但晶体结构不同的块状新相，称为块状转变。与马氏体转变不同，块状新相不是过饱和相，新相、母相间为非共格界面。

在纯铁或低碳钢中，γ 相可通过块状转变生成 α 相。此外，Cu-Zn、Ti-Al 等合金中均存在块状转变。

1.5　金属热处理中的相变热力学

相变热力学指出，系统内相状态的稳定性取决于其自由能的高低，自由能最低的状态是该条件下的最稳定状态。一切系统都有降低自由能以达到稳定状态的自发趋势。如果具备引起系统自由能降低的条件，系统将自发地从高能状态向低能状态改变，即发生自发转变。固态相变就是这种自发转变，只有当新相自由能低于旧相自由能时相变才有可能发生。

1. 相变驱动力

系统发生转变的热力学条件是新相自由能低于旧相自由能。新旧两相的自由能差 ΔG 即为旧相自发转变为新相的相变驱动力。

图 1-7 所示为系统各相自由能 G 随温度 T 的变化关系。可以看出，G 均随 T 升高而降低，两相的自由能曲线相交于 T_0 点。在 T_0 处，$G_\alpha = G_\gamma$，两相处于平衡状态，T_0 称为理论转变温度。当温度低于 T_0 时，$G_\alpha < G_\gamma$，γ 相应该转变为 α 相；反之当温度高于 T_0 时，α 相应该转变为 γ 相。但因为相变阻力，固相转变并不发生在 T_0 处。只有通过冷却或加热，产生必要的过冷（$\Delta T = T_0 - T_1$）或过热（$\Delta T = T_2 - T_0$）才能获得相变所需的自由能差（$\Delta G_{\gamma \rightarrow \alpha}$ 或 $\Delta G_{\alpha \rightarrow \gamma}$），从而发生 $\gamma \rightarrow \alpha$ 或 $\alpha \rightarrow \gamma$ 的相变。显然，随着过冷度或过热度（ΔT）增大，自由能差值 ΔG 增大，相变驱动力也增大，有利于相变的进行。

2. 相变阻力

固态相变过程中，除了需要相变驱动力，还必须克服相变的阻力。该相变阻力源于固态相变时新、旧两相晶胞参数的不同，包括新相受母相的约束不能自由缩胀而产生的弹性应变能，新相产生时在系统中增加的新的界面能。

图 1-8 所示为固态相变势垒示意图。状态 Ⅰ 代表自由能较高的母相（γ），状态 Ⅱ 代表自由能较低的稳定新相（α）。根据热力学条件，由于 α 相和 γ 相之间存在自由能差 $\Delta G_{\gamma \rightarrow \alpha} = G_\gamma - G_\alpha > 0$，$\gamma$ 相有自发转变为 α 相的趋势。但要使相变得以进行，不仅要有 $\Delta G_{\gamma \rightarrow \alpha}$，而且还要有克服相变势垒 Δg 的附加能量。该相变势垒通常表现为新相和母相之间的界面能和弹性应变能。

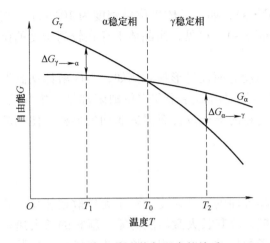

图 1-7　各相自由能与温度的关系

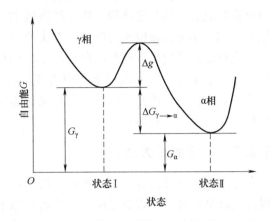

图 1-8　固态相变势垒示意图

1.6　金属热处理中的相变动力学

相变动力学所讨论的是相变的速度问题，即在一定温度下相转变量与时间的关系。宏观的相变速度取决于微观上新相的形核和长大速率。

1.6.1　新相的形核

绝大多数固态相变都是通过形核和长大过程完成的。若晶核在母相中无择优地随机均匀分布，称为均匀形核；若晶核在母相中某些区域择优地不均匀分布，则称为非均匀形核。

固态相变均匀形核的驱动力也是新旧两相的自由能差，阻力为界面能和弹性应变能。按照经典形核理论，固态相变均匀形核时系统自由能的总变化 ΔG 为：

$$\Delta G = -V\Delta G_V + S\sigma + V\varepsilon \tag{1-5}$$

式中，V 为新相体积；ΔG_V 为新相与母相间的单位体积自由能之差；S 为新相表面积；σ 为新相与母相间的单位面积界面能；ε 为新相单位体积弹性应变能。

由于固态相变阻力大，相变的均匀形核率非常低，因此固态材料中很少以均匀形核的方式发生相变。

当新相晶核在母相晶体缺陷处形成时，系统自由能的总变化为：

$$\Delta G = -V\Delta G_V + S\sigma + V\varepsilon - \Delta G_d \tag{1-6}$$

与式（1-5）相比，式（1-6）增加了由于晶体缺陷消失或减少所降低的能量 ΔG_d，不同种类的晶体缺陷对新相形核的促进能力不同。金属热处理中，发生相变非均匀形核的位置主要有晶界、位错和空位。

多晶体中的晶界可分为两晶粒间界面、三晶粒界棱和四晶粒间的界隅三种。界面、界棱和界隅都可以提供其所储存的畸变能来促进形核。在界面形核时，只有一个界面可供晶核吞食；在界棱形核时，有三个界面供晶核吞食；在界隅形核时，可被晶核吞食的界面有六个。所以，从能量角度来看，界隅提供的能量最大，界棱次之，界面最小。当过冷度较小时，界隅成为优先形核位置；当过冷度较大时，形核驱动力增大，形核功减小，无论哪种位置形核的能量障碍都不大。

位错可以促进形核。据估算，当相变驱动力很小，且新相和母相之间的界面能约为 2×

$10^{-5}\text{J}/\text{cm}^2$ 时，均匀形核的形核率仅为 $10^{-70}/(\text{cm}^3\cdot\text{s})$；如果晶体中位错密度为 $10^8/\text{cm}^2$，则由位错促成的非均匀形核的形核率约高达 $10^8/(\text{cm}^3\cdot\text{s})$。可见，当晶体中存在较高密度的位错时，固态相变很难以均匀形核的方式进行。

空位通过影响扩散或利用自身能量提供形核驱动力而促进形核。例如，当固溶体从高温快速冷却下来时，会形成过饱和固溶体。这种固溶体对溶质原子和空位缺陷都是过饱和的。空位一方面促进溶质原子扩散，同时又作为新沉淀相的形核位置而促进非均匀形核，使沉淀相弥散分布于整个基体中。

1.6.2 新相的长大速率

稳态晶核会长大成新相，新相的长大速率即相界面的移动速度。对于无扩散型相变，其界面迁移是通过点阵切变完成的，不需要原子扩散，故其长大激活能为零，新相的长大速率很高；对于扩散型相变，其界面迁移需要借助原子的扩散，故新相的长大速率较低。扩散型相变中的新相长大又分两种情况：一是新相形成时无成分变化，只有原子的近程扩散；二是新相形成时有成分变化，新相长大需要通过溶质原子的长程扩散。下面分别讨论这两种情况下新相的长大速率。

1. 无成分变化的新相长大速率

若新相 α 与母相 γ 成分相同，新相长大可以看成 γ 相与 α 相界面的移动，其实质是两相界面附近原子的短程扩散，新相长大速率受界面扩散（短程扩散）所控制。

假设单层原子厚度为 λ，每当相界面上有一层原子从 γ 相跳到 α 相上，α 相便增厚 λ，则在单位时间内 α 相的长大速率为：

$$u=\lambda\nu\exp\left(-\frac{Q}{kT}\right)\left[1-\exp\left(-\frac{\Delta G_{\gamma\longrightarrow\alpha}}{kT}\right)\right] \tag{1-7}$$

式中，ν 为原子的振动频率；Q 为扩散激活能；$\Delta G_{\gamma\longrightarrow\alpha}$ 为图 1-7 中所示 γ 相与 α 相的自由能差。

当过冷度很小时，新相和母相的自由能差 $\Delta G_{\gamma\longrightarrow\alpha}$ 趋近于 0。根据数学近似，当 x 趋近于 0 时，$e^x\approx1+x$。因此，有：

$$\exp\left(-\frac{\Delta G_{\gamma\longrightarrow\alpha}}{kT}\right)\approx1-\frac{\Delta G_{\gamma\longrightarrow\alpha}}{kT} \tag{1-8}$$

将式（1-8）代入式（1-7），可得：

$$u=\lambda\nu\frac{\Delta G_{\gamma\longrightarrow\alpha}}{kT}\exp\left(-\frac{Q}{kT}\right) \tag{1-9}$$

可见，当过冷度很小时，新相的长大速率与两相间的自由能差呈正比。而两相自由能差与过冷度（或温度）直接相关。降温转变时，温度越低，过冷度越大，两相自由能差越大，则新相的长大速率越快。升温转变时，温度越高，过热度越大，两相自由能差越大，新相的长大速率越快。

当过冷度很大时，$\Delta G_{\gamma\longrightarrow\alpha}\gg kT$，$\exp\left(-\frac{\Delta G_{\gamma\longrightarrow\alpha}}{kT}\right)$ 趋近于 0，则式（1-7）变为：

$$u=\lambda\nu\exp\left(-\frac{Q}{kT}\right) \tag{1-10}$$

可见，新相的长大速率取决于过冷度（或温度）。降温转变时，过冷度越大，温度越低，则新相的长大速率越慢。升温转变时，过热度越大，温度越高，新相的长大速率越快。

　　综上所述，对于降温转变，新相的长大速率随温度降低呈先增大后减小的趋势，如图 1-9 所示。在相变临界温度 T_0 以下，随温度降低，两相自由能差 ΔG 增大，原子扩散系数 D 减小，二者相互竞争。在降温初期，过冷度 ΔT 很小，此时自由能差 ΔG 占据主导，新相的长大速率随温度降低逐渐增大；随着温度的降低，过冷度 ΔT 增大，扩散系数 D 会占据主导，此时新相的长大速率随温度降低逐渐减小。

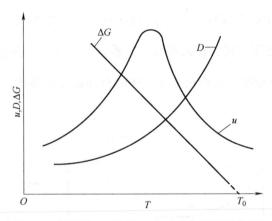

图 1-9　降温转变时新相长大速率与温度的关系

　　对于升温转变，新相的长大速率随温度升高而持续增大，如图 1-10 所示。在相变临界温度 T_0 以上，随温度升高，两相自由能差 ΔG、原子扩散系数 D 均增大，二者促进相变，新相的长大速度随温度升高而增大。

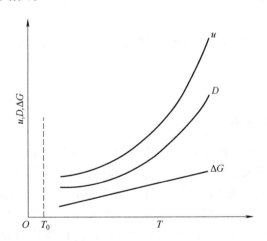

图 1-10　升温转变时新相长大速率与温度的关系

2. 有成分变化的新相长大速率

　　当新相 α 和母相 γ 的成分不同时，新相的长大必须通过溶质原子的长程扩散来实现，其长大速率受扩散控制。

　　图 1-11 所示为新相生长过程中溶质原子的浓度分布。如图 1-11a 所示，在某一转变温度下，新相 α 中溶质原子的浓度 C_α 低于母相 γ 中的浓度 C_∞，相界面上新相 α 和母相 γ 的平衡浓度分别为 C_α 和 C_γ，新相长大过程中溶质原子需要由相界面处扩散到母相内远离相界面的区

域。类似地，如图 1-11b 所示，溶质原子则由母相内远离相界面的区域扩散至相界面处。在这种情况下，相界面的移动速度将由溶质原子的扩散速度所控制，即新相长大速率取决于原子的扩散速度。新相长大速率为：

$$u=\frac{\mathrm{d}x}{\mathrm{d}t}=\frac{D}{|C_\gamma-C_\alpha|}\left(\frac{\partial C_\gamma}{\partial x}\right)_{x_0} \tag{1-11}$$

式中，D 为溶质原子在 γ 相中的扩散系数。式（1-11）表明新相的长大速率 u 与扩散系数 D 和相界面附近母相中的浓度梯度 $\left(\dfrac{\partial C_\gamma}{\partial x}\right)_{x_0}$ 成正比，而与相界面上的平衡浓度差的绝对值 $|C_\gamma-C_\alpha|$ 成反比。当温度下降时，扩散系数 D 急剧减小，因此，新相长大速率也随温度下降而降低。此外，当温度不变时，新相长大速率还随时间延长而降低，因为 $\left(\dfrac{\partial C_\gamma}{\partial x}\right)_{x_0}$ 值将随着晶核的长大而不断降低。

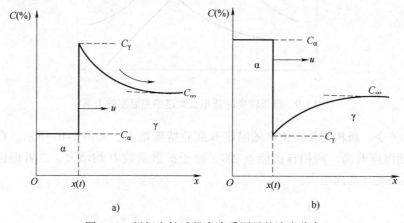

图 1-11 新相生长过程中溶质原子的浓度分布

本章小结及思维导图

    金属热处理从技艺到科学的发展经历了漫长岁月，金属热处理原理产生于 19 世纪后半叶，成长于 20 世纪，成熟于 21 世纪初；热处理技术现已成为具有理论指导的关乎社会进步的关键技术，并向绿色清洁、智能化等方向发展。通常，热处理分为"加热、保温、冷却"三个阶段，涉及"加热介质、加热速度、加热温度、保温时间和冷却速度"五个要素，包括整体和表面热处理两种类型。只有在加热或冷却过程中发生固态相变，或者固溶度发生显著变化的合金才可以热处理。热处理的相变可能是平衡态转变，也可能是非平衡态转变；相变只有在新相自由能低于旧相自由能时才可能发生，相变的快慢取决于新相形核及长大速率。本章思维导图如图 1-12 所示。

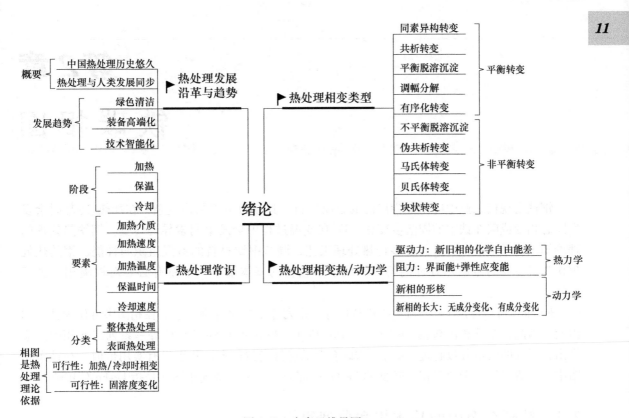

图 1-12　本章思维导图

第 2 章
铁 碳 相 图

钢铁是现代工业中应用最为广泛的金属材料，其显微组织结构复杂，在加热/冷却时会发生固态相变或碳在铁中的固溶度变化，Fe 在变温过程中会发生同素异构转变。钢铁热处理的理论知识体系丰富，可以通过多种热处理工艺，调节钢铁材料的室温组织与性能。钢的热处理作为最主要的金属热处理内容，构成了本教材的基本篇幅，本章有必要对铁碳相图进行论述。

Fe 和 C 可以形成 Fe_3C、Fe_2C 和 FeC 等一系列稳定的化合物，它们在相图中可作为独立的组元。因此，铁碳相图包括 $Fe-Fe_3C$、Fe_3C-Fe_2C、Fe_2C-FeC 和 FeC-C 等一系列二元相图。应指出，当碳的质量分数超过 6% 时，铁碳合金的脆性变得很大，几乎没有实用价值。在铁碳相图中，一般仅研究碳含量相对较低的 $Fe-Fe_3C$ 部分。通常，铁碳相图就是指 $Fe-Fe_3C$ 相图。

2.1 铁碳合金中的基本相和典型组织

2.1.1 铁的同素异构转变

铁是过渡族金属元素，原子序数为 26，相对原子质量为 55.845。在标准大气压条件下，纯铁的熔点为 1538℃，沸点为 2750℃。在标准状态下，理论密度为 $7.874g/cm^3$。

纯铁具有三种同素异构体，即 δ-Fe、γ-Fe 和 α-Fe。图 2-1 所示为纯铁从液相到室温时冷却曲线、晶体结构及相应组织的变化过程。纯铁从液态冷却时，在 1538℃ 的熔点凝固结晶，生成体心立方晶格的 δ-Fe。继续降温至 1394℃ 时，δ-Fe 经同素异构转变生成面心立方晶格的 γ-Fe。降温至 912℃ 时，再次发生同素异构转变，由 γ-Fe 转变生成体心立方的 α-Fe。α-Fe 在 770℃（铁的磁性居里温度）进一步发生磁性转变，由高温的顺磁性转变为低温的铁磁性。在磁性转变前后，铁的晶体结构没有发生变化，该转变不属于一级相变，属于二级相变。应指出，δ-Fe 和 α-Fe 虽然皆为体心立方晶格，但 δ-Fe 相的晶格常数略大于 α-Fe，四面体和八面体间隙更大，对碳的最大固溶度更高。式（2-1）描述了纯铁由液态冷却凝固并发生同素异构转变的过程：

$$\underset{\text{液态}}{L(Fe)} \xrightarrow{1538℃} \underset{\text{体心立方}}{δ\text{-}Fe} \xrightarrow{1394℃} \underset{\text{面心立方}}{γ\text{-}Fe} \xrightarrow{912℃} \underset{\text{体心立方}}{α\text{-}Fe} \tag{2-1}$$

纯铁的同素异构转变与液固转变的结晶过程类似但不同。二者同为形核长大过程；液固转变通常为均匀形核，同素异构转变属于固态相变，为非均匀形核过程。图 2-2 所示为纯铁降温过程中形成的三种典型的同素异构组织示意图。图 2-2a 所示为高温初生 δ-Fe 晶粒。在 δ-Fe 相向 γ-Fe 相转变时，新相在母相晶界处形核、长大，形成 γ-Fe 晶粒（图 2-2b）。同样，在 γ-

Fe 相向 α-Fe 相转变时，相变依然在晶界处发生，最终形成如图 2-2c 所示的 α-Fe 晶粒。显见，经两次同素异构转变后，晶粒得到明显的细化。在实际应用中，铁的同素异构转变具有重要意义，是钢热处理的基础。

以下三个特征温度应予指出：①α-Fe 在 770℃ 的磁性转变称为 A_2 转变，对应的温度为 A_2 温度。②912℃ 时，γ-Fe 与 α-Fe 的转变称为 A_3 转变，对应的温度为 A_3 温度（当 α-Fe 中碳含量增加时，A_3 温度不断降低；在铁碳相图中，A_3 转变对应于 GS 线，A_3 温度为 912～727℃）。③1394℃ 时，δ-Fe 与 γ-Fe 的转变称为 A_4 转变，对应的温度为 A_4 温度（当 α-Fe 中碳含量增加时，A_4 温度不断升高；在铁碳相图中，A_4 转变对应于 NJ 线，A_4 温度为 1394～1495℃）。

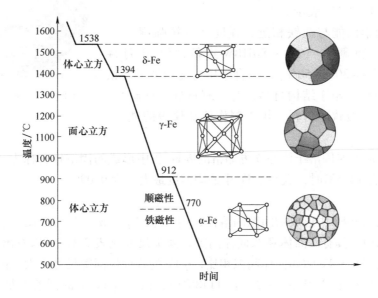

图 2-1　纯铁的冷却曲线、晶体结构及相应组织的变化过程

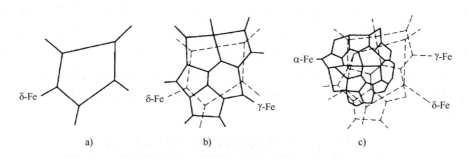

图 2-2　纯铁结晶后的三种同素异构组织
a) 高温初生 δ-Fe　b) γ-Fe　c) α-Fe

2.1.2　铁碳合金的基本相

在熔融液态中，铁和碳无限互溶。固态时，碳有限溶于铁中形成间隙固溶体。当碳含量超出固溶体的饱和溶解度时，则析出渗碳体 Fe_3C。因此，铁碳合金的固态基本相主要包括：

铁素体、奥氏体和渗碳体。

1. 铁素体

铁素体是碳在 α-Fe 中形成的间隙固溶体，用符号"α"或"F"表示，它保持了 α-Fe 的体心立方晶格结构，显微组织如图 2-3 所示。

在铁素体体心立方晶格中，四面体和八面体间隙尺寸较小，碳在其中的饱和固溶度极低。727℃时，碳在 α-Fe 中的固溶度最大，为 0.0218%。随着温度升高或降低，碳的饱和固溶度都逐渐降低。室温时，碳在 α-Fe 中的饱和固溶度仅为 0.0008%。在后面章节中，如无特殊说明，相对含量都是指质量分数，用符号"%"表示。

铁素体的力学性能与纯铁相近，强度（抗拉强度 R_m = 180～280MPa）和硬度（50～80HBW）低，但塑韧性好（断裂伸长率 A=30%～50%），适合于压力变形加工。铁素体因强度低而很少用于结构材料；它具有良好的铁磁性，磁导率较高，适合做软磁材料，用于制作仪器仪表的铁心、磁轭等。

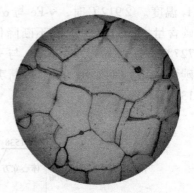

图 2-3　铁素体的显微组织

另外，碳在高温时固溶于体心立方晶格的 δ-Fe 相中形成的固溶体，称为 δ 铁素体，一般用"δ"表示。在1495℃时，碳在 δ-Fe 中的固溶度最大，为 0.09%。

2. 奥氏体

奥氏体是碳在 γ-Fe 中形成的间隙固溶体，用符号"γ"或"A"表示。它保持了 γ-Fe 的面心立方晶格结构，具有四面体和八面体间隙，间隙尺寸见表 2-1。可以看出，与 α-Fe 的四面体、八面体间隙及 γ-Fe 的四面体间隙相比，γ-Fe 的八面体间隙尺寸最大。因此，碳在 γ-Fe 中的饱和固溶度比在 α-Fe 中大许多。在1148℃时，碳在 γ-Fe 中的固溶度最大，为 2.11%，摩尔比为 9.1%，相当于 2.5 个奥氏体晶胞中含有 1 个碳原子。随温度升高或降低，碳的饱和固溶度都逐渐降低。在 727℃时，碳在 γ-Fe 中的饱和固溶度为 0.77%。应指出，当碳原子溶入时，将导致八面体中心膨胀，使晶格点阵产生畸变，且畸变程度随碳的质量分数的增加而增大，这将减小剩余间隙的尺寸，阻碍其对碳原子的容纳，使碳在奥氏体中的实际固溶度明显低于八面体间隙理论上填满时碳的质量分数（约 20%）。此外，奥氏体中碳原子分布是不均匀的，存在着贫碳区和富碳区，例如，在 w_C = 0.85% 的奥氏体中存在大量比平均碳质量分数高 8 倍的微区，换言之，奥氏体中存在碳的浓度起伏，这是它在后续冷却时发生固态相变的重要条件之一。

表 2-1　α-Fe 和 γ-Fe 中四面体和八面体间隙的尺寸

铁的晶体结构	间隙类型	间隙半径/Å	间隙半径与铁原子半径的比值
体心立方 （晶格常数 a=2.87Å）	四面体间隙	0.3599	0.29
	八面体间隙	0.1862	0.15
面心立方 （晶格常数 a=3.66Å）	四面体间隙	0.2792	0.225
	八面体间隙	0.5138	0.414

奥氏体的显微组织如图 2-4 所示，它在铁碳合金中为高温相，常存在于 727~1495℃ 的温度范围内。与低温时的组织产物相比，高温奥氏体的强度和硬度（110~220HBW）较低，韧性和塑性较好（伸长率 $A = 40\% \sim 50\%$），易于加工，俗语中的"趁热打铁"皆源于此。通常，锻造、轧制需将钢加热至奥氏体状态才可实施。

奥氏体呈顺磁性，不具有铁磁性，该特性可用于分辨不锈钢的组织为奥氏体还是铁素体。

3. 渗碳体

渗碳体分子式为 Fe_3C，常记为 C_m，属于正交晶系（图 2-5），晶格常数为：$a = 0.452nm$，$b = 0.509nm$，$c = 0.674nm$。单个晶胞中含有 12 个铁原子，4 个碳原子。渗碳体的碳质量分数为 6.69%，熔点为 1227℃。

图 2-4 奥氏体的显微组织

渗碳体是铁和碳形成的间隙化合物，是一种硬脆相，硬度很大（约为 800HBW），与金刚石接近；塑性很差，伸长率几乎等于零，极少单独使用。渗碳体是碳钢的主要增强相，组织形态可呈片状、网状、板条状或粒状，显微组织如图 2-6 所示。渗碳体的含量、形态与分布对碳钢的性能有很大影响。

渗碳体是一种亚稳相，在一定条件下会分解为石墨。渗碳体在室温具有铁磁性，居里温度为 230℃，渗碳体在 230℃ 的磁性转变称为 A_0 转变，相应的温度为 A_0 温度。

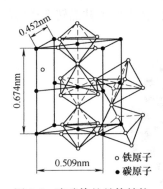

图 2-5 渗碳体的晶体结构

图 2-6 渗碳体的显微组织

2.1.3 典型组织

铁素体、奥氏体和渗碳体是铁碳合金的基本相，也是基本组织。除此之外，铁碳合金还包括两种典型组织：珠光体和莱氏体。

1. 珠光体

珠光体是铁素体和渗碳体的机械混合物，用符号 P 表示，它是奥氏体发生共析转变析出的产物。珠光体的碳含量为 0.77%，其中片状的铁素体和渗碳体占比分别为 88.8% 和 11.2%，它们相间分布，铁素体比渗碳体层片厚很多。渗碳体除呈片状之外，也可呈粒状（球状），故珠光体可分为片状珠光体和球状珠光体，显微组织如图 2-7 所示。

珠光体的综合力学性能比单独的铁素体或渗碳体都好。多数力学性能指标介于铁素体和渗碳体之间，强度、硬度适中，韧性较好。这是因为珠光体中的渗碳体量比铁素体量少得多，

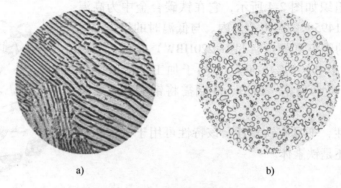

图 2-7 珠光体的显微组织

a）片状珠光体 b）粒状珠光体

且硬质渗碳体对铁素体基体起到良好的增强、增硬效果。此外，组织的片层间距越小，珠光体的强度和硬度越高，塑性变形抗力越大。

2. 莱氏体

莱氏体由液态铁碳合金发生共晶转变形成的奥氏体和渗碳体所组成（A+Fe₃C），用符号 Ld 表示。在莱氏体中，渗碳体连续分布，奥氏体呈颗粒状分布在渗碳体的基体上（图 2-8）。降温时，奥氏体先析出二次渗碳体，然后在 727℃发生共析转变，生成珠光体。因此，莱氏体室温时的组织组成为：珠光体、二次渗碳体和共晶渗碳体（P+Fe₃C_II+Fe₃C），该混合组织称为低温莱氏体或变态莱氏体，用符号 L'd 表示。变态莱氏体保留了共晶转变产物的形态特征。

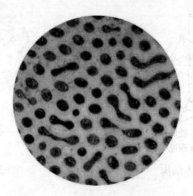

图 2-8 莱氏体的显微组织

莱氏体中碳的质量分数为 4.3%，基体是硬脆的渗碳体。所以，莱氏体硬度高，塑性很差，是一种硬脆的组织。莱氏体中的渗碳体含量高，断口为亮白色，故得名白口铸铁或共晶白口铁。

2.2 铁碳相图分析

铁碳相图是研究铁碳合金最重要的工具，用于研究钢铁成分、温度、组织、性能之间的关系，是制定钢铁热处理工艺的重要依据。图 2-9 所示是 Fe-Fe₃C 相图。该图在极其缓慢的冷却条件下获得，描述了不同成分铁碳合金的相以及组织随温度平衡转变的状态。

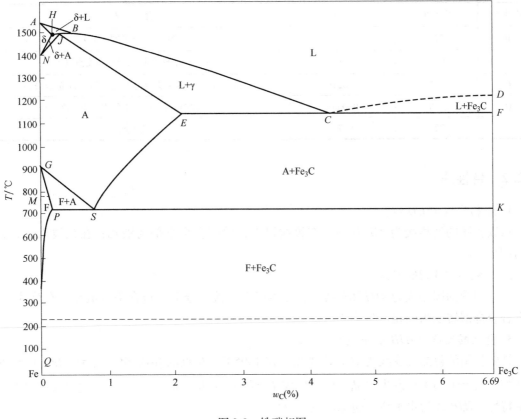

图 2-9　铁碳相图

2.2.1　特性点

Fe-Fe₃C 相图中各特性点所对应的温度、碳质量分数及含义见表 2-2。图 2-9 和表 2-2 中的各特性点的符号为国际通用，不可随意更换。

表 2-2　Fe-Fe₃C 相图中的特性点

特性点	温度/℃	w_C(%)	含　义
A	1538	0	纯铁的熔点
B	1495	0.53	包晶转变时液相的成分
C	1148	4.30	共晶点
D	1227	6.69	渗碳体的熔点
E	1148	2.11	碳在 γ-Fe 中的最大固溶度（共晶 γ-Fe 的成分）
F	1148	6.69	共晶渗碳体的成分
G	912	0	γ-Fe ⟷ α-Fe 的同素异构转变点（A_3）
H	1495	0.09	碳在 δ-Fe 中的最大固溶度（包晶 δ-Fe 的成分）
J	1495	0.17	包晶点
K	727	6.69	共析渗碳体的成分

（续）

特性点	温度/℃	$w_C(\%)$	含　义
M	770	0	α-Fe 的居里温度（A_2）
N	1394	0	δ-Fe ←→ γ-Fe 的同素异构转变点（A_4）
P	727	0.0218	碳在 α-Fe 中的最大固溶度（共晶 α-Fe 的成分）
Q	室温	0.0008	室温时碳在 α-Fe 中的饱和固溶度
S	727	0.77	共析点

2.2.2　特性线

1. 液相线（*ABCD* 线）

铁碳相图的液相线为 *ABCD* 线。在该线以上，铁碳合金全部为液相；在该线以下，开始析出固相。

2. 固相线（*AHJECF* 线）

铁碳相图的固相线为 *AHJECF* 线。在该线以上，铁碳合金中包含部分液相；在该线以下，铁碳合金全部转变为固相。

3. 包晶转变线（*HJB* 水平线）

铁碳相图的包晶转变线为 *HJB* 水平线。在 1495℃，*H* 点的 δ-Fe 相（$w_C=0.09\%$）与 *B* 点的液相（$w_C=0.53\%$）发生包晶反应，生成 *J* 点的 γ-Fe 相（$w_C=0.17\%$）。包晶反应具有恒温转变特性，*HJB* 线为水平线，包晶转变的反应式为：

$$L_B + \delta_H \xrightarrow{\quad 1495℃ \quad} \gamma_J \qquad (2\text{-}2)$$

包晶转变时，γ-Fe 相在 δ-Fe 相与液相的界面处形核，并沿 δ-Fe 相和液相两个方向同时长大。随着包晶转变的进行，δ-Fe 相与液相越来越少，γ-Fe 相越来越多，残余的 δ-Fe 相被新生的 γ-Fe 相包围。包晶转变完成时，δ-Fe 相与液相同时耗尽，全部转变为单一 γ-Fe 相。

与包晶成分相比，碳含量 w_C 在 0.09%~0.17%之间的铁碳合金中，δ-Fe 相较多。根据式（2-2），在包晶反应完成时，液相消失，仍有部分 δ-Fe 相剩余。在后续冷却过程中，剩余的 δ-Fe 相发生同素异构转变，生成 γ-Fe 相。

w_C 在 0.17%~0.53%之间的铁碳合金中，液相较多。在包晶反应完成时，δ-Fe 相消失，仍有部分液相剩余。在后续冷却过程中，剩余的液相结晶生成 γ-Fe 相。

包晶转变的温度高，原子扩散能力强，包晶偏析现象并不严重。但合金元素的扩散能力较差，高合金钢中有可能会产生严重的包晶偏析现象。

4. 共晶转变线（*ECF* 水平线）

铁碳相图的共晶转变线为 *ECF* 水平线。在 1148℃，*C* 点的液相（$w_C=4.3\%$）发生共晶反应，生成 *E* 点的 γ-Fe 相（$w_C=2.11\%$）和 *F* 点的 Fe₃C（$w_C=6.69\%$）。共晶反应具有恒温转变特性，*ECF* 线为水平线，共晶转变的反应式为：

$$L_C \xrightarrow{\quad 1148℃ \quad} A_E + Fe_3C \qquad (2\text{-}3)$$

共晶转变生成的奥氏体与渗碳体的机械混合物，即为莱氏体。w_C 在 2.11%~6.69%之间的铁碳合金，都会在共晶温度发生共晶转变。

5. 共析转变线（PSK 水平线）

铁碳相图的共析转变线为 PSK 水平线。在 727℃，S 点的 γ-Fe 相（$w_C = 0.77\%$）发生共析反应，生成 P 点的 α-Fe 相（$w_C = 0.0218\%$）和 K 点的 Fe$_3$C（$w_C = 6.69\%$）。共析反应具有恒温转变特性，PSK 线为水平线，共析转变的反应式为：

$$A_S \xrightarrow{\ 727℃\ } F_P + Fe_3C \qquad (2\text{-}4)$$

共析转变生成的铁素体与渗碳体的机械混合物，即为珠光体。发生共析转变的 PSK 线，称为共析线，用符号 A_1 表示。共析温度又称为 A_1 温度。w_C 超过 0.0218% 的铁碳合金，都会在共析温度发生共析转变。

6. GS 线

GS 线是铁固溶体的同素异构转变线。它是碳含量 $w_C < 0.77\%$ 的铁碳合金，在缓慢冷却过程中从奥氏体中析出铁素体的开始线，也是在缓慢加热过程中，铁素体完全转变为奥氏体的终了线。GS 线又称为 A_3 线，它是由 A_3 点（G 点）演变而来的。随着碳含量的增加，奥氏体向铁素体发生同素异构转变的温度逐渐降低，进而由 A_3 点延伸为 A_3 线。

7. GP 线

GP 线是在缓慢冷却过程中，奥氏体完全转变为铁素体的终了线，也是在缓慢加热过程中，铁素体开始析出奥氏体的开始线。

8. ES 线

ES 线是碳在奥氏体中的饱和固溶度曲线，一般称为 A_{cm} 线。奥氏体对碳的最大固溶度位于 1148℃，碳含量为 2.11%，对应于铁碳相图中的 E 点。随着温度下降，碳的饱和固溶度随之降低，至 727℃ 时饱和固溶度仅为 0.77%。$w_C > 0.77\%$ 的铁碳合金，从 1148℃ 缓慢冷却至 727℃ 的过程中，因饱和固溶度降低，奥氏体将沿 ES 线不断析出渗碳体。为区别于从液相中析出的一次渗碳体，这种从奥氏体中沿 ES 线析出的渗碳体，称为二次渗碳体（Fe$_3$C$_{II}$）。

在缓慢加热时，ES 线也是二次渗碳体溶入奥氏体的终了线。

9. PQ 线

PQ 线是碳在铁素体中的饱和固溶度曲线。铁素体对碳的最大固溶度位于 727℃，碳含量为 0.0218%，对应于铁碳相图中的 P 点。随着温度下降，碳的饱和固溶度随之降低，在 600℃ 时降至 0.0057%，在室温时降至 0.0008%，几乎为零。因此，铁碳合金从 727℃ 缓慢冷却至室温的过程中，因饱和固溶度降低，铁素体将沿 PQ 线不断析出渗碳体，这种渗碳体称为三次渗碳体（Fe$_3$C$_{III}$）。

10. 磁性转变线

铁碳相图中有两条磁性转变线：770℃ 虚线为铁素体的磁性转变线，230℃ 虚线为渗碳体的磁性转变线。

2.2.3 相区

1. 单相区

铁碳相图中有五个单相区：

ABCD 以上为液相区（L）；AHNA 为 δ-Fe 相区（δ）；NJESGN 为奥氏体相区（γ 或 A）；GPQG 为铁素体相区（α 或 F）；DFK 线为渗碳体相区（Fe$_3$C 或 C$_m$）。

2. 双相区

铁碳相图中有七个双相区，位于相邻的两个单相区之间，它们分别是：L+δ，δ+A，L+A，

L+Fe$_3$C，A+Fe$_3$C，F+A 以及 F+Fe$_3$C。

  3. 三相区

  铁碳相图中有三个三相区：包晶转变线 *HJB* 为 L、δ、A 三相共存区，被 L+δ、δ+A、L+A 三个双相区包围；共晶转变线 *ECF* 为 L、A、Fe$_3$C 三相共存区，被 L+A、L+Fe$_3$C、A+Fe$_3$C 三个双相区包围；共析转变线 *PSK* 为 F、A、Fe$_3$C 三相共存区，被 A+Fe$_3$C、F+A、F+Fe$_3$C 三个双相区包围。

2.3 铁碳合金的平衡结晶过程及其组织

  铁碳合金的平衡结晶过程决定其组织形态，进而决定性能。所以，分析铁碳合金的平衡结晶过程，是研究其组织和性能的重要方法。在 Fe-Fe$_3$C 相图中，根据碳含量及室温平衡组织的不同，铁碳合金可以分为三大类：工业纯铁、碳钢和白口铸铁；又可分为七小类，即工业纯铁、亚共析钢、共析钢和过共析钢、亚共晶白口铸铁、共晶白口铸铁和过共晶白口铸铁。铁碳合金的具体分类及其碳含量与室温平衡组织见表 2-3。

表 2-3 铁碳合金的分类及其碳含量与室温平衡组织

比较项目	铁碳合金分类						
	工业纯铁	碳钢			白口铸铁		
		亚共析钢	共析钢	过共析钢	亚共晶 白口铸铁	共晶 白口铸铁	过共晶 白口铸铁
$w_C(\%)$	≤0.0218	0.0218~0.77	0.77	0.77~2.11	2.11~4.3	4.3	4.3~6.69
室温平 衡组织	F+ Fe$_3$C$_{III}$	F+P	P	P+ Fe$_3$C$_{II}$	P+ Fe$_3$C$_{II}$+L'd	L'd	L'd+ Fe$_3$C$_I$

  图 2-10 所示为七种不同类型铁碳合金的成分及平衡结晶过程示意图。为了便于描述合金结晶过程，对图 2-10 中的部分点、线的位置稍做调整，不反映实际铁碳相图的温度和成分。下面对七种不同类型铁碳合金的平衡结晶过程及相应组织变化做具体分析。

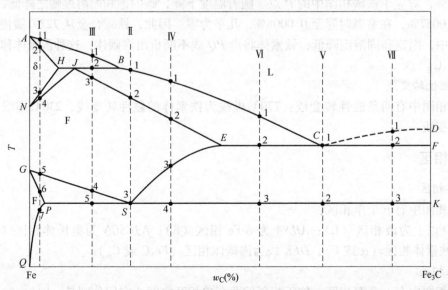

图 2-10 七种不同类型铁碳合金成分及平衡结晶过程示意图

2.3.1 工业纯铁

如图 2-10 所示，合金 Ⅰ 为 $w_C = 0.01\%$ 的工业纯铁，其平衡结晶过程如图 2-11 所示。在 1 点温度以上，合金为熔融液态。在 1~2 点温度区间内，从液相中匀晶析出 δ 相。在 2~3 点温度区间内，δ 相保持稳定。冷却至 3 点温度以下，发生同素异构转变，从 δ 相晶界处形核析出 A 相，至 4 点温度，全部转变为 A 相。在 4~5 点温度区间内，A 相保持稳定。在 5 点的 A_3 温度以下，发生同素异构转变，从 A 相晶界处形核析出 F 相，至 6 点温度完全转变。在 6~7 点温度区间内，F 相保持稳定。冷却至 7 点温度以下时，碳在 F 相中的含量超出饱和固溶度，过饱和的碳将以三次渗碳体（$Fe_3C_{Ⅲ}$）的形式从 F 相晶界处脱溶析出。室温下，工业纯铁的平衡组织为铁素体和三次渗碳体（$F + Fe_3C_{Ⅲ}$）。其中，三次渗碳体的含量可通过杠杆定律求出：

$$w_{Fe_3C_{Ⅲ}} = \frac{0.01}{6.69} \times 100\% \approx 0.15\% \tag{2-5}$$

工业纯铁最高碳含量为 $w_C = 0.0218\%$，该成分合金在室温时的三次渗碳体含量约为 0.33%。

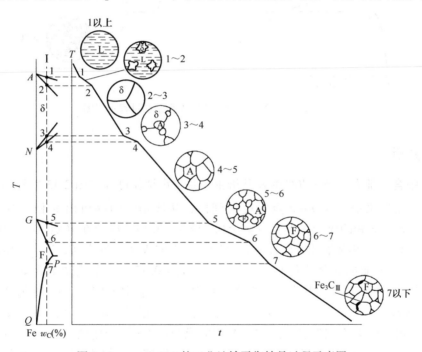

图 2-11 $w_C = 0.01\%$ 的工业纯铁平衡结晶过程示意图

2.3.2 共析钢

如图 2-10 中所示合金 Ⅱ 为 $w_C = 0.77\%$ 的共析钢，其平衡结晶过程如图 2-12 所示。在 1 点温度以上，合金为熔融液态。在 1~2 点温度区间内，从液相中匀晶析出 A 相（奥氏体）。在 2~3 点温度区间内，A 相保持稳定。冷却至 3 点温度（727℃），奥氏体发生共析转变生成珠光体（$\alpha\text{-Fe} + Fe_3C$），见式（2-4）。珠光体中的渗碳体称为共析渗碳体。等温至 3′ 点，奥氏体全部转变为珠光体。在 3′ 以下，珠光体中铁素体沿 PQ 线析出三次渗碳体。在缓慢冷却条件下，三次渗碳体在铁素体的界面处析出，与共析渗碳体混在一起，在显微镜下难以分辨，其数量较少，对共析钢的性能没有明显影响。应注意，在相图中的共析碳钢和共晶白口铸铁部分，除非特别指出，否则一般无须考虑三次渗碳体的影响。

在室温下，共析钢（$w_C = 0.77\%$）的平衡组织为珠光体，其渗碳体含量可通过杠杆定律求出。

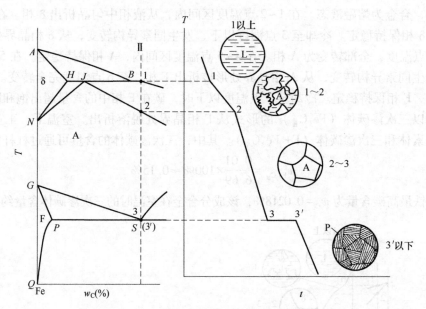

图 2-12　$w_C = 0.77\%$ 的共析钢平衡结晶过程示意图

2.3.3　亚共析钢

图 2-10 中合金Ⅲ为 $w_C = 0.40\%$ 的亚共析钢，其平衡结晶过程如图 2-13 所示。在 1 点温度以上，合金为熔融液态。在 1~2 点温度区间内，从液相中匀晶析出 δ 相。冷却到 2 点时（1495℃），体系中 δ 相的成分在 H 点（$w_C = 0.09\%$），液相的成分在 B 点（$w_C = 0.53\%$）。在 2~2′点（1495℃），δ 相和液相等温发生包晶转变，生成 A 相，见式（2-2）。新生的 A 相包在 δ 相外面。由于合金Ⅲ的碳含量大于包晶点成分（$w_C = 0.17\%$），液相在包晶转变中过量，在包晶转变结束后，仍有部分液相存在。在 2′~3 点之间，这部分剩余液相转变为 A 相，并且 A 相的成分沿 JE 线变化至 3 点。在 3~4 点温度区间内，A 相保持稳定。从 4 点开始，A 相晶界处开始析出 F 相。在 4~5 点温度区间内，A 相的成分沿 GS 线变化到 S 点，F 相的成分沿 GP 线变化到 P 点。在 5~5′点（727℃），S 点成分（$w_C = 0.77\%$）的 A 相发生共析转变，形成珠光体，见式（2-4）。在 5′点温度以下，组织保持稳定。

所有亚共析钢的冷却过程都与合金Ⅲ类似，室温平衡组织为先共析铁素体和珠光体。先共析铁素体和珠光体的相对含量可通过杠杆定律求出（忽略三次渗碳体）：

$$w_F = \frac{0.77 - 0.40}{0.77 - 0.0218} \times 100\% \approx 49.45\% \tag{2-6}$$

$$w_P = \frac{0.40 - 0.0218}{0.77 - 0.0218} \times 100\% \approx 50.55\% \tag{2-7}$$

室温时，亚共析钢的相组成为 α-Fe 和 Fe_3C，其相对含量为：

$$w_F = \frac{6.69 - 0.4}{6.69} \times 100\% \approx 94.02\% \tag{2-8}$$

$$w_{Fe_3C} = \frac{0.40}{6.69} \times 100\% \approx 5.98\% \tag{2-9}$$

亚共析钢中碳含量越高，Fe_3C 相含量越高，珠光体组织含量越多。图 2-14 所示为亚共析钢的典型室温组织。

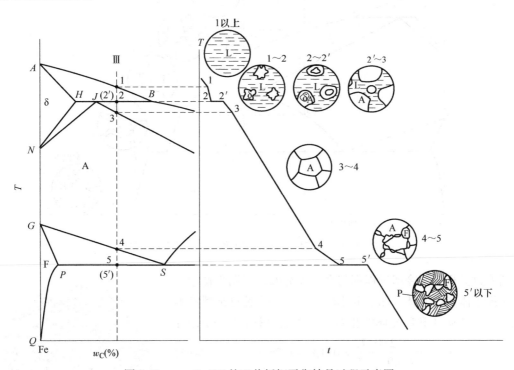

图 2-13 $w_C = 0.40\%$ 的亚共析钢平衡结晶过程示意图

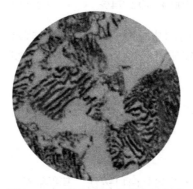

图 2-14 亚共析钢的典型室温组织

2.3.4 过共析钢

图 2-10 中合金Ⅳ为 $w_C = 1.2\%$ 的过共析钢，其平衡结晶过程如图 2-15 所示。在 1 点温度以上，合金为熔融液态。在 1~2 点温度区间内，从液相中匀晶析出 A 相。在 2~3 点温度区间内，A 相保持稳定。从 3 点开始，A 相晶界处开始析出 Fe_3C 相，即为二次渗碳体（Fe_3C_{II}）。在 3~4 点间，A 相的成分沿 ES 线变化到 S 点，Fe_3C 相的碳质量分数固定为 6.69%。在 4~4′点（727℃），S 点成分（$w_C = 0.77\%$）的 A 相发生共析转变，形成珠光体。在 4′点温度以下，

组织保持稳定。

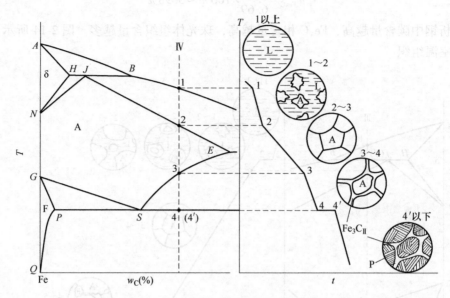

图 2-15　$w_C = 1.2\%$ 的过共析钢平衡结晶过程示意图

　　所有过共析钢的冷却过程都与合金Ⅳ类似，室温平衡组织为二次渗碳体和珠光体。图 2-16 所示为过共析钢的典型室温组织。二次渗碳体和珠光体的相对含量可通过杠杆定律求出：

$$w_{Fe_3C_{II}} = \frac{1.2 - 0.77}{6.69 - 0.77} \times 100\% \approx 7.26\% \qquad (2\text{-}10)$$

$$w_P = \frac{6.69 - 1.2}{6.69 - 0.77} \times 100\% \approx 92.74\% \qquad (2\text{-}11)$$

　　过共析钢的碳含量越高，组织中二次渗碳体含量越多，珠光体含量越少。过共析钢的碳质量分数为 2.11% 时，组织中二次渗碳体的含量最高，为：

$$w_{Fe_3C_{II}} = \frac{2.11 - 0.77}{6.69 - 0.77} \times 100\% \approx 22.64\% \qquad (2\text{-}12)$$

图 2-16　过共析钢的典型室温组织

2.3.5　共晶白口铸铁

　　图 2-10 中合金Ⅴ为 $w_C = 4.3\%$ 的共晶白口铸铁，其平衡结晶过程如图 2-17 所示。在 1 点温度以上，合金为熔融液态。冷却至 1 点温度（1148℃），液相发生共晶转变生成 A 相和渗碳体，即为莱氏体（Ld），见式（2-3）。莱氏体中的渗碳体称为共晶渗碳体。等温至 1′点，液相全部转变为莱氏体。在 1′以下，莱氏体中的共晶奥氏体沿 ES 线析出二次渗碳体。由于二次渗碳体在奥氏体界面处析出，与共晶渗碳体混在一起，在组织上难以分辨。在 2 点温度时（727℃），共晶奥氏体的碳含量降至 S 点的 0.77%，并发生共析相变，全部转变为珠光体。在 2′点以下，组织保持稳定。室温时，共晶白口铸铁的平衡组织为珠光体分布在共晶渗碳体的基体上。室温组织与高温莱氏体的区别在于，共晶奥氏体转变成为珠光体。虽然组成相发生了改变，但依然保持了高温莱氏体的形态特征，因此室温组织一般称为低温莱氏体或变态莱氏体（L′d）。

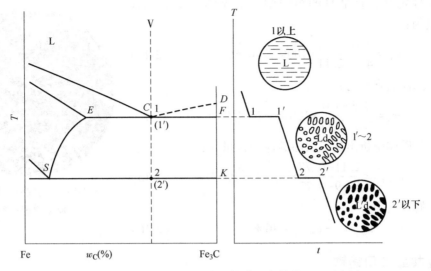

图 2-17　$w_C = 4.3\%$ 的共晶白口铸铁平衡结晶过程示意图

2.3.6　亚共晶白口铸铁

图 2-10 中合金 Ⅵ 为 $w_C = 3.0\%$ 的亚共晶白口铸铁，其平衡结晶过程如图 2-18 所示。在 1 点温度以上，合金为熔融液态。在 1~2 点温度区间内，从液相中匀晶析出初晶 A 相。在此过程中，A 相成分沿 JE 线变化，而液相成分沿 BC 线变化。至 2 点时（1148℃），体系中 A 相的成分在 E 点（$w_C = 2.11\%$），液相的成分在 C 点（$w_C = 4.3\%$）。液相发生共晶转变，生成 A 相和 Fe_3C，即莱氏体。在 2′处，体系组织为初晶奥氏体和莱氏体，且初晶奥氏体与共晶奥氏体的碳含量都在 E 点（$w_C = 2.11\%$）。在 2′以下，E 点的奥氏体沿 ES 线析出二次渗碳体。在 3 点温度时（727℃），奥氏体的碳含量降至 S 点的 0.77%，并发生共析相变，全部转变为珠光体。结果，初晶奥氏体变成了珠光体，而莱氏体变成了变态莱氏体。在 3′点以下，组织保持稳定。图 2-19 所示为亚共晶白口铸铁的典型室温组织。

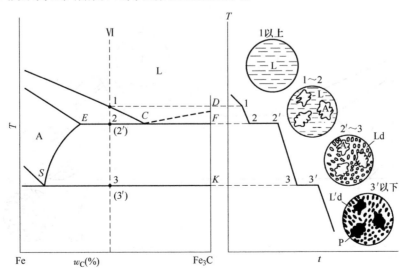

图 2-18　$w_C = 3.0\%$ 的亚共晶白口铸铁平衡结晶过程示意图

根据杠杆定律，合金Ⅵ的组织中，莱氏体（变态莱氏体）的含量为：

$$w_{Ld} = \frac{3.0-2.11}{4.3-2.11}\times100\% \approx 40.6\% \qquad (2\text{-}13)$$

初晶奥氏体的含量为：

$$w_A = \frac{4.3-3.0}{4.3-2.11}\times100\% \approx 59.4\% \qquad (2\text{-}14)$$

从初晶奥氏体中析出的二次渗碳体的含量为：

$$w_{Fe_3C_{II}} = \frac{2.11-0.77}{6.69-0.77}\times w_A \approx 13.4\% \qquad (2\text{-}15)$$

珠光体的含量为：

$$w_P = w_A - w_{Fe_3C_{II}} \approx 46\% \qquad (2\text{-}16)$$

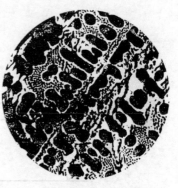

图 2-19　亚共晶白口铸铁的典型室温组织

2.3.7　过共晶白口铸铁

图 2-20 中合金Ⅶ为 $w_C = 5.0\%$ 的过共晶白口铸铁，其平衡结晶过程如图 2-20 所示。在 1 点温度以上，合金为熔融液态。在 1~2 点温度区间内，从液相中生成粗大的板条状初晶渗碳体，即一次渗碳体（Fe_3C_I）。在 Fe_3C_I 结晶过程中，液相成分沿 DC 线变化。至 2 点时（1148℃），液相的成分在 C 点（$w_C = 4.3\%$）。液相发生共晶转变，生成莱氏体。在 2′处，体系的组织为一次渗碳体和莱氏体。在 2′以下，共晶奥氏体沿 ES 线析出二次渗碳体。在 3 点温度时（727℃），奥氏体发生共析相变，全部转变为珠光体。至此，莱氏体变为变态莱氏体。在 3′点以下，组织保持稳定。在室温下，过共晶白口铸铁（$w_C = 5.0\%$）的平衡组织为一次渗碳体和变态莱氏体。图 2-21 所示为过共晶白口铸铁的典型室温组织。

根据杠杆定律，合金Ⅶ的室温组织中，变态莱氏体的含量为：

$$w_{L'd} = \frac{6.69-5.0}{6.69-4.3}\times100\% \approx 70.7\% \qquad (2\text{-}17)$$

随着过共晶白口铸铁的碳含量增大，一次渗碳体逐渐增多，变态莱氏体逐渐减少。

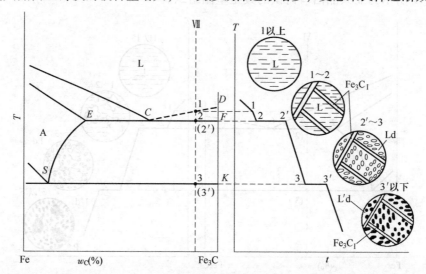

图 2-20　$w_C = 5.0\%$ 的过共晶白口铸铁平衡结晶过程示意图

图 2-21　过共晶白口铸铁的典型室温组织

2.4　铁碳合金的成分、组织和性能之间的关系

拓展内容

中国创造：
笔头创新之路

　　人们使用铁丝绑扎物体，而起重机吊运货物却使用钢丝绳。钢能够千锤百炼、锻造成形，而铸铁只能铸造成形。常言道"比铁还硬，比钢还强"，为何铁的特点是硬，而钢的特点是强？这些日常生活知识及专业技术问题，都与铁碳相图直接相关，与铁碳合金的成分、组织与性能之间的内在联系直接相关。

2.4.1　碳含量对平衡组织的影响

　　通过 2.3 节对典型铁碳合金平衡结晶过程的分析可知，碳含量不同的铁碳合金，其室温组织也不同。图 2-22 所示为按组织组成物进行标注的铁碳相图。

　　铁碳合金的室温组织是铁素体、珠光体、变态莱氏体和渗碳体中的一种或几种。从组织构成的角度，珠光体是铁素体和渗碳体的机械混合物，变态莱氏体是珠光体和渗碳体的混合物。因此，铁碳合金的室温组织都是由铁素体和渗碳体两种基本相所组成。由此可见，随着碳含量的变化，相的形态、大小和分布有很大差异，从而形成不同类型的组织。例如，从奥氏体中析出的先共析铁素体一般呈块状，而珠光体中的铁素体在共析反应时与渗碳体交替形核生长，一般呈层片状。而渗碳体的形态、大小、分布更加复杂。工业纯铁中，极少量的三次渗碳体从铁素体晶界处析出，呈细小的片状分布。片状珠光体中的渗碳体与铁素体呈交替层片状，而球状珠光体中渗碳体团聚为颗粒状。二次渗碳体从奥氏体中脱溶析出，沿奥氏体晶界呈网络状分布。莱氏体中的渗碳体因为含量比较高，形成连续的基体，较为粗大。一次渗碳体是高温条件下从液相中直接结晶生成，一般呈规则的长条状。

　　利用杠杆定理，可将铁碳合金的成分、平衡组织和相含量之间的定量关系计算出来，结果如图 2-23 所示。需要注意的是，由于三次渗碳体的含量极少，在计算组织组成物的含量时，通常将其忽略。

　　在碳含量低于室温时在铁素体中的饱和固溶度 0.0008% 时，合金全部由铁素体组成。随着碳含量的增加，铁素体的含量减少，到 $w_C = 6.69\%$ 时降至 0。与之相反，渗碳体的含量呈直线增多，由 0 增至 100%。

　　碳含量的变化，改变了铁碳合金的结晶过程，引起了组织的变化。随着碳含量的增加，铁碳合金的组织依次为：

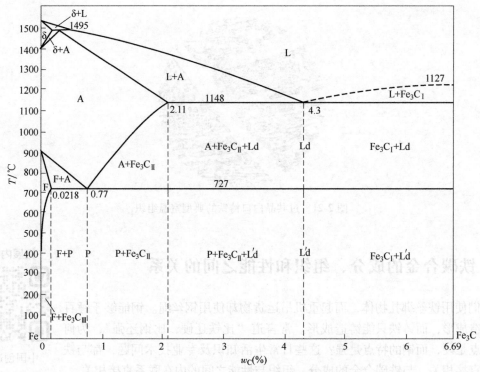

图 2-22　按组织组成物进行标注的铁碳相图

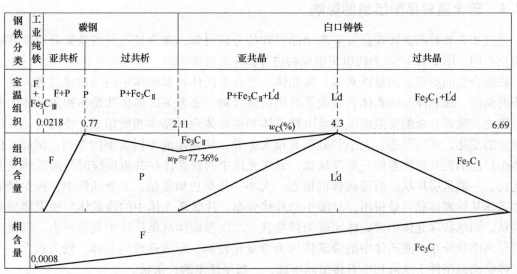

图 2-23　铁碳合金的碳含量与相、组织的关系

$$F+Fe_3C_{III} \rightarrow F+P \rightarrow P \rightarrow P+Fe_3C_{II} \rightarrow P+Fe_3C_{II}+L'd \rightarrow L'd \rightarrow L'd+Fe_3C_I$$

　　碳含量的变化，引起基本相的含量产生变化，导致组织组成发生改变，最终对铁碳合金的性能产生显著影响。

2.4.2　碳含量对力学性能的影响

　　碳含量对铁碳合金力学性能的影响规律如图 2-24 所示。在铁碳合金的基本相中，铁素体是软韧相，渗碳体为硬脆相。珠光体由铁素体和渗碳体所组成，渗碳体以片状分散在铁素体基体上，起到强化作用，因此珠光体具有较高的强度和硬度，但塑性较差。珠光体内的层片越细小，对合金的强化效果越显著。对于亚共析钢，随着碳含量的增加，珠光体的含量逐渐增大，强度、硬度升高，而塑性、韧性降低。当 $w_C = 0.77\%$ 时，铁碳合金的力学性能即为珠光体组织的力学性能。对于过共析钢，w_C 接近 1% 时，强度达到最大值。当碳含量继续增大时，强度反而开始降低，因为硬而脆的二次渗碳体逐渐增多，开始在珠光体团边界处形成连续网状分布。受载荷作用时，脆性的二次渗碳体容易出现裂纹并迅速扩展，使碳钢的强度和韧性降低、脆性增大。

白口铸铁中，含有大量的渗碳体，故而强度低、脆性大。

硬度对组织形态不太敏感，其大小主要取决于组成相的硬度与相对含量。随着碳含量的增加，铁碳合金中硬质的渗碳体增多，软韧的铁素体减少，铁碳合金的硬度呈线性升高。

冲击韧度对组织非常敏感。碳含量增加时，渗碳体脆性相增多，冲击韧度降低。当网状的二次渗碳体出现时，韧性更是急剧下降。总体来看，韧性随碳含量下降的趋势比塑性的下降趋势大。

在工业应用中，为了保证铁碳合金具有适当的塑韧性，组织中渗碳体的含量不应过多。一般而言，对于碳钢和普通中、低合金钢，其碳含量不宜超过 1.3%。

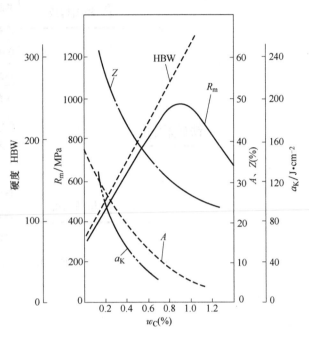

图 2-24　碳含量对铁碳合金力学性能的影响

本章小结及思维导图

　　在金属热处理知识体系中，钢铁热处理最为主要，因为钢铁是工业应用中最重要的材料，且其热处理具有可行性。铁碳相图为钢的热处理工艺制定提供了理论依据，相关知识必须熟练掌握。铁碳相图一般仅研究碳含量相对较低的 Fe-Fe₃C 部分，它包括五个单相区、七个两相区、三个三相区，可发生包晶转变、共晶转变和共析转变。按相图，随着碳含量的增加，钢分为亚共析钢、共析钢和过共析钢，铸铁分为亚共晶白口铸铁、共晶白口铸铁和过共晶白口铸铁。这些铁碳合金由铁素体和渗碳体构成，构成相中的渗碳体数量随碳含量的增加而增加，碳含量的数量也影响着合金的力学性能。本章思维导图如图 2-25 所示。

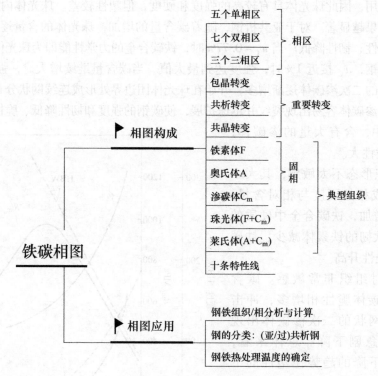

图 2-25 本章思维导图

思考题

1. 分析 $w_c = 0.2\%$、$w_c = 0.77\%$、$w_c = 1.2\%$ 的铁碳合金从液态平衡冷却到室温的转变过程,用冷却曲线和组织示意图说明各阶段的组织,分析计算室温下的相组成物及组织组成物的含量。

2. 计算铁碳合金中二次渗碳体和三次渗碳体的最大可能含量。

3. 企业技术人员把两种弄混的碳钢试样 A、B 加热到 850℃,保温后以极慢的速度冷却至室温,观察金相组织,发现试样 A 的先共析铁素体面积为 41.6%,珠光体的面积为 58.4%;试样 B 的二次渗碳体面积为 7.3%,珠光体的面积为 92.7%。试求 A、B 两种碳钢的碳含量。(假设铁素体和渗碳体的密度相同,铁素体中碳含量为 0)。

4. 利用 Fe-Fe₃C 相图,说明铁碳合金的成分、组织和性能之间的关系。

5. 简述铁碳相图在钢的热处理中有哪些应用,有何局限性。

加热是热处理的第一步工序，包括升温和保温两个阶段，保温多在钢的临界温度以上进行。碳钢加热至奥氏体化温度以上经共析转变获得奥氏体相的过程，称为奥氏体转变或奥氏体化。在加热过程中，钢的部分或全部微观组织将转变为奥氏体，其晶体结构为面心立方，可溶入较多的碳和合金元素，后以不同的方式、速度冷却，可获得不同的组织和性能。钢的奥氏体转变是多种热处理工艺的基础。奥氏体的组织形态、晶粒大小及成分均匀性等，会影响钢的使用性能，因此，学习钢加热时奥氏体转变涉及的理论知识具有重要意义。

3.1 奥氏体转变热力学

视频 2

奥氏体的形成属于扩散型固态相变，包括形核和长大两个基本过程，遵循热力学一般原理，即奥氏体的形核与长大是自发地从高自由能状态到低自由能状态方向进行的。本节重点以共析钢为例，介绍珠光体在等温加热时向奥氏体转变的规律及机理。

3.1.1 奥氏体转变的热力学条件

根据热力学的基本原理，系统内一切自发过程总是从自由能高的状态向自由能低的状态过渡，这也是碳钢中奥氏体转变所必需的热力学条件。奥氏体转变的热力学主要讨论奥氏体转变发生的条件、相变驱动力的大小，以及相变产物的稳定性。

图 3-1 所示为珠光体和奥氏体的自由能随温度的变化曲线。可以看出，珠光体和奥氏体的自由能皆随温度升高而降低，但变化率不同。在低于 T_0 温度时，珠光体的自由能低于奥氏体，珠光体更稳定。在 T_0 温度（即 A_1），二者自由能相等，皆稳定，相互之间不会发生转变。在高于 T_0 的 T_1 温度时，奥氏体比珠光体的自由能低，前者在热力学上更稳定，珠光体有向奥氏体转变的倾向，二者之间自由能的差值 ΔG_V 提供了相变驱动力。但此时并不一定能够发生奥氏体转变。在固态相变时，新、旧两相晶胞参数不同，新相受母相的约束不能自由缩胀而产生弹性应变能 V_ε。同时，新相的产生也会在系统中增加新的界面能 $S\sigma$。

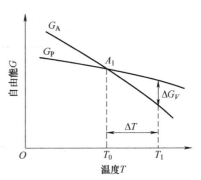

图 3-1 珠光体和奥氏体的自由
能随温度的变化曲线

它们的关系遵循式（1-5），从中可以求解系统总的能量变化 ΔG。当总能量变化 $\Delta G<0$ 时，即相变驱动力大于表面能和应变能所产生的阻碍作用，此时将会发生奥氏体转变。产生奥氏体

转变的实际温度与理论温度 T_0 之差，称为过热度。

3.1.2 临界温度

根据铁碳相图，共析钢缓慢加热至 A_1 线以上会发生奥氏体转变，同样亚共析钢、过共析钢分别加热至 A_3 线和 A_{cm} 线以上也会完全转变为奥氏体。降温时，碳钢缓慢降温至 A_1 线以下，才会发生共析转变生成珠光体。A_1、A_3 和 A_{cm} 是碳钢热处理时组织发生转变的平衡临界温度。

在实际热处理时，加热和冷却过程并非如相图绘制时的过程那样极其缓慢，而往往是连续变温过程。因此，碳钢的实际组织转变并非在平衡临界温度发生，而是存在一定程度的滞后现象。连续加热时需要一定大小的过热度，连续冷却时需要一定大小的过冷度，组织转变才会发生。通常将实际加热时的临界温度标注"c"（c 为法语单词加热 chauffage 的首字母），用 Ac_1、Ac_3 和 Ac_{cm} 表示；将实际冷却时的临界温度标注"r"（r 为法语单词冷却 refroidissement 的首字母），用 Ar_1、Ar_3 和 Ar_{cm} 表示。图 3-2 所示为加热和冷却时铁碳相图中各临界温度的相对位置示意图。需要指出的是，实际加热或冷却时的临界温度并非是固定不变的，而是随着加热或冷却速度的不同而变化。加热或冷却速度越大，实际临界温度偏离平衡位置的程度也越大。

碳钢在实际加热和冷却时，相应临界温度的意义如下：

1) Ac_1：加热时珠光体向奥氏体转变的开始温度。

2) Ar_1：冷却时奥氏体向珠光体转变的终了温度。

3) Ac_3：加热时先共析铁素体全部溶入奥氏体的终了温度。

4) Ar_3：冷却时奥氏体中开始析出先共析铁素体的温度。

5) Ac_{cm}：加热时二次渗碳体全部溶入奥氏体的终了温度。

6) Ar_{cm}：冷却时奥氏体中开始析出二次渗碳体的温度。

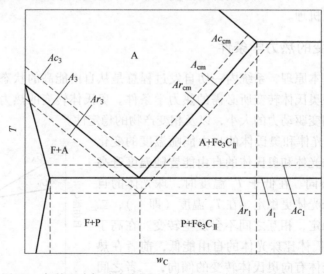

图 3-2 加热和冷却时铁碳相图中各临界温度的相对位置示意图

3.2 奥氏体的转变过程

本节以共析钢为例讨论奥氏体的转变过程。共析钢的室温组织为珠光体，加热至 Ac_1 温度以上，珠光体转变为奥氏体。在此转变过程中，低碳含量、体心立方结构的铁素体与高碳含量、正交结构的渗碳体，生成碳含量介于二者之间、面心立方结构的奥氏体。因此，奥氏体的形成过程既包含铁、碳原子的扩散过程，也包括铁晶格的重组过程。整个奥氏体转变，可以表示为：

$$F+Fe_3C \xrightarrow{>Ac_1} A$$

$w_C=0.0218\%$ $w_C=6.69\%$ $w_C=0.77\%$

（体心立方）   复杂正交   （面心立方）

奥氏体转变是典型的固态相变，包括以下四个基本过程：奥氏体的形核、奥氏体的长大、残余碳化物的溶解和奥氏体成分的均匀化，如图 3-3 所示。

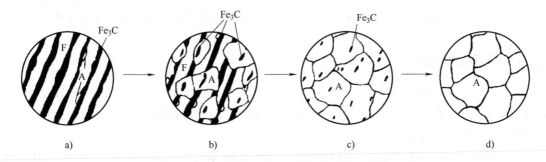

图 3-3　奥氏体转变的四个基本过程示意图

a）奥氏体的形核　b）奥氏体的长大　c）残余碳化物的溶解　d）奥氏体成分的均匀化

3.2.1　奥氏体的形核

视频 3

在 Ac_1 温度以上，珠光体处于热力学非稳态，通过形核、长大的方式转变为奥氏体。奥氏体的形核中心通常在铁素体和渗碳体的相界面处。不同类型的原始组织，奥氏体的优先形核位置不同。图 3-4 所示为奥氏体形核位置示意图。在球状珠光体中，奥氏体优先在界隅处的 F/Fe$_3$C 界面形核，其次在晶界处 F/Fe$_3$C 界面形核，再次在铁素体晶粒内的 F/Fe$_3$C 界面形核；在片状珠光体中，奥氏体优先在珠光体团边界的 F/Fe$_3$C 交界处形核，其次在珠光体内 F/Fe$_3$C 界面处形核。

一般而言，奥氏体易在 F/Fe$_3$C 界面处形核。这是因为奥氏体形核必须满足成分起伏、能量起伏和结构起伏三个条件。首先，F/Fe$_3$C 界面处容易满足奥氏体形核的成分起伏条件。铁素体的碳质量分数约为 0.0218%，渗碳体的碳质量分数为 6.69%，在二者的界面处有可能通过成分起伏，满足奥氏体形核的碳的质量分数 0.77%。其次，F/Fe$_3$C 界面处容易满足奥氏体形核的结构起伏条件。在界面处，原子排列不规则，最有可能通过结构起伏，实现由体心立方、复杂正交到面心立方的结构转变。再次，F/Fe$_3$C 界面处容易满足奥氏体形核的能量起伏条件。在界面处，缺陷密度大，具有较高的畸变能，使形核时的界面能、应变能的增加减少，因此容易实现新相形成所需的能量起伏。同时，奥氏体在 F/Fe$_3$C 界面处形核，还可以降低晶体的缺陷密度，降低系统能量。因此，奥氏体通常在 F 和 Fe$_3$C 两相界面处形核。在许多体系的固态相变中，新相形核都具有易于在母相界面处发生的特点。图 3-5 所示为 Fe-2.6%Cr-0.96%C 合金在 800℃加热 20s 后奥氏体形核的 TEM 照片。可以清楚地看到，奥氏体在珠光体组织中 F/Fe$_3$C 界面处形核。

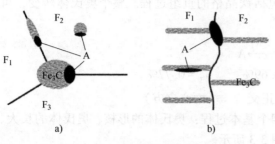
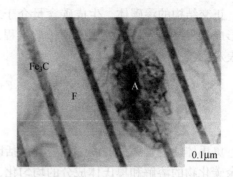

图 3-4 奥氏体形核位置示意图
a) 球状珠光体 b) 片状珠光体

图 3-5 Fe-2.6%Cr-0.96%C 合金在 800℃
加热 20s 后奥氏体形核的 TEM 照片

3.2.2 奥氏体的长大

奥氏体的长大是通过渗碳体的溶解、碳在铁素体母相和奥氏体新相中的扩散以及铁素体向奥氏体的晶体结构转变而不断进行的。片状珠光体中的奥氏体晶核在形成后，会沿垂直于片层和平行于片层的两个方向长大。

图 3-6 所示为奥氏体沿垂直于片层方向生长时，碳浓度分布以及碳原子扩散的示意图。共析钢在 T_1 温度形成奥氏体晶核，在随后的保温过程中，奥氏体晶核沿垂直片层的方向生长。在垂直片层的方向上，渗碳体和铁素体被奥氏体分隔开，系统中存在三类平衡界面：F/Fe₃C 界面、F/A 界面和 A/Fe₃C 界面。在 T_1 温度时，这三类界面相关相中碳的平衡浓度由图 3-6 中的部分相图给出。Fe₃C 为稳定化合物，其碳浓度为 6.69% 的固定值。F 和 A 相是含碳固溶体，其碳含量可在一定范围内变化。F/A 界面中 F 相一侧的碳浓度标记为 $w_{F/A}$，A 相一侧的碳浓度标记为 $w_{A/F}$；F/Fe₃C 界面中 F 相一侧的碳浓度标记为 w_{F/Fe_3C}；A/Fe₃C 界面中 A 相一侧的碳浓度标记为 w_{A/Fe_3C}。可以发现，在 F 和 A 相中碳浓度存在差异。碳会在两个相中进行浓度差扩散，扩散方向为图 3-6 中的箭头方向。扩散以后，w_{A/Fe_3C} 的浓度降低，打破了界面平衡。为了维持 A/Fe₃C 界面平衡，界面处的 Fe₃C 相溶解，以提供更多的碳给 A 相，即表现为 A 相向 Fe₃C 相侧生长。另一方面，扩散以后 $w_{A/F}$ 和 $w_{F/A}$ 的浓度都增大，打破了界面平衡。为了维持 A/F 界面平衡，碳含量高的 A 相向 F 相侧生长。总体上，A 相沿垂直珠光体片层的方向长大，珠光体溶解。整个垂直片层的扩散过程受碳原子的扩散控制。碳在 F 相的固溶度很低，扩散效率也低，因此整个生长过程主要受碳在奥氏体中的扩散控制。

图 3-7 所示为奥氏体沿平行于片层方向生长时碳原子扩散的示意图。奥氏体沿平行片层方向生长时，界面的碳浓度与垂直片层方向生长时的界面相同。因此，碳同样从高浓度区域向低浓度区域扩散。与在垂直片层方向上 Fe₃C 与 F 相被 A 相隔离不同，在平行片层方向上，三种相存在相互接触。碳既可以沿着 A/F 界面进行界面扩散（图 3-7 中 1），也可以在奥氏体内进行体扩散（图 3-7 中 2）。界面扩散时，阻力较小，路程较短，碳的扩散系数大于在奥氏体内体扩散的扩散系数。

对比奥氏体沿垂直片层与平行片层方向的生长过程，可以发现，奥氏体沿平行于片层方向的长大速率远比垂直于片层方向快，这可以在 Fe-2.6%Cr-0.96%C 合金 800℃热处理时奥氏体生长的 TEM 照片（图 3-8）中清楚地观察到。

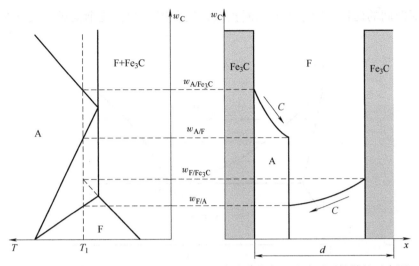

图 3-6 奥氏体沿垂直于片层方向生长时碳浓度分布以及碳原子扩散的示意图

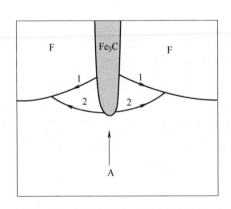

图 3-7 奥氏体沿平行于片层方向生长时
碳原子扩散的示意图
1—界面扩散 2—奥氏体内体扩散

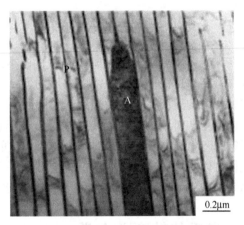

图 3-8 Fe-2.6%Cr-0.96%C 合金在 800℃热
处理时奥氏体生长的 TEM 照片

　　奥氏体在球状珠光体中的长大过程，与图 3-6 所示的片状珠光体中垂直于片层方向奥氏体的生长过程类似。对球状珠光体而言，奥氏体生长时首先将球状渗碳体包围，从而将渗碳体和铁素体分隔开。然后通过碳的扩散，奥氏体沿 A/F 界面向铁素体一侧推移，沿 A/Fe₃C 界面向渗碳体一侧推移，伴随着铁素体和渗碳体的消失来实现奥氏体的长大过程。

3.2.3 残余渗碳体的溶解

　　在奥氏体的生长过程中，铁素体与奥氏体相界面上的浓度差（$w_{A/F}-w_{F/A}$），远小于渗碳体与奥氏体相界面上的浓度差（$6.69\%-w_{A/Fe_3C}$），因此，奥氏体向铁素体推移的速度远大于奥氏体向渗碳体推移的速度。换言之，当珠光体中的铁素体消失的时候，仍有部分渗碳体尚未完全转化而剩余。在 T_1 温度时，生成的奥氏体相中碳浓度最小值为 $w_{A/F}$，碳浓度最大值为 w_{A/Fe_3C}，碳含量的平均值为 w_1，如图 3-9 所示。不难看出，过热度越大，珠光体完全转变时奥氏体相中的碳含量平均值越大，因而残余碳化物也越多。

随着保温时间的延长，碳原子的不断扩散，残余碳化物会逐渐溶解，最终全部转变为奥氏体组织。

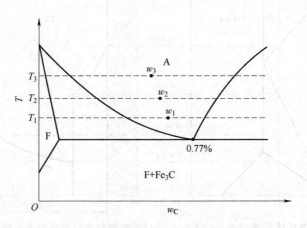

图 3-9　不同过热度时奥氏体相中的碳含量平均值

3.2.4　奥氏体成分的均匀化

在珠光体刚全部转变为奥氏体时，原本为铁素体的区域碳含量低，而原本为渗碳体的区域碳含量高，奥氏体内的碳浓度并不均匀。不均匀度随过热度的增大而增加（图 3-9）。为获得成分均匀的奥氏体，必须通过长时间的保温或继续加热，使碳原子得到充分扩散。

以上为共析钢的奥氏体转变过程。对于亚共析钢和过共析钢，奥氏体的加热转变过程与共析钢的基本相同，但加热时完全奥氏体化的温度不同。加热温度超过 Ac_1 时，室温组织中的珠光体可以完成奥氏体转变，但仍会残留一部分先共析铁素体或二次渗碳体。只有当温度超过 Ac_3 或 Ac_{cm} 并保温足够长的时间后，室温组织才会完全转变为均匀的单相奥氏体。

3.3　奥氏体转变动力学

奥氏体转变动力学研究奥氏体的转变速度，主要讨论转变量与转变温度、转变时间之间的关系。奥氏体既可以等温形成，也可以连续加热形成。

视频 4

3.3.1　奥氏体等温转变动力学

奥氏体等温转变动力学曲线是在一定温度下等温时，奥氏体的转变量与等温时间的关系曲线。等温转变动力学曲线可以通过金相法或物理分析方法进行测定，一般常采用金相法。典型步骤为：将厚度约为 2mm 的金相试样加热到 Ac_1 以上某个温度，保温一系列不同时间，淬火，然后制备金相试样，观察室温组织。加热转变的奥氏体在淬火后转变为马氏体（详见第 5 章），因此可根据所观察到的马氏体量，确定奥氏体的转变量。根据试验结果，做出不同温度下奥氏体转变量和等温时间的关系曲线，即为奥氏体等温转变动力学曲线。

图 3-10a 所示为 $w_C = 0.86\%$ 碳钢的等温奥氏体转变动力学曲线。在等温时奥氏体转变并不立即发生，需经过一段时间后才开始，即存在一定的孕育期。在孕育期内，合金经历成分起伏、能量起伏和结构起伏，为形核做准备。等温转变动力学曲线一般呈 S 型，这说明在转变初期速度较慢，而后逐渐加快；在转变量达到 50% 时，转变速度达到最大值；之后转变速度

开始减小，直至完全转变。等温温度升高，奥氏体等温转变动力学曲线向左移动，孕育期变短，奥氏体转变速度加快。

为使用方便，将图 3-10a 中的动力学曲线中温度、转变开始时间、转变终了时间等参数投影至图 3-10b 中，可绘制出奥氏体等温转变曲线，该图建立了"时间-温度-奥氏体化程度"的对应关系，简称 TTA 图 (Time-Temperature-Austenitization)。

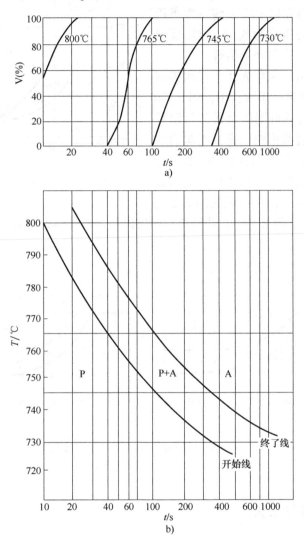

图 3-10 $w_C = 0.86\%$ 碳钢的等温奥氏体转变动力学曲线和奥氏体等温转变图

a) 等温转变动力学曲线 b) 奥氏体等温转变图

图 3-11 所示为共析钢的奥氏体等温转变图。曲线 1 为奥氏体转变开始线（以 0.5% 奥氏体转变量表示）；曲线 2 为奥氏体转变终了线（以 99.5% 奥氏体转变量表示），表示铁素体完全消失时对应的温度和时间关系；曲线 3 为残余碳化物完全溶解线，渗碳体完全溶解后，仍需一段时间才能实现内部成分的均匀化；曲线 4 为奥氏体成分均匀化曲线，曲线右侧为均匀的奥氏体。

图 3-12a 所示为 $w_C = 0.45\%$ 的亚共析钢的奥氏体等温转变图。等温转变前，亚共析钢的室温组织为珠光体和先共析铁素体；发生等温转变时，原始组织中的珠光体首先转变为奥氏体；珠光体完全转变后，还会剩余部分先共析铁素体，这部分铁素体需要通过碳在奥氏体中的扩

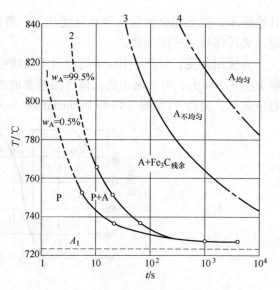

散及相界面的推移，才能完成奥氏体转变。因此，亚共析钢的奥氏体转变速度比共析钢的要慢。与共析钢相比，亚共析钢的奥氏体等温转变图多了条先共析铁素体溶解终了线（图中虚线）。需说明的是，对于碳含量较高的亚共析钢，当铁素体在 Ac_3 温度以上完全转变为奥氏体后，有可能仍有部分碳化物残留，这需要继续等温，才能使残余碳化物完全溶解。

过共析钢的室温组织为珠光体和二次渗碳体，组织中渗碳体的含量高于共析钢。图 3-12b 所示为 $w_C = 1.2\%$ 的过共析钢的奥氏体等温转变图。等温转变前，过共析钢的室温组织为珠光体和先共析渗碳体；等温温度在 Ac_1 和 Ac_{cm} 之间时，珠光体完全转变为奥氏体后，过共析钢中仍有大量的渗碳体（先共析渗碳体未能完

图 3-11　共析钢的奥氏体等温转变图

全溶解）；只有等温温度超过 Ac_{cm}，并经长时间保温后，渗碳体方能完全溶解（可对照铁碳相图进行分析）。

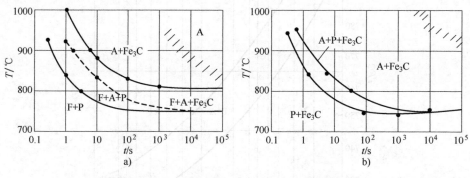

图 3-12　亚、过共析钢的奥氏体等温转变图
a）$w_C = 0.45\%$ 的亚共析钢　b）$w_C = 1.2\%$ 的过共析钢

3.3.2　奥氏体形核与长大

奥氏体的转变速度取决于形核率和长大速度。

1. 奥氏体的形核率

在均匀形核条件下，形核率和温度之间的关系为

视频 5

$$N = C\exp\left(-\frac{Q}{\kappa T}\right)\exp\left(-\frac{\Delta G^*}{\kappa T}\right) \tag{3-1}$$

式中，C 为常数；Q 为扩散激活能；κ 为玻尔兹曼常数；T 为奥氏体转变温度；ΔG^* 为临界形核功。临界形核功可表示为

$$\Delta G^* = A\frac{\sigma^3}{(\Delta G_V - E_S)^2} \tag{3-2}$$

式中，A 为常数；σ 为奥氏体与珠光体的比界面能；ΔG_V 为两相体积自由能之差；E_S 为体积

应变能。

当奥氏体转变温度升高时，形核率急剧增大。原因主要有三点：①随着温度 T 升高，原子扩散能力增强，克服势垒进行扩散的原子数增多，有利于铁素体向奥氏体的点阵改组以及渗碳体的溶解，奥氏体形核率增大；②温度 T 升高时，两相自由能差 ΔG_v 增大，进而使临界形核功 ΔG^* 降低，形核率 N 增大；③温度 T 增大时，奥氏体形核所需的碳含量沿 Ac_3 线降低，形核所需的碳浓度起伏降低，形核更加容易。

2. 奥氏体的长大速度

奥氏体形核后随着碳的扩散，逐渐吞并铁素体和渗碳体而长大。奥氏体的长大速度，实质上就是奥氏体的相界面向铁素体和渗碳体推进速度的总和。奥氏体的生长主要受碳在奥氏体中扩散所控制，长大速度取决于碳在奥氏体中的扩散速度和浓度梯度。

若忽略铁素体和渗碳体中的碳浓度梯度，假定两相界面处碳浓度保持平衡，并且碳在奥氏体中的分布达到准稳态，则根据扩散定律可以推导出奥氏体向铁素体和渗碳体的推进速度分别为

$$v_{A \longrightarrow F} = -KD \frac{dw}{dx} \cdot \frac{1}{w_{A/F} - w_{F/A}} \tag{3-3}$$

$$v_{A \longrightarrow Fe_3C} = -KD \frac{dw}{dx} \cdot \frac{1}{6.69 - w_{A/Fe_3C}} \tag{3-4}$$

式中，K 为比例系数；D 为碳在奥氏体中的扩散系数；dw/dx 为奥氏体中的碳浓度梯度。由式 (3-3) 和式 (3-4) 可知，奥氏体生长的线速度正比于碳原子在奥氏体中的扩散系数 D 和浓度梯度 dw/dx，反比于相界面两侧的碳浓度差。温度升高时，扩散系数 D 增大。根据图 3-6 所示，温度升高时，奥氏体内部碳浓度差增大，浓度梯度 dw/dx 增加；奥氏体与铁素体界面两侧碳浓度差 $(w_{A/F} - w_{F/A})$ 减小，奥氏体与渗碳体界面两侧碳浓度差 $(6.69 - w_{A/Fe_3C})$ 减小。因此，随着温度升高，奥氏体长大速度加快。

式 (3-3) 和式 (3-4) 还表明，奥氏体相界面向铁素体的推进速度远大于向渗碳体的推进速度。这意味着，在珠光体中的铁素体完全转变为奥氏体后，还会剩下一定量的残余渗碳体。

3.3.3 奥氏体转变的影响因素

凡是影响奥氏体形核和长大的因素都会影响奥氏体的转变速度，影响因素主要包括：温度、碳含量、原始组织和合金元素。

1. 加热温度

加热温度是奥氏体转变最重要的影响因素，因为奥氏体形核率和长大速度均为温度的函数。随着加热温度的升高，形核率和长大速度都迅速增大，奥氏体转变的孕育期变短，转变终了时间变短（表 3-1），形核率的增大幅度高于长大速度的增幅。因此，转变温度越高，奥氏体起始晶粒越小。控制奥氏体的转变温度非常重要。

表 3-1 奥氏体形核率 N 和线性长大速度 v 与温度的关系

转变温度/℃	形核率 $N/(mm^3 \cdot s)^{-1}$	线性长大速度 $v/mm \cdot s^{-1}$	转变完成一半所需时间/s
740	2280	0.0005	100
760	11000	0.010	9
780	51500	0.026	3
800	61600	0.041	1

2. 原始组织的影响

原始组织中碳化物的形状和分散度都会影响奥氏体转变。通常，球形是所有形状中单位体积表面积最小的形状，片状珠光体中铁素体和渗碳体的相界面面积比粒状珠光体大很多，前者界面更易形核，母相更易溶解。因此，片状珠光体比粒状珠光体的奥氏体转变速度更快，这从图3-13中也可以看出。

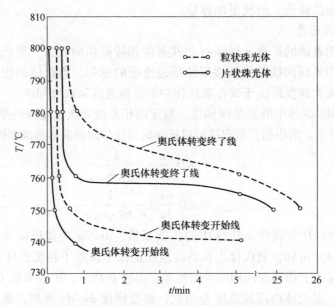

图 3-13 片状和粒状珠光体（$w_C = 0.9\%$）的奥氏体等温转变图

碳钢原始组织越细、片层间距越小，渗碳体分散度越高，相界面越多，扩散距离越短，奥氏体中碳浓度梯度越大，奥氏体转变速度越快。

非平衡组织比平衡组织的奥氏体转变速度快。

3. 碳含量

碳含量增大时，组织中碳化物含量增加，一方面，铁素体和渗碳体的界面面积增加，奥氏体的形核部位增加，形核率增大；另一方面，碳原子的平均扩散距离减小。因此，钢中碳含量越高，奥氏体的转变速度越快。该规律从不同碳含量钢的50%奥氏体转变量对比中（图3-14）可以看出。

4. 合金元素的影响

合金元素的加入并不影响奥氏体转变机理，但会改变碳化物的稳定性，影响碳在奥氏体中的扩散。合金元素对奥氏体转变的影响主要表现如下。

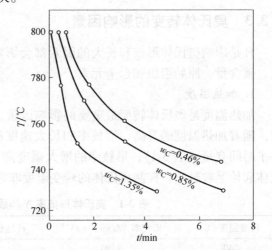

图 3-14 不同碳含量钢的50%奥氏体转变量对比

（1）影响碳在奥氏体中的扩散系数 Cr、Mo、W、V 等强碳化物形成元素会降低碳原子在奥氏体中的扩散系数，降低奥氏体转变速度；Co、Ni 等非碳化物形成元素会增大碳原子在奥氏体中的扩散系数，提高奥氏体转变速度；Si、Al 等元素对碳的扩散系数影响很小，对奥氏体转变没有太大影响。

（2）影响碳化物的稳定性　不同合金元素与碳所形成碳化物的稳定性不同。一般而言，使碳化物稳定性提高的元素，将减缓奥氏体转变。例如，W、Mo 等强碳化物形成元素，在钢中可形成稳定性非常高的特殊碳化物，在奥氏体化温度下溶解缓慢，降低了奥氏体转变速度。

（3）影响相变临界点　合金元素会改变临界点 A_1、A_3、A_{cm} 的位置，使之宽化为一个温度区间。奥氏体化温度一定时，临界温度的变化导致了过热度改变，进而影响了奥氏体转变速度。例如，Ni、Mn、Cu 等元素会降低 A_1 温度，Cr、Mo、Ti、Si、Al、W、V 等会增大 A_1 温度。

（4）影响原始组织　合金元素也影响原始组织，进而影响奥氏体转变的速度。例如，Ni、Mn 等元素使珠光体细化，有利于奥氏体转变。

（5）影响奥氏体的均匀化　合金元素在原始组织中的分布是不均匀的。平衡珠光体组织中，碳化物形成元素主要集中在碳化物中，而非碳化物形成元素主要集中在铁素体中。直到珠光体转变结束，合金元素的不均匀分布会保留到新生的奥氏体相中。因此，奥氏体的均匀化过程中，除了碳元素的均匀化，还需要进行合金元素的均匀化。通常，合金元素在奥氏体中的扩散速度远小于碳原子的扩散速度。因此，合金钢的均匀化时间要大于碳钢。

3.3.4　奥氏体的连续加热转变

在实际工业生产中，绝大多数情况下是通过连续加热而非等温加热来实现奥氏体转变的。与奥氏体等温转变不同，连续加热时，温度在奥氏体转变过程中仍在不断升高。这种在连续加热情况下的奥氏体转变，称为连续加热转变。与等温转变类似，奥氏体的连续加热转变也包含形核、长大、残余碳化物的溶解，以及奥氏体的均匀化几个基本过程。但受连续加热影响，奥氏体相变的临界点、转变速度、组织形态等与等温转变有很大差别。图 3-15 所示为碳钢连续加热时的奥氏体转变示意图，其中曲线 1～4 分别代表转变开始线、转变终了线、渗碳体完全溶解曲线和奥氏体成分均匀化曲线。

与等温转变相比，奥氏体的连续加热转变还具有以下特征。

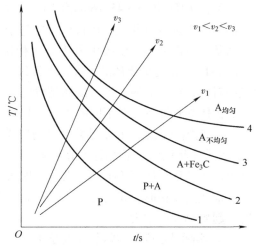

图 3-15　碳钢连续加热时的奥氏体转变示意图

（1）相变临界点随加热速度增大而升高　在一定加热速度范围内，奥氏体转变的临界点 Ac_1、Ac_3、Ac_{cm} 均向高温移动，转变开始温度和终了温度皆随加热速度增大而升高。加热速度越快，则奥氏体转变速度越快，转变所需时间也越短。

（2）奥氏体转变在一定温度范围内完成　碳钢在连续加热时，奥氏体转变在一定的温度范围内进行。加热速度越快，转变温度范围越宽。在连续加热速度很快时，碳钢的组织状态偏离平衡态很多，难以用铁碳相图进行判断。

（3）奥氏体成分的不均匀性随连续加热速度增大而增大　加热速度越快，奥氏体越不均匀。在加热速度增大时，奥氏体转变温度会升高。根据铁碳相图，温度越高，则 $C_{A/F}$ 与 C_{A/Fe_3C} 间的差距越大，即奥氏体中碳的浓差梯度越大。此外，快速加热条件下，碳化物来不及充分溶解，碳及合金元素的原子都来不及充分扩散。因此，随着加热速度增大，奥氏体中碳、合金元素的分布更加不均匀。

（4）连续快速加热可以细化晶粒　快速加热时，过热度增大，奥氏体的形核率急剧增大。由于加热时间短，奥氏体晶核来不及长大，因此，连续快速加热可以获得较细的初始晶粒，起到细化晶粒的作用。

3.4　奥氏体晶粒长大及控制

视频6

奥氏体的晶粒大小对碳钢性能影响很大。一般而言，奥氏体的晶粒越小，室温组织的晶粒也就越小，碳钢的屈服强度越高。因此，研究钢的加热过程对奥氏体晶粒的影响十分重要。

3.4.1　奥氏体晶粒度

晶粒度是平均晶粒大小的度量。奥氏体晶粒度一般是指加热奥氏体化后的奥氏体晶粒大小。奥氏体晶粒度可以用奥氏体晶粒直径或单位面积中晶粒数目等方法来表示。生产中，常用显微晶粒度级别数来评定奥氏体晶粒度。按 GB/T 6394—2017 的规定，显微晶粒度级别数 G 与给定面积中晶粒数目的关系为

$$N_{100} = 2^{G-1} \tag{3-5}$$

式中，N_{100} 为 100 倍下 645.16mm²（1in²）内晶粒个数。可以看出，单位面积中晶粒数 N_{100} 越大，晶粒度级别 G 就越大，奥氏体晶粒越细小。

通常，奥氏体晶粒度级别分为 8 级标准评定，1 级最粗，8 级最细，超过 8 级为超细晶粒。图 3-16 所示为奥氏体晶粒度标准评级图。将显微镜下观察到的晶粒或拍摄的照片与标准评级图对比，可以简便地评定试样晶粒度。

奥氏体晶粒度有三个不同的概念：起始晶粒度、实际晶粒度和本质晶粒度。

（1）起始晶粒度　起始晶粒度是指奥氏体加热转变终了时（即奥氏体形核和长大刚完成时），奥氏体晶粒生长至刚刚互相接触，相对应的晶粒度。通常奥氏体起始晶粒比较细小，取决于奥氏体的形核率 N 和长大速度 v，增大形核率或降低长大速度是获得细小晶粒的重要途径。在加热速度快时，相变温度高，形核率急剧增大，奥氏体起始晶粒度大；原始组织越弥散时，起始晶粒度增大。

（2）实际晶粒度　实际晶粒度是指在某一具体加热条件下获得的奥氏体晶粒的实际大小。它是加热温度和时间的函数，一般在相同的加热速度下，加热温度越高，保温时间越长，实际奥氏体晶粒越粗大，实际晶粒度级数越小。实际晶粒度对钢件冷却后的组织和性能影响较大。

（3）本质晶粒度　本质晶粒度不是实际晶粒大小，而是表示钢在一定条件下加热奥氏体晶粒长大的倾向性。其测量方法的标准试验条件为：保温温度 930℃±10℃，保温时间 3~8h。晶粒度在 1~4 级的碳钢，称为本质粗晶粒钢；晶粒度在 5~8 级的碳钢，称为本质细晶粒钢。图 3-17 所示为典型的本质细晶粒钢和本质粗晶粒钢的晶粒随温度升高而长大的对比图。一般情况下，热处理后本质细晶粒钢的实际晶粒大多比较细小，而本质粗晶粒钢的实际晶粒大多比较粗大。需要注意的是，当加热温度超过 950℃时，本质细晶粒钢也可能得到粗大的实际晶粒。当加热温度仅稍高于临界温度时，本质粗晶粒钢也可能得到较细的实际晶粒。

42

43

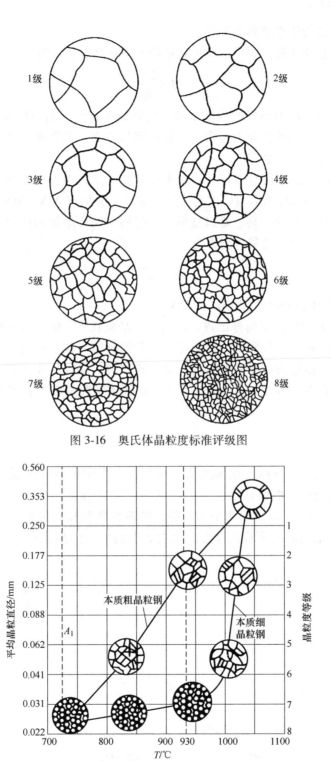

图 3-16　奥氏体晶粒度标准评级图

图 3-17　典型本质细晶粒钢和本质粗晶粒钢的加热晶粒变化对比

3.4.2　奥氏体晶粒长大机理

奥氏体晶粒主要通过晶界迁移而长大。晶界迁移的驱动力来自奥氏体晶界的界面能。晶界的迁移和晶粒的长大使系统界面能降低。

假定奥氏体晶粒为球形，则单位面积晶界的驱动力 P 可表示为

$$P = \frac{2\sigma}{R} \tag{3-6}$$

式中，σ 为比界面能；R 为晶界的曲率半径。比界面能越大，晶粒尺寸（即界面曲率半径）越小，则奥氏体晶界迁移的驱动力越大，晶粒越容易长大。当界面半径无穷大或为平直界面时，驱动力消失，晶粒尺寸稳定。

在实际中，晶界往往不能自发迁移。因为在晶界及晶粒内部往往存在很多细小的难溶第二相颗粒。例如，在含 Al、Nb、Ti、V 等元素的钢中，会形成 AlN、NbC、TiC、VC 等难溶碳氮化合物颗粒。这些颗粒硬度高、难以变形，会阻碍奥氏体晶界的移动，起到"钉扎"晶界的作用。第二相颗粒对晶界的最大阻力为

$$P = \frac{3f\sigma}{2r} \tag{3-7}$$

式中，f 为第二相的体积分数；r 为第二相颗粒半径。

晶界在驱动力 P 的作用下向外推进，即奥氏体晶粒长大。随着界面的推移，奥氏体中晶界总面积逐渐减小，晶粒生长驱动力逐渐降低。若遇到第二相颗粒阻碍时，界面推移受阻而变缓；当第二相颗粒的阻力与晶粒生长的驱动力相当时，晶粒停止生长。这个过程称为奥氏体晶粒的正常长大过程。因此，在一定温度下，奥氏体实际晶粒半径 R 取决于第二相颗粒的半径 r 和体积分数 f，即：

$$R \approx \frac{4r}{3f} \tag{3-8}$$

若奥氏体化温度继续升高，难溶的第二相颗粒产生团聚或溶于奥氏体基体中，则晶粒长大的阻力减小或消失，奥氏体晶粒会急剧长大。奥氏体晶粒随温度的升高而急剧长大，称为异常长大过程。图 3-18 所示为奥氏体晶粒的两种典型长大过程示意。曲线 1 为奥氏体晶粒随温度升高而增大的正常长大过程；曲线 2 中的奥氏体晶粒在高于 1100℃后出现异常长大。

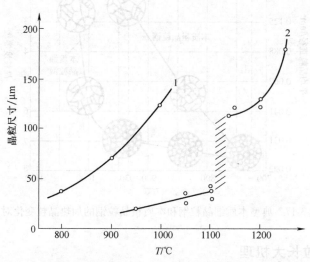

图 3-18　奥氏体晶粒的正常长大和异常长大对比

总体来讲，奥氏体晶粒长大是降低体系界面能的自发过程，由大晶粒吞并小晶粒的不均匀长大及大晶粒进一步均匀长大两个过程所组成。晶粒的长大通过界面移动实现，第二相颗粒对晶粒长大起到抑制作用。形成大量细小、难溶的第二相颗粒是细化奥氏体的关键。

3.4.3 奥氏体晶粒长大的影响因素及控制

视频 7

奥氏体晶粒长大表现为晶界迁移，本质上是原子扩散的过程。凡是能影响原子扩散系数的因素都会影响奥氏体晶粒的长大。这些影响因素主要包括：加热温度、保温时间、加热速度、化学成分、原始组织。

1. 加热温度和保温时间

晶粒长大与原子扩散密切相关，而加热温度和保温时间直接影响原子的扩散状态，因此提高加热温度、延长保温时间都会促进原子的扩散，使奥氏体晶粒粗化。图 3-19 所示为奥氏体晶粒尺寸与加热温度和保温时间的关系。"0"点左侧部分表示加热时间，"0"点右侧表示保温时间。结果表明：温度越高，晶粒长大越快；在各个温度下，都存在晶粒加速长大阶段，当晶粒长大到一定尺寸后，长大过程逐渐停止；低温时，晶粒度对保温时间不敏感。高温时，保温时间对晶粒尺寸影响非常大。因此，为获得理想晶粒度，必须同时控制加热温度和保温时间。

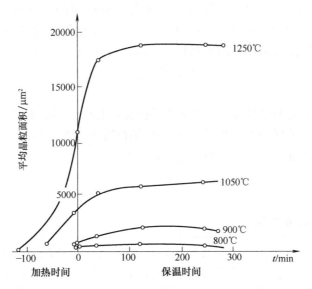

图 3-19 奥氏体晶粒尺寸与加热温度和保温时间的关系

2. 加热速度

若加热速度加快，奥氏体转变时的过热度增大，奥氏体的实际转变温度升高，则奥氏体形核率增大，起始晶粒变得细小（图 3-20）。但在高温下，细小的晶粒很容易长大，因此保温时间需要严格控制，否则晶粒容易粗化。快速加热和短时保温工艺是细化奥氏体晶粒常用的工艺手段，采用快速加热、短时加热或瞬时加热的方法（如高频加热、激光加热等）能显著细化奥氏体晶粒。

3. 化学成分

碳含量是影响奥氏体晶粒长大的显著因素，它的增加常使晶粒尺寸先增后减。起初奥氏

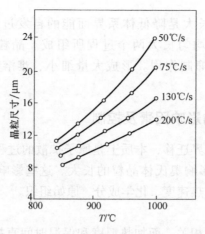

图 3-20　加热速度对奥氏体晶粒尺寸的影响

体晶粒尺寸增大，源于碳的增加会增大碳原子在奥氏体中的扩散速度及铁的自扩散速度。但当碳含量超过一定值后，未溶的二次渗碳体含量逐渐增多，钉扎了奥氏体晶界，奥氏体晶粒细化，所以奥氏体晶粒尺寸在碳含量超过一定值后会减小。

炼钢时若采用 Si、Mn 脱氧，一般不会形成阻碍晶粒长大的第二相，而采用铝作脱氧剂，则会有大量的 AlN 颗粒在奥氏体晶界处析出，阻碍晶粒长大。

类似地，钢中的 Ti、Zr、Nb、V 等合金元素会形成稳定的碳化合物，起到细化晶粒的作用；合金元素 W、Mo、Cr 也会形成碳化物，起到细化晶粒的作用，但因其稳定性稍差，因此晶粒细化效果不如 Ti、Zr 等。

此外，P、O 等元素可起到使晶粒粗化的作用。

4. 原始组织

原始组织主要影响起始晶粒度。通常原始组织越细密，碳化物弥散度越大，加热时奥氏体的形核中心越多，形核率越大，奥氏体的起始晶粒度越细小。例如，片层间距小的珠光体组织在加热时更易获得细小、均匀的奥氏体起始晶粒。

拓展内容

新中国第一座 30 吨
氧气顶吹转炉

本章小结及思维导图

奥氏体化是钢热处理的重要环节，产物奥氏体的晶粒度、成分均匀性及其碳含量和合金元素含量，对后续冷却转变及转变后的组织与性能有重要影响。共析钢奥氏体化由珠光体而来，包括：形核、长大、残余渗碳体溶解和成分均匀化四个过程。这也存在于亚共析钢和过共析钢中，除此之外，非共析钢还包括它们先析出相的溶解。奥氏体的形核需要过热，转变速度取决于形核率和长大速度，受加热温度、原始组织、碳含量和合金元素的影响。加热过程中，奥氏体晶粒长大尽管难以避免，但可以通过调整加热温度、保温时间、加热速度、化学成分和原始组织等影响奥氏体晶粒尺寸的因素加以控制。本章思维导图如图 3-21 所示。

46

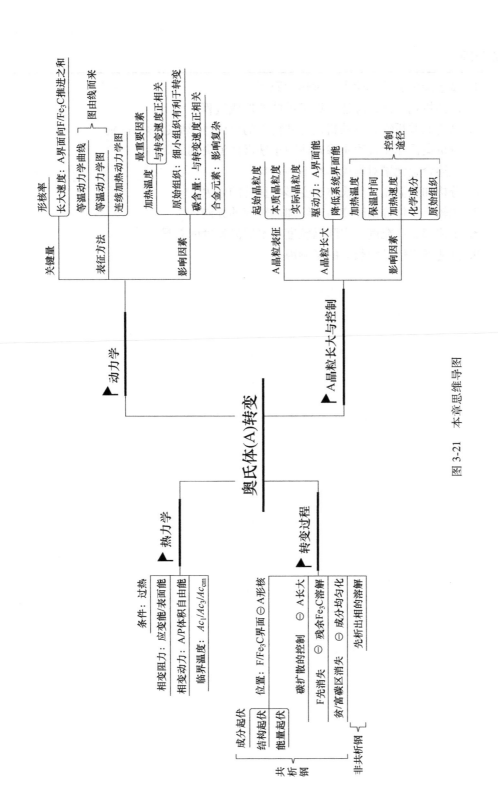

图 3-21　本章思维导图

思考题

1. 试述碳钢奥氏体化需要过热的原因。
2. 以共析钢为例，综述碳钢奥氏体的形成过程。
3. 试述亚共析钢、过共析钢与共析钢的奥氏体形成过程的区别。
4. 分析奥氏体化过程中渗碳体晚于铁素体消失的原因。
5. 试述合金元素对奥氏体转变的影响。
6. 分析加热温度对奥氏体转变影响显著的原因。
7. 比较奥氏体等温转变与连续加热转变的异同。
8. 试述起始晶粒度、实际晶粒度和本质晶粒度的差异。
9. 试述奥氏体晶粒长大的影响因素。

第4章

钢冷却时的珠光体转变

4

　　钢在冷却过程中，当温度低于 A_1 后，奥氏体处于过冷状态，该亚稳态组织将转变为稳定状态的组织。若在 A_1 以下比较高的温度范围内等温或缓慢冷却，碳、铁原子有足够的扩散能力和时间，奥氏体将分解为铁素体和渗碳体的混合物，即为珠光体，其构成相的数量、形态及分布状况受到材料碳含量、合金元素、冷却方式、时间等因素的影响。

4.1 珠光体的组织和性能

4.1.1 珠光体的组织结构

视频 8

1. 组织形态

　　珠光体（Pearlite）由奥氏体发生共析反应转变而来，因浸渍后在光照下具有珍珠般的光泽而得名。组织中铁素体和渗碳体呈片状交替分布，二者的质量比约为 8:1，铁素体片比渗碳体片厚且连续，微结构具有周期性。片层组织具有大致相同位向的区域构成了珠光体团，又称珠光体领域或珠光体晶粒（图4-1）。珠光体组织的粗细程度用片层间距 S_0 衡量，S_0 是指相邻渗碳体（或铁素体）片中心之间的垂直距离（图4-2）。按照 S_0 大小，珠光体类型组织分为珠光体、索氏体（Sorbite）和屈（托）氏体（Troostite），分别记为 P、S 和 T。一般所谓的片状珠光体是指在 650℃ 至共析转变温度范围内形成的，在光学显微镜下能明显分辨出铁素体和渗碳体层片状组织形态的珠光体，片层间距大约为 150~450nm；索氏体在 650~600℃ 温度范围内形成，片层间距较小，约为 80~150nm，只有在高倍的光学显微镜下（放大 800~1500倍时）才能分辨出铁素体和渗碳体的片层形态；屈氏体在 600~550℃ 温度范围内形成，片层间距极细，约为 30~80nm，在光学显微镜下整体呈黑色团状，根本无法分辨其层片状特征，只有在电子显微镜下才能区分。这三种组织实质上都是铁素体和渗碳体交替重叠组成的片状组织，区别在于片层间距尺寸之间存在差异（表4-1）。

表4-1　共析钢中珠光体、索氏体和屈氏体的形成温度、片层间距和硬度

组织名称	形成温度/℃	片层间距/nm	硬度　HBW
珠光体	A_1~650	150~450	170~250
索氏体	650~600	80~150	250~320
屈氏体	600~550	30~80	320~400

　　片层间距与奥氏体晶粒度和成分均匀性关系不大，主要取决于珠光体的形成温度。在某

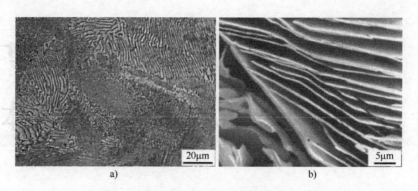

图 4-1　共析钢的片状珠光体

a）金相组织　b）扫描电镜

一具体温度下，S_0 在一定范围内波动，不是单值，随形成温度的降低或过冷度 ΔT 的增加而减小。S_0 与 ΔT 之间的关系可以用式（4-1）表示，大致符合经验式（4-2）。

$$S_0 = \frac{2\sigma V_m T_e}{\Delta H} \cdot \frac{1}{\Delta T} \tag{4-1}$$

$$S_0 = \frac{8.02}{\Delta T} \times 10^3 \tag{4-2}$$

式中，σ 为 F/Fe_3C 的比界面能；V_m 为摩尔体积；ΔH 为单位摩尔转变潜热；T_e 等于 A_1 温度。

S_0 还受冷却方式的影响，如果过冷奥氏体在连续冷却过程分解，珠光体的形成在一个温度范围内进行，则较高温度时形成片层组织的 S_0 大，较低温度形成的 S_0 小（表 4-1）。换言之，先形成的珠光体组织较粗，后形成的较细。原因在于珠光体形成温度高时，碳原子扩散速度快，扩散距离长；温度降低后由于过冷度大，相变动力增大，形核率增加，碳原子扩散速度和距离减小。

此外，工业用钢中渗碳体呈粒（球）状均匀地分布在铁素体基体上，也是一种常见的组织形态（图 2-7b 和图 4-3），该组织称为粒状珠光体或球化体。

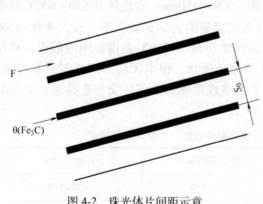

图 4-2　珠光体片间距示意

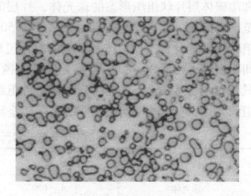

图 4-3　粒状珠光体金相组织

2. 晶体结构

珠光体团中铁素体和渗碳体可以看作是两个相互穿插的单晶体，它们与所在的原奥氏体晶粒之间没有一定的晶体学取向关系，但铁素体与渗碳体之间具有晶体学取向关系，在共析钢和过共析钢中分别主要遵循 Pitsch-Petch 关系和 Bagaryatski 关系。在前者中，$(001)_{Fe_3C}//(5\overline{2}\overline{1})_\alpha$；$[010]_{Fe_3C}//[11\overline{3}]_\alpha$，差 2°~3°；$[100]_{Fe_3C}//[1\overline{3}1]_\alpha$，差 2°~3°。在后者中，$(100)_{Fe_3C}//(0\overline{1}1)_\alpha$；$[010]_{Fe_3C}//[11\overline{1}]_\alpha$；$[001]_{Fe_3C}//[211]_\alpha$。上述晶体学位向关系的界面具有较低的界面能，有利于铁、碳原子的扩散，有利于珠光体团的长大。

4.1.2 珠光体的力学性能

珠光体的力学性能取决于构成相的性能特点及组织结构，与晶粒尺寸、α/Fe_3C 界面的面积、Fe_3C 的形态及分布等相关。片状珠光体可以看成铁素体基体中含有许多渗碳体片的组织。渗碳体硬而脆，有较大形变抗力，发挥第二相强化作用，会使珠光体比铁素体的硬度和强度高，但渗碳体比较粗大时，会使其塑性和韧性显著降低。珠光体的硬度、屈服强度 $R_{eL}(\mathrm{MPa})$ 与片层间距 $S_0(\mathrm{m})$ 之间存在的关系可用式（4-3）表示。

$$R_{eL} = 139 + 46.4 S_0^{-1} \tag{4-3}$$

片层间距减小，珠光体的强度增加（图 4-4a）。这与相界面增多导致位错运动变得困难和塑性变形抗力增大有关。同时，S_0 减小有利于塑性的提高（图 4-4b），因为渗碳体片很薄时在外力作用下可以滑移产生塑性变形，也可以发生弯曲，S_0 较小时，片状渗碳体不连续，铁素体未被渗碳体完全隔离开。

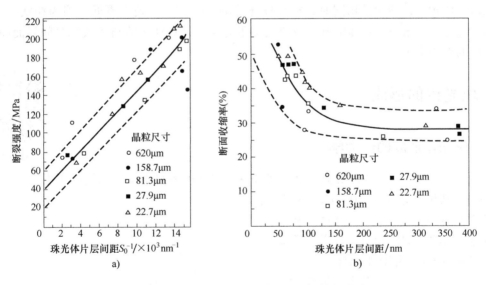

图 4-4 珠光体片层间距尺寸对力学性能的影响

a）断裂强度 b）断面收缩率

片层间距对冲击韧度的影响较复杂。一方面 S_0 减小提高强度会降低冲击韧度；另一方面 S_0 减小使渗碳体片可以弯曲变形，能够改善冲击韧度。这两个因素的共同作用，使冲击韧度随 S_0 减小出现先降后增的变化趋势。需要指出的是，连续冷却时形成 S_0 不等的珠光体，在外力作用下塑性变形不均匀，会引起应力集中，使裂纹提前产生和扩展，降低钢的强度和塑性。此外，珠光体团尺寸也是影响力学性能的重要因素，尺寸降低也使珠光体的强度和塑性增加（图 4-5）。

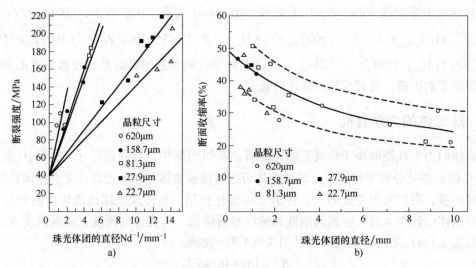

图 4-5　珠光体团直径对力学性能的影响

a）断裂强度　b）断面收缩率

对于粒状珠光体而言，力学性能取决于粒状渗碳体的数量、大小及分布。在体积分数相同的条件下，渗碳体颗粒越细小，界面越多，产生的强化作用越显著，钢的强度和硬度越高。与片状珠光体相比，碳含量相同时，粒状珠光体的塑性更高，硬度更低。因为粒状珠光体的铁素体连续分布，未被渗碳体隔开，位错运动阻力小，并且铁素体与渗碳体之间界面面积少、阻碍变形的作用也小。

4.2　珠光体的形成

视频 9

4.2.1　珠光体形成的热力学

从热力学上讲，奥氏体向珠光体转变需要在后者比前者自由能低的情况下发生。运用 Fe-Fe_3C 相图，共析成分（$w_C = 0.77\%$）的奥氏体冷却到 A_1 温度将转变为珠光体，相变的驱动力为新旧两相的体积自由能差，需要过冷条件（图 4-6）。由于珠光体形成温度较高，铁、碳原子扩散能力较大，能较远距离的扩散，加之珠光体形核是在微观缺陷较多的晶界处，而缺陷能可作为形核动力，这使得珠光体可在较小过冷度下形成。

4.2.2　片状珠光体的形成机制

珠光体的形成符合固态相变规律，包括形核与长大过程，发生 Fe、C 原子扩散和 Fe 晶格改组，受扩散控制，是完全扩散型转变。通常，在亚共析钢中铁素体是领先相，

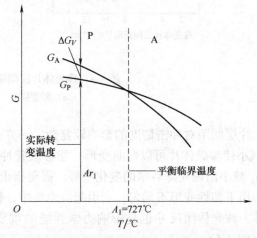

图 4-6　珠光体和奥氏体的自由能与温度关系

过共析钢中渗碳体是领先相，共析钢中两个相都有可能成为领先相，一般认为渗碳体是领先相。此外，领先相还受过冷度的影响，过冷度小时，渗碳体为领先相，过冷度大时，铁素体为领先相。下面以渗碳体为领先相为例讨论片状珠光体的形成。

1. 珠光体形核

珠光体通常在奥氏体晶界或其他晶体缺陷比较密集的区域形核，这些区域与奥氏体晶粒内部相比，能量较高，原子扩散动力大，且易于扩散，容易满足形核所需的能量起伏、成分起伏和结构起伏条件。以领先相渗碳体为例，晶核最初常为小的薄片，因为薄片状晶核的应变能小，相变阻力小，容易接受碳原子，能够缩短碳原子的扩散距离。薄片状渗碳体的形成，造成周围奥氏体区域的碳浓度降低，出现贫碳区，为铁素体形核创造了条件，当贫碳区的碳浓度降低到铁素体的平衡浓度时，会在渗碳体片两侧形成片状铁素体，使其外侧的碳浓度升高，出现富碳区，促使新渗碳体的形核及片状组织的出现（图 4-7）。

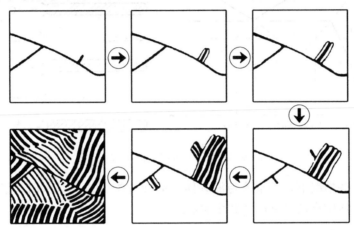

图 4-7　珠光体形核与长大示意

2. 珠光体长大

珠光体的生长是铁素体和渗碳体相互协作长大的过程。在铁素体和渗碳体相互交替形成出现，珠光体横向展宽长大的同时，片状铁素体和渗碳体不断向奥氏体晶粒纵深方向长大，长大方式常以分枝的方式进行（图 4-8），形成一组两相大致平行的珠光体团。同样，在奥氏体晶界的其他部位或已形成珠光体与奥氏体的相界上，也可能产生不同方向向长大的渗碳体晶核，并在此基础上形成新的珠光体团，各珠光体团不断长大直至相遇，此时珠光体的形成过程结束（图 4-7）。

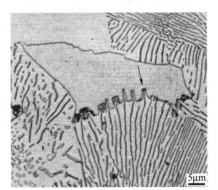

图 4-8　$w_C = 0.6\%$ 钢 713℃ 处理后在 645℃ 保温 2s 的金相组织（箭头标示珠光体的分枝长大）

上述珠光体的形成受碳扩散控制。在 T_1 温度下，珠光体刚形成时，铁素体、渗碳体和过冷奥氏体三相共存，$w_{C_{A/F}} > w_{C_A} > w_{C_{A/Fe_3C}} > w_{C_{F/A}} > w_{C_{F/Fe_3C}}$（图 4-9）。其中，$w_{C_{A/F}}$ 为与铁素体接触奥氏体的碳浓度，w_{C_A} 为远离珠光体的奥氏体的碳浓度，$w_{C_{A/Fe_3C}}$ 为与渗碳体接触奥氏体的碳浓度，$w_{C_{F/A}}$ 为与奥氏体接触铁素体的碳浓度，$w_{C_{F/Fe_3C}}$ 为与渗碳体接触铁素体的碳浓度。这表明过冷奥氏体中碳分布不均匀，三相之间的界面处存在碳浓度差，会引起碳原子在奥氏体中的扩散（扩散方向见图 4-9 中箭头），进而导致铁素体前沿奥氏体中的碳浓度下降，并增加渗碳体前沿奥氏体的碳浓度，从而破坏了该温度下 A/F 和 A/Fe$_3$C 两相界面上的碳浓度平衡。为恢复平衡，A/F 界面附近的奥氏体必须析出铁素体，使奥氏体的碳浓度升高到平衡浓度 $w_{C_{A/F}}$；A/Fe$_3$C 界面附近的奥氏体析出渗碳体，使奥氏体中碳浓度降低到 $w_{C_{A/Fe_3C}}$。上述碳浓度平衡不断恢复和破坏，珠光体得以纵向长大。珠光体形成中除上述碳扩散之外，在远离珠光体的奥氏体中碳原子向与渗碳体接触的奥氏体中扩散，而与铁素体接触奥氏体中的碳原子向远离珠光体的奥氏体中扩散。此外，在已形成的珠光体中，铁素体内也存在碳浓度差，也发生碳原子扩散。这些碳扩散都会促进铁素体和渗碳体的长大。

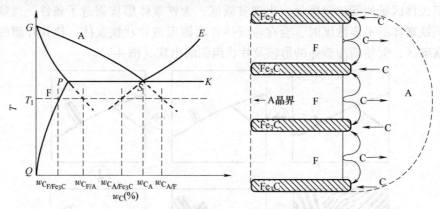

图 4-9　珠光体长大时碳的扩散示意

应指出，在一些情况下，铁素体与渗碳体不能交替配合协同长大时，渗碳体可能以分枝形式长大，使珠光体中出现反常的片状组织形态。

4.2.3　粒状珠光体的形成机制

粒状珠光体形成的途径主要有三种：①由奥氏体转变为球化珠光体；②片状珠光体的球化；③马氏体在低于并接近 A_1 温度时分解（见第 9 章）。第一种情况需要特定的奥氏体化条件：奥氏体化温度低，保温时间短，加热转变进行不充分，奥氏体中存在大量未溶的凹凸不平的、厚薄不匀的渗碳体或高碳区。未溶片状渗碳体在加热、随后慢冷或等温过程中会逐渐球化，这个过程是一个自发的过程，因为单位体积的球状渗碳体的表面积最小，其表面能和总自由能均小于片状渗碳体的相应值。渗碳体的球化过程与其曲率半径有关，根据曲率半径小的颗粒在基体中的溶解度大这一理论，渗碳体球化过程中小颗粒会溶解，大颗粒会长大。此外，奥氏体化不充分的组织在慢冷或等温过程中，弥散的高碳区会成为渗碳体的形核位置，渗碳体可以直接从中析出并长成球状，原因为与形成片状渗碳体相比，形成球状渗碳体的碳扩散距离短，总自由能也低。

第二种情况需要特定的冷却条件：形成珠光体的等温温度高，等温时间足够长或冷却速度极慢。在稍低于 A_1 温度下长时间保温时，渗碳体片因存在尖角及晶体缺陷，会发生断裂和自发球化（图 4-10）。片状渗碳体的断裂与组织中的位错和亚晶界有关，因为铁素体与渗碳体亚晶界接触处在界面张力的作用下，会形成凹坑，它两侧的渗碳体与平面部分的相比，具有较小的曲率半径和较高溶解度，这导致铁素体中出现碳浓度梯度，促进碳的扩散，并以渗碳体的形式在附近平面渗碳体上析出。为恢复平衡，凹坑两侧的渗碳体尖角将逐渐被溶解，使曲率半径增大，这样就破坏了此处相界面表面张力的平衡。为保持表面张力平衡，凹坑将因渗碳体的溶解而加深，直至渗碳体溶断为两截。同理，这种片状渗碳体断裂现象在渗碳体中位错密度高的区域也会发生。

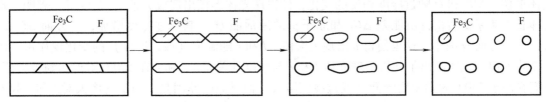

图 4-10　片状渗碳体断裂、球化过程示意图

4.3　珠光体转变动力学

视频 10

珠光体转变动力学研究的是珠光体形成快慢的问题，常用单位时间单位体积内形成的珠光体数量（体积分数 X）和珠光体界面移动速度来表示，等温转变动力学曲线和图是重要的研究手段。

4.3.1　珠光体形核率和长大速率

珠光体转变速度取决于珠光体形核率 $I(\mathrm{cm}^{-3}/\mathrm{s})$ 和长大速率 $v(\mathrm{cm/s})$。I 是未转变奥氏体每单位时间、每单位体积形成产物晶核的数目；v 是珠光体/奥氏体界面向未转变奥氏体内移动的速率。珠光体转变速度与形核率、长大速率和时间的关系，可以用 Johnson-Mehl 方程（式 4-4）和 Cahn-Hagel 方程（式 4-5）表示：

$$X = 1 - \exp\left(-\frac{\pi}{3}Iv^3t^4\right) \tag{4-4}$$

$$X = 1 - \exp\left(-\frac{4}{3}\pi\eta v^3t^3\right) \tag{4-5}$$

式中，t 为时间（s）；η 为单位体积晶粒顶角数。

Johnson-Mehl 方程假设如下：①均匀形核；②I 和 v 不随时间变化；③各珠光体团的 v 值相同。图 4-11 所示为基于 Johnson-Mehl 方程珠光体体积分数随时间的增长曲线。

Cahn-Hagel 方程基于珠光体形核的非均匀性和晶粒不同位置形核的难易性，考虑到晶粒顶角比棱边更利于形核，后者又比晶粒表面更有利于形核的实际情况，假设了顶角处形核率很高，并且在转变早期就达到了饱和，珠光体转变受径向长大速率控制。

珠光体形核率 I 和长大速率 v 可分别由式（4-6）和（4-7）表示：

$$I = N\nu\left(\frac{\delta}{L}\right)^{3-i}\exp\left(-\frac{Q}{\kappa T}\right)\exp\left(-\frac{A_i\Delta G^*}{\kappa T}\right) \tag{4-6}$$

$$v = \delta\nu\exp\left(-\frac{Q}{\kappa T}\right)\left[1 - \exp\left(-\frac{\Delta G_v}{\kappa T}\right)\right] \tag{4-7}$$

式中，N 为单位体积旧相中的原子数；ν 为原子振动频率；δ 代表边界厚度；L 代表晶粒平均直径；$i = 0$、1、2、3，分别表示界隅、界棱、界面和均匀形核；A_i 为晶界不同位置形核功与均匀形核功的比值；Q 为原子扩散激活能；ΔG^* 为临界形核功；ΔG_v 为新旧相的自由能差；κ 为玻尔兹曼常数；T 为加热温度。

　　式（4-6）表明，珠光体形核率受临界形核功 ΔG^* 和原子扩散激活能 Q 控制。过冷度增加，两相自由能差增大，所需 ΔG^* 减小，有利于形核；但是降低温度却减小了 Q，不利于珠光体形核。ΔG^* 和 Q 随过冷度相反的变化，使得珠光体形核出现极大值。式（4-7）表明，珠光体长大速率受两相自由能差 ΔG_V 和原子扩散激活能 Q 控制。过冷度增加，一方面 ΔG_V 增大，另一方面 Q 减小，这也使得 v 出现极大值。I 和 v 随温度（或过冷度）的变化规律可从图 4-12 中看出。该图给出了共析钢珠光体 I 和 v 与温度的关系。I 和 v 在 550℃ 附近达到极大值，它们在高于 550℃ 时随温度降低（或过冷度增大）而升高的原因是，ΔG_V 的增大对 I 和 v 起着主导作用，加之 $w_{C_A/\alpha}$ 与 w_{C_A/Fe_3C} 差值的持续增大也是加快珠光体长大的有利因素；低于 550℃ 后，ΔG_V 及 $w_{C_{A/F}}-w_{C_{A/Fe_3C}}$ 值继续随温度降低而增大，但原子扩散却变得很困难，Q 成为 I 和 v 的主导因素，使它们呈现减小趋势。

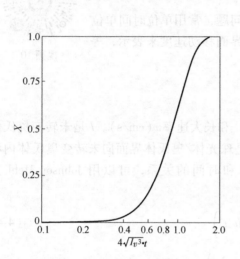

图 4-11　珠光体转变体积分数与
时间的关系（Johnson-Mehl 方程）

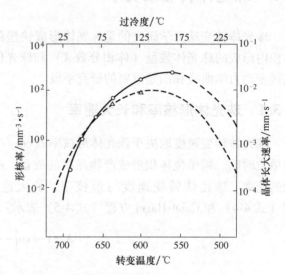

图 4-12　共析钢珠光体形核率及长大
速率与转变温度的关系

4.3.2　珠光体界面移动速度

　　珠光体的形成源于奥氏体的共析分解，长大过程是二元构成相（F 和 Fe₃C）的协同生长过程，类似于液相中的层状共晶生长，后者的模型可以应用于前者。但是，共晶组织向液相中协同生长时过冷度小（由于界面移动受热流的控制），而固态反应中界面移动的速度可以通过扩散来控制，可能发生较大过冷。在它们的长大过程中，体积扩散和在移动界面处的扩散都可能是传输过程。1975 年，Verhoeven 借鉴共晶凝固机理分析了产生珠光体的共析反应，把片层间距、珠光体/奥氏体界面移动速度与过冷关联在一起。如图 4-13 所示，珠光体间距 S_0 为高度，单位长度 l 为深度，珠光体区域向原奥氏体中移动的距离为 δ；那么释放的总自由能则为 $\left[(S_0 l \delta)\,\Delta G_T\right]$。其中，$\Delta G_T$ 既为延伸铁素体/渗碳体界面所需的自由能，又为驱动碳（C）在奥氏体（A 相）中横向扩散以保证铁素体和渗碳体协同生长所需的自由能。因此，自由能平衡式为：

$$\Delta G_T = \Delta G_s + \Delta G_d = \frac{2G_{F/Fe_3C}}{S_0} + \Delta G_d \tag{4-8}$$

56

式中，ΔG_s 和 ΔG_d 分别为每单位体积用于形成新界面和驱动扩散的自由能，是 F/Fe$_3$C 界面处每单位面积的表面能。如果 ΔG_d 为零，即所有自由能都用于扩展 F/Fe$_3$C 界面，此时珠光体的片层间距最小，记为 S_{min}，可用式（4-9）表示：

$$S_{min} = \frac{2G_{F/Fe_3C}}{\Delta G_T} \tag{4-9}$$

如果释放的体积自由能与过冷温度 ΔT_E 成正比，ΔG_d 可以近似为：

$$\Delta G_d = \Delta S_P \Delta T_d = \Delta S_P \Delta T_E \left(1 - \frac{S_{min}}{S_0}\right) \tag{4-10}$$

式中，ΔS_P 是珠光体转变每单位体积的熵变。

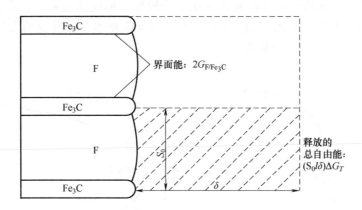

图 4-13 自由能量平衡的示意图（奥氏体转变提供的自由能等于
F/Fe$_3$C 界面能和驱动 P/A 界面扩散所需的自由能之和）

Fe-C 驱动扩散的成分差异 Δw_d 与总过冷 ΔT_E 的关系如图 4-14 所示。Δw_d 与 ΔT_E、S_{min}、S_0，以及图 4-14 中 A_3 与 A_{cm} 线的斜率 m_F、m_{Fe_3C} 的关系，见式（4-11）；而珠光体界面移动速度 R 又与 Δw_d 相关，它们之间存在式（4-12）的关系。

$$\Delta w_d = \Delta T_E \left(1 - \frac{S_{min}}{S_0}\right) \cdot \left(\frac{1}{|m_F|} + \frac{1}{m_{Fe_3C}}\right) \tag{4-11}$$

$$R = \frac{2D\Delta w_d}{S_0(w_A - w_F)} \tag{4-12}$$

式中，D 为碳原子扩散系数；w_A、w_F 分别为 A 相、F 相中的碳浓度。式（4-12）可简化为：

$$R = K\Delta T_E \left(1 - \frac{S_{min}}{S_0}\right) / S_0 \tag{4-13}$$

式中，$K = 2D/w_A - w_F(1/|m_F| + 1/m_{Fe_3C})$ 为常量。

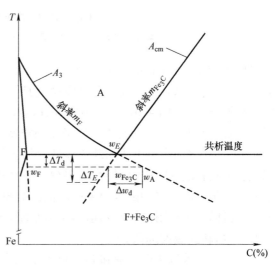

图 4-14 Fe-C 驱动扩散的成分差异 Δw_d 与
总过冷 ΔT_E 的关系示意

4.3.3 珠光体等温转变动力学曲线和图

珠光体等温转变动力学曲线是指在一定温度下等温，珠光体体积分数与等温时间的关系曲线，可根据式（4-5）或采用试验法（金相法、硬度法、膨胀法、磁性法和电阻法）获得。如图 4-15a 所示，珠光体转变曲线呈"S"形，跨越了三个时间段，分别对应于转变过程的形核、生长和碰撞阶段。其中碰撞行为既包括 F 相和 Fe₃C 相的相互作用，也包括不同取向珠光体团边界的相互作用，这一作用会延迟珠光体转变过程。根据形核-长大理论（NGT），温度对珠光体形成动力学的影响遵循等温转变曲线动力学行为。因为在温度较高的情况下，铁、碳原子扩散快，但过冷度低，相变驱动力较小；在温度较低时，过冷度较高，相变驱动力较高，但原子扩散较慢。这两种情况珠光体转化率均较低，形成速度慢，最大转化率在中间转化温度下完成，如图 4-15b 所示。等温转变曲线是构成珠光体等温转变动力学图（IT 图）和连续转变动力学图（CCT 图）的基础。

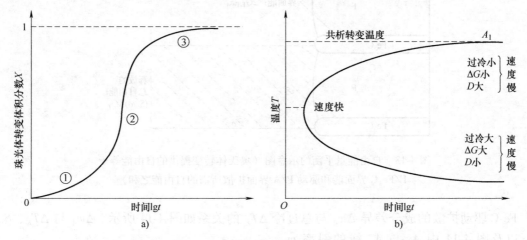

图 4-15　时间和温度对珠光体转变的影响
a）珠光体等温转变动力学曲线　b）等温转变曲线动力学行为与温度关系

IT 图又称 TTT（Time Temperature Transformation）图或等温转变图。它把珠光体转变量、转变温度和时间结合在一起，是制定热处理工艺的重要工具。IT 图可以在等温转变动力学曲线的基础上绘制（图 4-16）。图中转变开始线和终了（结束）线均呈 C 形，共析温度以下开始线左侧的组织为过冷奥氏体，处于亚稳定状态；转变终了线右侧的组织为珠光体；转变开始线与终了线之间为奥氏体向珠光体转变的区域。如图 4-16 所示，可知珠光体等温转变动力学具有如下特点：①珠光体转变需要孕育期（指等温开始至发生珠光体转变的时间）；②孕育期在 A₁ 与鼻子温度之间随等温温度降低而缩短，低于鼻子温度后随温度降低而增加；③温度一定，总体来讲珠光体的形成速度随时间的延长而增大，转变量为 50% 时，转变速度达到极大值，之后转变速度降低。

图 4-17 所示为共析碳钢和非共析碳钢完全奥氏体化后的珠光体等温动力学曲线。其中，共析碳钢的珠光体转变点在 550℃附近出现，亚、过共析碳钢珠光体转变曲线与共析钢等温转变曲线的特点相似。但是，在亚、过共析碳钢转变开始线的左上方，分别出现了一条先共析铁素体或先共析渗碳体的析出线。需要指出的是，随着钢中碳含量的增加，先共析铁素体析出线逐渐向右下方移动直至消失，而先共析渗碳体析出线却向左上方移动。

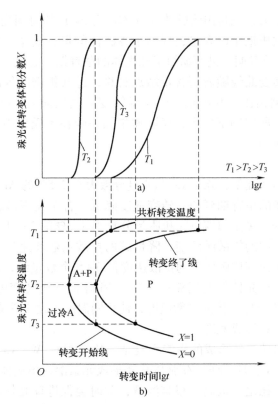

图 4-16　珠光体等温转变动力学曲线与等温转变图之间的关系示意
a）珠光体等温转变动力学曲线　b）等温转变图

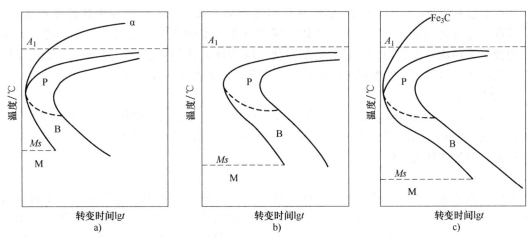

图 4-17　不同钢的珠光体等温转变动力学曲线
a）亚共析钢　b）共析钢　c）过共析钢

4.3.4　珠光体转变动力学的影响因素

1. 碳含量

对于亚共析钢，碳含量越高，完全奥氏体化后先析出铁素体（$F_先$）与形成珠光体的孕育期越长，前者析出速度和后者形成速度都减慢。因为亚共析钢碳含量增加，$F_先$ 形核更困难，长大需扩散离去的碳原子数量增多，进而延缓了珠光体的形成。对于过共析钢，在完全奥氏体化的情况下，碳含量增大，先析出渗碳体（$Fe_3C_{先}$ 或 $\theta_{先}$）的时间变短，珠光体形成的速度增大。原因为增加了过共析钢中碳含量，提高了渗碳体的形核概率，增大了碳在奥氏体中的扩散系数，缩短了 $\theta_{先}$ 的孕育期，进而缩短了珠光体的孕育期。总之，在完全奥氏体化加热条件下，亚共析钢的等温转变曲线随着碳含量增加右移，过共析钢的等温转变曲线随碳含量增加左移。与亚、过共析钢相比，共析碳钢的等温转变曲线最靠右，孕育期最长，转变更慢。碳钢中珠光体的生长在扩散控制下发生，而限速步骤是碳在奥氏体中的扩散。因此，在碳钢中，珠光体的形成是快速的。

2. 合金元素

在充分溶入奥氏体的情况下，除了 Co 和质量分数大于 2.5% 的 Al，常用合金元素均使珠光体转变的孕育期延长，转变速度降低。合金元素延缓珠光体转变的主要原因有以下三点：①除 Co 和质量分数小于 3% 的 Ni 以外，合金元素可提高碳在奥氏体中的扩散激活能，降低碳的扩散系数和速度；②合金元素在奥氏体中的扩散速度比碳原子的扩散速度低 3~5 个数量级，而珠光体转变却需要合金元素再分配，这导致了珠光体转变迟滞；③Mn、Ni 降低共析转变温度 A_1，Mo、W、Cr 等提高 A_1，这改变了奥氏体与珠光体的平衡温度，使相同温度下发生珠光体转变的过冷度不同，进而改变珠光体片层间距和形成速度。

视频 11

应指出，合金元素对珠光体形成的影响很复杂，Mo、Mn、W、Cr、Ni、Si 降低珠光体转变速度的作用逐次减弱；V、Ti、Nb、Zr 强碳化物形成元素溶入奥氏体，对珠光体转变也有推迟作用，但它们的碳化物稳定性极高，很难溶解，此时会促进珠光体的形成；几种合金元素共存时，它们的作用不是各自效用的简单叠加。

3. 加热温度和保温时间

加热温度和保温时间影响钢的奥氏体化程度和晶粒尺寸，进而对珠光体转变产生作用。温度升高或保温时间延长，增加了奥氏体中碳和合金元素的含量，延长了珠光体转变的孕育期，也使奥氏体成分更加均匀，晶粒更加粗化，减少珠光体形核位置，降低珠光体相变形核率和长大速率。简言之，温度高或时间长，珠光体转变速度小；反之同理。

4. 原始组织

原始组织会影响奥氏体状态，进而影响珠光体转变。一般地，在其他条件相同的情况下，原始组织细小，碳化物溶解较快，奥氏体化时成分较均匀，这会减慢珠光体的形成；而原始组织粗大，珠光体转变较快。

5. 应力和塑性变形

钢件在奥氏体状态下受拉应力，会增大珠光体转变速度。因为拉应力和塑性变形会增加晶体点阵畸变和位错密度，这有利于碳、铁原子扩散和晶格点阵重构，从而促进珠光体形核和长大。但是，受到压应力时，珠光体转变变慢。原因是压应力会阻碍原子迁移，使碳、铁原子扩散和点阵改组困难。塑性变形（形变热处理）造成晶粒破碎、亚结构和晶体缺陷增加，奥氏体稳定性降低，珠光体转变加快。

4.4　非共析钢的珠光体转变

非共析钢包括亚共析钢和过共析钢。它们在共析温度以上平衡冷却时，发生珠光体转变之前铁素体或渗碳体会由奥氏体中先析出，先析出相分别记为 $F_{先}$ 和 $\theta_{先}(Fe_3C_{先})$，先析出相分别与奥氏体一起，在 Fe-C 相图中形成"奥氏体

视频 12

+先析出铁素体"或"奥氏体+先析出渗碳体"的两相区。在先析出相形成过程中，奥氏体中的碳含量分别沿相图中 GS、ES 线升高或降至 $w_C = 0.77\%$，当低于 A_1 温度时，过冷奥氏体发生珠光体转变。上述平衡冷却过程没考虑时间因素，但实际热处理的冷却与此不同。这给非共析钢的转变带来新特点，涉及先析出相析出和伪共析转变问题。对于普通碳钢和 Fe-C 合金而言，在适当等温热处理、缓慢冷却乃至中速冷却条件下，铁素体或渗碳体即使在共析温度以下仍然能从高温奥氏体相中析出，它们的析出行为发生在图 4-18 中的 GSE' 和 ESG' 区域。

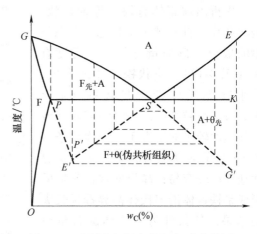

图 4-18　先析出相析出的温度-成分范围

4.4.1 伪共析转变

非共析钢自奥氏体区较快冷却，在较大过冷度或相对低的温度下转变时，碳原子难以充分扩散，$F_先$ 和 $\theta_先$ 的析出可被部分或全部抑制（视冷却速度大小而定）。对于某成分的非共析钢，如果冷却速度足够快时，在先析出相析出之前，奥氏体可直接被冷却到 $G'SE'$ 线以下区域（图 4-18），在该温度下，过冷奥氏体会直接分解为铁素体和渗碳体的混合物。分解机制及产物组织特征与平衡冷却条件下形成的珠光体转变相同，产物为共析组织，但其铁素体和渗碳体相对量却不同于共析珠光体构成相的数量比。为此，非平衡冷却条件下偏离共析成分点的奥氏体直接转变为铁素体和渗碳体的过程，被称为伪共析转变，转变产物又称为伪共析组织，或称为伪共析珠光体，该组织在工业生产中仍被称为珠光体。此外，伪共析转变区域（$G'SE'$ 以下区域）和成分范围随冷却速度增大，反之同理。伪共析现象的存在，会增加非共析钢中珠光体的数量，对材料的力学性能产生影响。

4.4.2 先析出相的析出及形态

1. 亚共析钢中 $F_先$ 的析出及形态

视频 13

亚共析钢奥氏体化后过冷至 GS 线以下、SE' 线以上时，将有 $F_先$ 析出，析出量取决于奥氏体中的碳含量和析出温度（或冷却速度）。碳含量越高，析出温度越低或冷却速度越快，$F_先$ 的量越少；反之同理。先析出铁素体的形成过程包括形核与长大阶段，形核大都发生在奥氏体晶界上，受奥氏体中碳扩散控制。铁素体晶核与母相奥氏体之间至少存在五种晶体学取向关系，其中，库尔久莫夫-萨克斯（Kurdjumov-Sachs，K-S）取向关系 $\{(111)_A//(1\bar{1}0)_F，[\bar{1}10]_A//[\bar{1}11]_F\}$ 和西山-瓦瑟曼（Nishiyama-Wassermann，N-W）取向关系 $\{(111)_A//(1\bar{1}0)_F，[\bar{1}01]_A//[001]_F\}$ 最常用，这两个取向关系的微小差异在于围绕 $[\bar{1}11]_A//[1\bar{1}0]_F$ 旋转了 5.26°。新相与母相之间遵循 K-S 或 N-W 关系时，铁素体与奥氏体晶粒一侧共格，与另一侧不共格，无位向关系；铁素体晶核形成后，与铁素体接触的奥氏体微区的碳浓度增加，使奥氏体内形成碳浓度梯度，引起碳原子扩散，为了保持 $F_先$/A 相界面的碳平衡，恢复界面奥氏体的高碳浓度，奥氏体中必须析出低碳的铁素体，从而使铁素体晶核不断长大。

先析出铁素体有块（等轴）状、网状和片（针）状三类形态，形态与钢的成分（碳质量分数）和温度有关（图4-19）。块状铁素体的形成，发生在奥氏体碳含量较低（$w_C <$ 0.2%），晶粒细小，等温温度较高或冷却速度较慢的情况下。因为该条件下 Fe 原子活动能力较强，非共格界面迁移比较容易；晶界网状铁素体的形成是铁素体沿奥氏体晶界择优长大的结果，其条件为奥氏体碳含量较高（$w_C > 0.4\%$），晶粒较粗大，冷却速度较快；片（针）状铁素体在冷却速度适中，奥氏体晶粒粗大，成分均匀且 $w_C = 0.2\% \sim 0.4\%$ 的条件下形成。

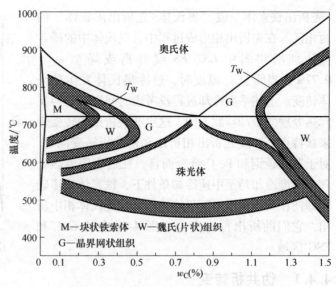

图 4-19　先析出相形态与温度-成分的关系

此时 Fe 原子扩散困难，非共格界面不易迁移，共格界面向有位向关系的奥氏体晶粒内伸展，使铁素体呈片状沿 $\{111\}_A$ 晶面长大，铁素体片常彼此平行或互成 60°、90°角。需要指出的是，$F_{先}$ 呈片（针）状时，又称为魏氏铁素体，它与珠光体组成的复合组织称为魏氏组织，记作 W。该称谓是为了纪念奥地利矿物学家魏德曼施泰坦（A·J·Wodmanstatten），因为他于 1908 年在陨石中发现一种沿母相特定晶面析出的针状或片状显微组织。魏氏铁素体组织可在连续冷却或等温冷却过程中形成，形成的冷却速度范围较宽。等温冷却时，魏氏组织必须在上限温度 T_W 以下形成，高于 T_W 只能形成网状铁素体。

上述不同形态的先共析铁素体单个晶粒横截面形状有六类。晶界同质异形体（图4-20a）在奥氏体晶界出现，呈邻接的球形帽状，该形状取决于相邻的晶体结构，与自身的晶体结构无关。魏氏侧板或针状体（图4-20b）直接在奥氏体晶界（主侧板）上形核，或者在晶界处形成的沉淀物（次要侧板）上成核，之后向奥氏体晶粒中生长。初级和次级魏氏锯齿形（图4-20c）类似于魏氏侧板，但前者有较大顶角。独特体（图4-20d）是等轴晶体，形状受其自身晶体结构控制不受相邻晶体的影响，常在晶粒内的非金属夹杂物［如 V(C,N)，MnS，Al_2O_3］上形成，有时也可在晶粒边界上形成。奥氏体内形成的魏氏体板或针（图4-20e）位于基体晶粒内。块状铁素体（图4-20f）是基体晶粒内撞击的沉淀晶体聚合体。图4-21所示为不同形态侧板、锯齿、晶界独特型等光学显微组织图。应指出，魏氏体形状可能是板状或针状，针状是狭窄、长且三维形状像针一样尖，板状和针状的三维形状在板条和板状之间有所不

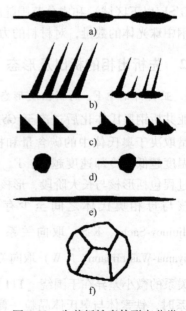

图 4-20　先共析铁素体形态分类

a）晶界同质异形体　b）初级和次级魏氏侧板
c）初级和次级魏氏锯齿形　d）独特体
e）奥氏体内的魏氏体板（针）　f）块状

同。术语"魏氏体"趋向用于描述铁素体中的细长形状。此外，三维重构技术为更好地理解先析出相的真实形貌提供了支撑，图4-22所示为初级和次级铁素体侧板的三维形貌，前者呈"峰"状，后者呈"板条状"，它们分别由奥氏体晶界和晶界铁素体沉淀物发展而来。

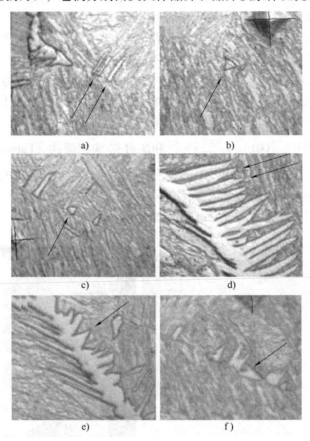

图 4-21　先析出铁素体不同形态的光学显微组织
a）初级侧板　b）初级锯齿　c）晶界独特型　d）次级侧板　e）次级锯齿　f）异形

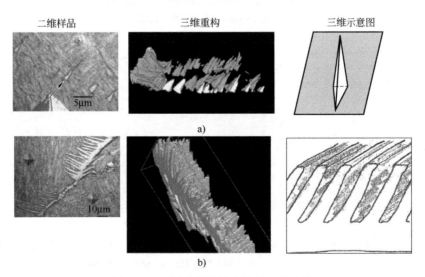

图 4-22　不同先析出铁素体的三维重构
a）初级侧板　b）次级侧板/板条

2. 过共析钢中 $\theta_\text{先}$ 的析出及形态

先共析渗碳体组织有粒状、网状和片（针）状三种形态，多为后两种（图 4-23a）。当过共析钢奥氏体成分均匀、晶粒粗大时，粒状渗碳体从过冷奥氏体中直接析出的可能性很小。当碳质量分数大于 1.1% 的钢，在冷却速度较快时或在低于 T_W 等温冷却条件下，片（针）状渗碳体（魏氏渗碳体）易于出现，这些沉淀物与原始奥氏体晶界是接触的（图 4-23b）。魏氏渗碳体的形成经历了形核和长大过程（图 4-24），主要有两种三维形态：一是，单个渗碳体板以面对面的方式堆叠（图 4-25a）；二是，渗碳体细板条（宽度约 25μm）以边对边的方式堆叠聚集在一起（图 4-25b）。板和板条形态在单个奥氏体晶粒内具有不同的取向，它们的惯习面明显不同。先析出的板状、板条状渗碳体与奥氏体晶格之间，分别符合佩奇（Pisch）取向关系 $\{[110]_\theta //[554]_\gamma, [010]_\theta //[110]_\gamma, [001]_\theta //[2\bar{2}5]_\gamma\}$ 和法鲁克-埃德蒙兹（Farooque-Edmonds）取向关系 $\{[110]_\theta //[112]_\gamma, [010]_\theta //[02\bar{1}]_\gamma, [001]_\theta //[\bar{5}12]_\gamma\}$，这些取向关系确定于形核阶段，为渗碳体生长过程中演变的最终三维形貌设置了条件。需要指出的是，在三维分析之前大多数研究人员根据二维平面观察，几乎都把魏氏渗碳体晶体称为板状。

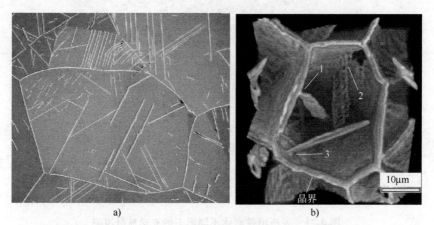

图 4-23　奥氏体主相中析出魏氏渗碳体的电子扫描图及
含有板条渗碳体的奥氏体晶粒三维重构图
a) 电子扫描图　b) 三维重构图

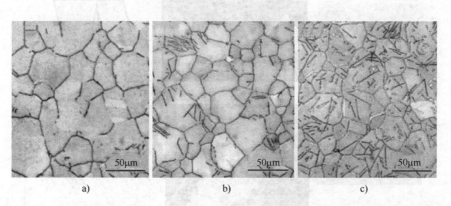

图 4-24　等温转变 Fe-1.34%C-13.1%Mn 光学显微组织中渗碳体形貌和分布随时间的变化
a) 650℃等温 5s　b) 650℃等温 15s　c) 650℃等温 50s

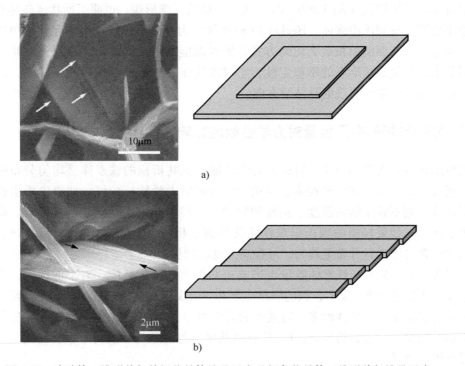

a)

b)

图 4-25　渗碳体三维形貌与其板状晶体堆叠示意及板条状晶体三维形貌与堆叠示意

a）Fe₃C 三维形貌与其板状晶体堆叠　b）Fe₃C 板条状晶体三维形貌与堆叠

先共析网状渗碳体一般在碳含量靠近共析成分（小于 1.1%），冷却速度较慢，奥氏体晶粒较粗大的情况下形成。起初沿奥氏体晶界形核并长大，直至单个渗碳体晶体碰撞，形成覆盖原奥氏体晶界的基本连续的渗碳体膜（图 4-26a、c），渗碳体没有向奥氏体基体晶粒中明显

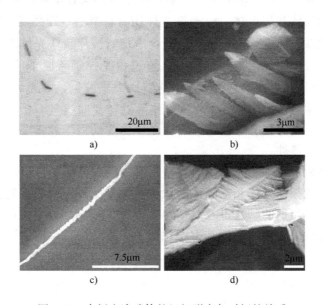

a)

b)

c)

d)

图 4-26　先析出渗碳体的组织形态与时间的关系

a）等温转变 1s 后晶界先析出渗碳体的光学显微组织图　b）扫描电子显微组织图

c）等温转变 10s 后晶界先析出渗碳体的光学显微组织图　d）扫描电子显微组织图

生长的特征，呈树枝状（图 4-26b、d）。这一独特的三维形貌，说明了网状渗碳体在长期转变过程中不会演变成魏氏渗碳体。Heckel 和 Kral 等认为，渗碳体膜及可能存在的奥氏体晶界会迁移，通过使低能面的面积最大化的方式，使界面能最小化。然而，最初树枝状晶体沿奥氏体晶界的生长却是源于形态的不稳定性，它对渗碳体的外部形状没有明显影响，因为初级或次级枝晶臂不能确定可再现的晶体学方向。

4.4.3　先析出相形态及数量对力学性能的影响

先析出相的形态会影响非共析钢的力学性能。亚共析钢的铁素体呈均匀分布的小块状时力学性能较好，过共析钢的渗碳体以粒状均匀分布时力学性能较好。如果先析出铁素体或渗碳体呈网状，则不利于钢的强度、塑性和韧性，一般不允许网状碳化物的出现。应指出，现也有观点认为：如果轻微的魏氏组织在亚共析钢中析出，会使铁素体晶粒及珠光体团细化，并使珠光体含量增多且分布更均匀，可提高强度和韧性。

除形态之外，先共析铁素体数量也影响亚共析钢的力学性能。对于低碳钢，珠光体含量很少，先共析铁素体 $F_先$ 很多，钢的强度主要由 $F_先$ 决定，此时细化 $F_先$ 晶粒可使钢的强度提高。随碳含量增加，珠光体增多，对强度的贡献增多，钢的强度上升，断面收缩率减小，$F_先$ 的贡献相对减少；接近共析成分，$F_先$ 的贡献几乎可忽略不计。故对于中、高碳钢，细化珠光体可显著提高其强度。

本章小结及思维导图

珠光体是铁素体和渗碳体的整合组织，渗碳体呈片状时为片状珠光体，呈粒状时为粒状珠光体。前者组织中的铁素体和渗碳体交替重叠，按片层间距 S_0 可分为珠光体、索氏体和屈氏体。S_0 与珠光体团直径减小，则强度、塑性升高；片状珠光体比粒状珠光体的强度高，塑性低。冷却时，片状珠光体由过冷的奥氏体转变而成，需要过冷，包括形核与长大，该过程受控于碳原子的扩散，这与 F/A、A/Fe_3C、F/Fe_3C 相界面的碳浓度差有关。随温度降低，碳原子的扩散能力减小，过冷度增加（利于新相形核），故珠光体等温转变曲线呈 C 形；除温度之外，成分、原始组织、受力状态等也是影响珠光体转变动力学的重要因素。粒状珠光体的形成需要特定条件。

对于非共析钢，可发生伪共析转变，形成伪珠光体。该组织与珠光体的构成相相同，但构成相铁素体和渗碳体的比例不同。此外，钢中有先析出相。先析出相的形态特征，与钢的碳含量及冷却速度有关，影响其力学性能。通常，网状的先共析铁素体或渗碳体会损害其力学性能，应避免出现。本章思维导图如图 4-27 所示。

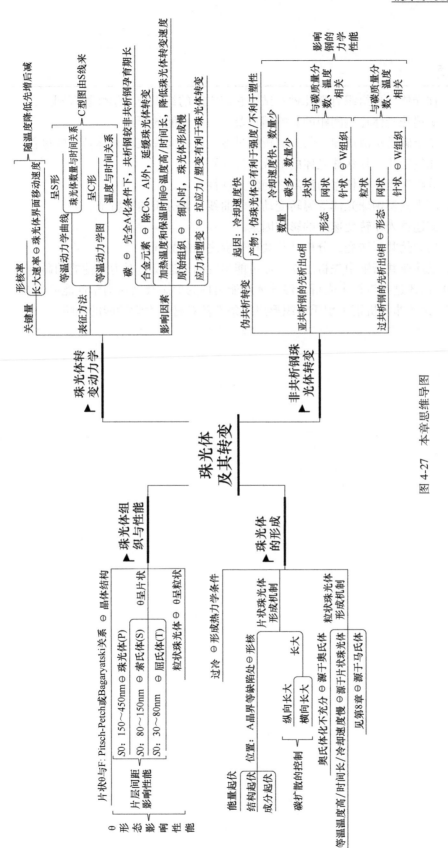

图 4-27 本章思维导图

思考题

1. 珠光体类型组织有哪几种？试述它们之间的组织与力学性能区别。
2. 试述珠光体片层间距的影响因素及对力学性能的影响。
3. 基于碳的扩散规律，叙述共析钢过冷奥氏体向片状珠光体转变的过程。
4. 比较粒状与片状珠光体的形成条件区别。
5. 分析珠光体形核率与温度之间的关联性。
6. 画出共析钢珠光体等温转变动力学曲线，并分析曲线特征。
7. 叙述珠光体转变速度的影响因素。
8. 何为伪共析转变，分析其与共析转变之间的异同。
9. 试述亚共析钢中先析出铁素体可能出现的形态及其对力学性能的影响。
10. 试述过共析钢中先析出渗碳体可能出现的形态及其对力学性能的影响。
11. 试述非共析钢中魏氏组织形成的条件及对材料力学性能的影响。

第5章

马氏体转变

GB/T 7232—2012《金属热处理工艺 术语》规定，金属中马氏体（Martensite）是钢铁或非铁金属中通过无扩散共格切变性转变所形成产物的统称。马氏体最早为德国冶金学家阿道夫·马丁在钢中发现的一种针状高硬相，因此得名。马氏体的形成过程即为马氏体转（相）变。关于马氏体相变，徐祖耀院士曾给出比较完整的论述，把它定义为：替换原子经无扩散（均匀和不均匀形变），由此产生形状的改变和表面浮凸、呈不变平面应变特征的一级形核长大型的相变。马氏体相变既可发生在钢、Fe-Ni、Fe-Mn 合金和有色金属中，也可发生在陶瓷、半导体或蛋白质中；既可以发生在它们的冷却过程中，也可以发生在加热过程中。马氏体相变十分复杂，目前人们已揭示了马氏体的精细结构，明确了马氏体成分、组织结构和性能之间的关系，对马氏体形成规律也有了更深的了解，但尚未完全明晰马氏体相变的细节。

5.1 马氏体的组织结构与性能

视频 14

5.1.1 晶体结构

钢的马氏体由奥氏体直接转变而来，转变温度低，原子难扩散，转变速度极快，这必然导致原奥氏体中的碳原子几乎全部保留在马氏体内。除少数情况，马氏体为碳在 α-Fe 中过饱和的固溶体，用 α' 或 M 表示。

图 5-1a 所示为马氏体的晶体结构。碳原子分布在 α-Fe 晶胞面心和棱边中心的位置，两位置等效，它们处在 Fe 原子组成的扁八面体间隙中。八面体间隙有三组，分布在体心立方点阵 X、Y、Z 轴上，其中 Z 轴八面体间隙容纳了马氏体中约 80% 的碳原子。根据计算，α-Fe 晶胞中八面体间隙的短轴半径仅为 0.19Å，而碳原子半径为 0.77Å。因此，一定数量碳原子固溶于八面体间隙时，必然引起 Z 轴方向上 Fe 原子间距伸长，垂直于 Z 轴的 X、Y 轴方向上 Fe 原子间距缩短，使 α-Fe 晶胞畸变为体心正方结构。其点阵常数 c 与 a 的比值为正方度或轴比。

马氏体点阵常数 c、a 及正方度 c/a 取决于碳的质量分数，它们的变化与 w_C 之间存在线性关系 [见式（5-1）和图 5-1b]。可以看出，正方度 c/a 随碳的质量分数的增加而增大，即马氏体畸变更显著。一般来讲，$w_C < 0.2\%$ 时马氏体具有体心立方结构，$w_C \geqslant 0.2\%$ 时马氏体具有体心正方结构。

$$c = a_0 + \alpha w_C$$
$$a = a_0 - \beta w_C \tag{5-1}$$
$$c/a = 1 + \gamma w_C$$

式中，a_0 为 α-Fe 的点阵常数（0.2861nm）；w_C 为马氏体中碳的质量分数；α、β 和 γ 为常数，它们的数值分别为 0.116±0.002、0.013±0.002、0.046±0.001。

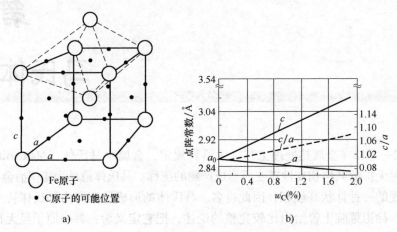

图 5-1　马氏体晶体结构与点阵常数变化
a）马氏体晶体结构　b）马氏体点阵常数与碳含量之间的关系

应指出，马氏体的正方度通常是对整个马氏体平均而言的，因为碳原子数远不能填满某一组八面体间隙，碳原子在马氏体点阵中的分布是不匀称的。有时马氏体正方度还可能出现反（异）常情况，1956 年以来，人们发现有些钢中马氏体的正方度与碳的质量分数不符合式（5-1）的关系。例如，高碳高锰钢（$w_C = 0.6\% \sim 0.8\%$，$w_{Mn} = 6\% \sim 7\%$）奥氏体化后在液氮中发生马氏体转变，马氏体的正方度与式（5-1）相比低得多，但温度回升到室温时，c 轴增大、a 轴减小，c/a 趋近符合式（5-1）中关系。又如高碳高铝钢（$w_C = 1.5\%$，$w_{Al} = 7\%$）、高碳高镍钢（$w_C = 1.0\%$，$w_{Ni} = 19\%$），它们在液氮中形成的马氏体正方度异常高，温度回升至室温，c 轴减小、a 轴增大，c/a 下降。

上述马氏体正方度异常现象及低碳钢马氏体具有体心立方结构的原因，与碳原子在马氏体点阵中的分布情况有关。对于高碳高锰钢，当碳原子在马氏体点阵中分布部分无序时，会使正方度降低，此时如部分碳原子在另外两组空隙位置上分布的概率不等，则 $a \neq b$，形成正交点阵；当温度回升至室温时，碳原子便重新分布，使有序度增大，进而增大正方度，而正交对称性减小甚至消失，此即为碳原子在马氏体点阵中的有序化转变。对于高碳高铝或高镍钢，马氏体正方度异常高的原因在于碳原子几乎处于同一组间隙位置上，呈现完全有序态；在温度回升至室温时，有序态的碳原子发生无序转变，使 c/a 下降。Zener 等指出，马氏体中碳原子有序化转变时，存在临界有序化温度 T_C，$w_C < 0.2\%$ 时马氏体的 T_C 接近室温，室温下马氏体中碳原子的无序态分布导致了它晶体点阵呈现体心立方结构。

5.1.2　组织形态和亚结构

马氏体的组织形态多种多样，有常见的板条状、透镜片状，也有不常见的蝶状、薄片状等。马氏体的主要亚结构为位错和孪晶。

1. 板条马氏体

板条状马氏体，或称板条马氏体，因其许多相互平行板状或条状组织群聚特征（图 5-2）得名，见于低、中碳钢，低碳合金钢，不锈钢，马氏体时效钢及 Fe-Ni 合金，主要出现在低碳钢中，因此也称为低碳马氏体。图 5-3 所示为板条马氏体的显微组织特征。一个原奥氏体晶粒转变的区域由几个板条束构成，板条束实为惯习面、晶面指数相同而形态上平行排列的板条集团，束界取向差大，属于大角度晶界。一个板条束有时由马氏体块（用硝酸酒精溶液浸蚀可显露）分割，有时不存在马氏体块，马氏体块是指惯习面指数相同且与母相取向关系（指晶面平行关系）相同的板条集团，块界也属于大角度晶界，而板条界取向差较小，约为 10°，为小角度晶界。可见，板和条是板条马氏体的基本单元。

图 5-2　低碳钢的板条马氏体
a）光学显微组织　b）透射电镜组织

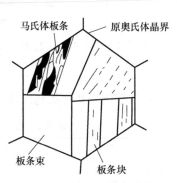

图 5-3　板条马氏体的显微
组织特征示意图

　　一个板或条均为一个单晶，它们之间常被连续的高度变形、高碳含量的残留奥氏体薄膜（约 20nm）所隔开。在光学显微镜或透射电镜下板和条均呈长条形，前者立体形态为扁条状，后者立体形态为薄板状，它们的宽度多为 0.1 ~ 0.2μm（光学显微镜下不能辨认），随奥氏体晶粒尺寸变化，而板条束尺寸却因奥氏体晶粒粗化增大。板条内含有大量位错，密度可达 (0.3~0.9)×10¹² cm⁻²，板条马氏体的亚结构主要是位错，故板条马氏体又称为位错马氏体。

　　2. 透镜片状马氏体

　　透镜片状马氏体，因其立体、平面形态分别呈现双凸透镜状和片状或竹叶状而得名，简称片状马氏体或针状马氏体，常见于中高碳钢及 Fe-Ni(w_{Ni}>29%) 合金内，w_C<1.0%的碳钢中片状马氏体与板条马氏体共存，w_C>1.0%的碳钢中片状马氏体才能单独存在。片状马氏体的典型组织形态如图 5-4a 所示。由图可见，马氏体片大小不一，互不平行，最大的贯穿整个晶粒但不过晶界，w_C>1.0%钢的马氏体片内常有中脊线（立体形态下为中脊面）。这表明在原奥氏体晶粒中最先形成的马氏体贯穿晶粒，将其分割，使后形成的马氏体片越来越小。可见，片状马氏体的大小与原奥氏体晶粒尺寸密切相关，马氏体片的尺寸随奥氏体晶粒细化而减小。当最大尺寸的马氏体片无法用光学显微镜分辨时，这种马氏体被称为隐晶（针）马氏体。此外，马氏体片之间往往伴有残留奥氏体 A_R。

　　片状马氏体的亚结构主要是孪晶，又称为孪晶马氏体。图 5-4b、c 所示为片状马氏体的透射电镜组织图。其中片内细条纹为孪晶（该马氏体片内无中脊面），孪晶存在于马氏体中部，间距约为 5~10nm，马氏体片的边缘为高密度位错网。有研究表明，孪晶区的占比随马氏体形成温度降低而增大，直至 100%。实际上片状马氏体的中脊面也是孪晶区，厚度为 0.5~1μm，它微细且密度很高，在转变中最先形成，成为后续形成片状马氏体的惯习面。

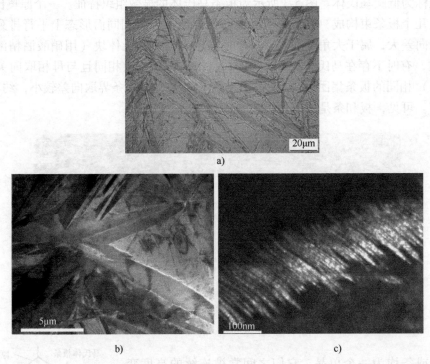

a)

b)   c)

图 5-4   Fe-1.67C-0.22Mn-0.27Si-0.47Cr 钢（1100℃奥氏体化 10min，盐水中冷却）的微观组织

a）光学显微图   b）马氏体单元的透射明场像   c）马氏体中脊的高分辨暗场像

板条马氏体和片状马氏体的形态特征及晶体学特征对比见表 5-1。

表 5-1   板条马氏体和片状马氏体的形态特征及晶体学特征对比

特 征	板条马氏体	片状马氏体	
惯习面	$(111)_A$	$(225)_A$	$(259)_A$
位向关系	K-S 关系；西山关系	K-S 关系	西山关系
形成温度	$Ms>350℃$	$Ms\approx100\sim200℃$	$Ms<100℃$
碳含量	<0.3%	1%~1.4%	1.4%~2%
组织形态	板条宽约 0.1~0.2μm，长度小于 10μm，板条之间为小角度晶界。板条自奥氏体晶界向晶内平行排列成群，一个奥氏体内包括多个板条群，群之间为大角度晶界	凸透镜片状（针状、竹叶状），中间稍厚，初生者较长，横贯奥氏体晶粒，相互之间片间角较大，次生者较小	凸透镜片状（针状、竹叶状），中间较厚，中央有脊，在两个初生片之间常见到 Z 字形分布的细薄片
亚结构	位错网络，位错密度随碳含量增大而增大，常为（0.3~0.9）×10^{12} cm⁻²，有时也有少量细小孪晶	细小孪晶，宽约 5nm，以中脊为中心组成孪晶区，相变孪晶区随 Ms 降低而增大，片的边缘部分为复杂位错列，孪晶面为（112）α′，孪晶方向为 [111]	

72

3. 其他形态马氏体

（1）蝶状马氏体　初见于冷却至-10℃的 Fe-Ni 合金中，后在碳钢中也有发现，蝶状马氏体立体形态为细长条片，因其横截面呈蝴蝶状（图5-5）得名。蝶状马氏体的亚结构为位错和少量孪晶，形成温度介于板条马氏体和片状马氏体的形成温度。

（2）薄片状马氏体　见于高镍钢，扫描电镜组织如图5-6所示，薄片状马氏体立体形态为 3～10μm 厚的薄片状，故此得名。它的亚结构全部为孪晶。

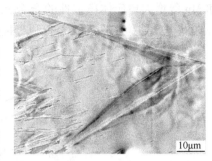

图 5-5　Fe-Ni 合金中蝶状马氏体

（3）密排六方（ε）马氏体　易出现在 Fe-Ni-C 和 Fe-Mn-C 钢中，扫描电镜组织（图5-7）呈薄板状，厚度极小（约为 100～300nm）。这种马氏体的亚结构为层错，晶体结构为密排六方，得名密排六方马氏体，也称 ε 马氏体。

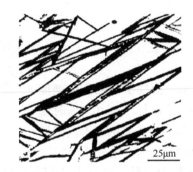

图 5-6　Fe-31Ni-0.29C 中薄片状马氏体

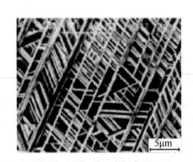

图 5-7　Fe-21Mn 中 ε 马氏体

5.1.3　马氏体组织形态和亚结构的影响因素

马氏体的组织形态和亚结构主要取决于马氏体形成温度 Ms 和奥氏体成分。马氏体组织形态与形成温度之间存在如下关系：随马氏体形成温度降低，马氏体的组织形态大体上按照"板条状→蝶状→片状→薄片状"的顺序变化（图5-8），亚结构由位错转变为孪晶。马氏体的形成温度取决于母相奥氏体的化学成分，尤其是碳对马氏体的组织形态和亚结构影响最大。对碳钢而言，增加碳的质量分数，马氏体形成温度降低（图5-9），板条马氏体相对数量减少，片状马氏体相对数量增多。$w_C < 0.3\%$（或 $w_C < 0.2\%$）时，奥氏体几乎能全部形成亚结构为位错的板条马氏体；$w_C > 1.0\%$ 时，奥氏体几乎只能形成亚结构为孪晶的片状马氏体；$w_C = 0.3\% \sim 1.0\%$ 时，奥氏体则会形成板条马氏体和片状马氏体的混合组织。此外，由图5-9可知，在 $w_C > 0.4\%$ 后，随着 w_C 增加，在 Ms 降低的同时，残留奥氏体的数量增多。

合金元素对马氏体组织形态也有影响。通常，Ni

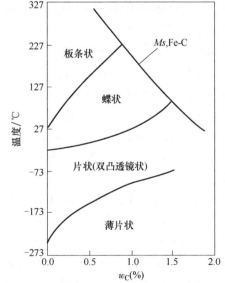

图 5-8　Fe-Ni-C 合金马氏体形态
随温度和碳含量的变化

73

和 Mn 等增大奥氏体稳定性的合金元素，会促进板条状马氏体向片状马氏体的转变；Cr、Al 等降低奥氏体稳定性的元素有利于板条马氏体的形成。

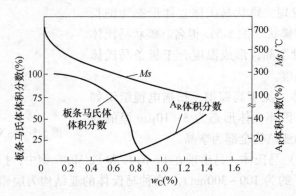

图 5-9　碳钢中碳质量分数对马氏体转变产物相体积分数及转变温度的影响

5.1.4　马氏体的力学性能

视频 15

1. 硬度和强度

钢中马氏体具有高硬度与高强度。如图 5-10 所示，曲线 1 为马氏体硬度与碳质量分数的关系曲线。马氏体硬度随 w_C 的增加而增大，$w_C < 0.4\%$ 时硬度升高幅度大，超过 0.4% 后硬度增加趋缓。曲线 2 和曲线 3 表示经不同温度奥氏体化后冷却形成马氏体的钢的硬度与 w_C 之间的关系。w_C 超过 0.7% 后，钢与马氏体硬度变化有区别，曲线 3 硬度随 w_C 的增加而下降，这是由残留奥氏体增加所致。有研究表明，钢的屈服强度随 w_C 升高。马氏体强化的主要原因如下。

（1）固溶强化　固溶强化是马氏体具有高硬度、高强度的最主要因素，包括碳原子间隙固溶强化和合金原子的置换固溶强化，前者效果居主导作用。碳原子过饱和地固溶于马氏体中扁八面体间隙的位置，会使晶体点阵发生不对称畸变，形成强烈的应力场，并与位错交互作用，阻碍位错运动，从而使马氏体的硬度和强度显著提高。在 $w_C < 0.4\%$ 的范围内，碳原子间隙固溶强化效果随其含量的增加而增大，但超过 0.4% 后，相邻碳原子由于靠得太近，造成应力场相互抵消，减弱了碳原子固溶强化的效果。

图 5-10　马氏体及其相应转变钢的
硬度与碳质量分数关系

1—马氏体硬度　2—高于 Ac_1 奥氏体化后冷却形成马氏体的钢硬度　3—高于 Ac_3 或 Ac_{cm} 奥氏体化后冷却形成马氏体的钢硬度　A_R—残留奥氏体的量

（2）相变强化　在马氏体形成过程中产生的大量位错、孪晶等，也是造成马氏体高硬度的重要原因。板条马氏体中，位错密度越大，金属塑性变形越困难，强度越高；片状马氏体中孪晶界会阻碍位错运动，可能引起附加的强化效果。上述晶体缺陷引起的强化，即为马氏体的相变强化。

（3）时效强化　在室温停留时或外力作用下，马氏体中有强烈析出倾向的过饱和碳原子

74

通过短程扩散发生偏聚，甚至析出细小弥散的碳化物，这些碳原子偏聚区及碳化物与位错发生相互作用，从而引起马氏体时效强化。碳原子扩散产生时效，可能只需几分钟甚至几秒钟；强化效果随碳质量分数的增大而增大。

（4）细晶强化　原始奥氏体晶粒及马氏体板条束的尺寸对马氏体强度也有一定的影响。通常，奥氏体晶粒和马氏体板条束尺寸越小，相界增多，阻碍位错运动，增大马氏体强度，但总的来说，影响不太明显。

2. 韧性

马氏体的韧性取决于钢中碳含量。$w_C < 0.4\%$ 时，马氏体韧性较高，韧性随碳含量降低而升高；$w_C > 0.4\%$ 时，马氏体硬脆，韧性低。此外，减少碳含量可降低冷脆转变温度。从韧性的角度，马氏体中碳含量不宜超过 $0.4\% \sim 0.5\%$。马氏体韧性受亚结构影响。与孪晶亚结构相比，位错亚结构有利于提高马氏体的韧性（图 5-11），原因有三：①孪晶亚结构的有效滑移系较少，位错不易开动，容易引起应力集中，而位错亚结构可动性大，滑移变形阻力较小；②孪晶构成的片状马氏体比位错构成的板条马氏体容易形成显微裂纹；③板条马氏体中残留的奥氏体薄膜有利于提高其韧性。综上，在马氏体多种强化效果的前提下，获得位错亚结构是实现材料强韧化的重要途径。

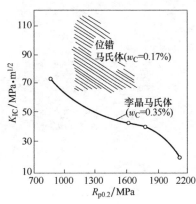

图 5-11　不同亚结构钢的断裂韧度与强度关系

5.2　马氏体转变的主要特征

视频 16

1. 无扩散性

马氏体转变的无扩散性，是指奥氏体向马氏体转变时晶体点阵变化不依靠 Fe、C 原子扩散来实现。原因有下两点。

1）低温下马氏体转变速度非常快。例如，Fe-Ni 合金在 -190℃ 下马氏体的长大速率达到 10^5cm/s 数量级。这表明马氏体转变时铁原子不可能通过扩散方式进行，因为低温下 Fe 原子的扩散速度很低。

2）马氏体中碳的质量分数与母相奥氏体的完全相同。这表明马氏体转变时没发生碳原子扩散。马氏体转变属于无扩散型相变，母相以均匀切变方式转变为马氏体，靠原子协同位移来实现。在这种"队列式转变"中，原子之间相邻关系不变，协同移动距离小于一个原子间距。

2. 表面浮凸与界面共格

马氏体转变后在磨光的试样表面出现倾动，形成表面浮凸（图 5-12），形成过程如图 5-13 所示。马氏体形成后，试样表面的刻化线由 ACB 直线变为了 ACC′B′ 折线；与马氏体相交的表面，一边凹陷，一边凸起，并牵动相邻奥氏体发生倾动现象，浮凸两侧分别为山阴和山阳。表面浮凸的出现，说明马氏体转变是通过切变方式进行，马氏体与奥氏体之间界面上的原子为两相共有，新旧两相之间保持共格关系。马氏体切变式的长大，意味着马氏体相变靠母相中原子有规律地协同迁移运动，通过推移界面来实现。在此过程中界面的共格关系不被改变，但是却使相邻的奥氏体点阵中产生弹性应变，积蓄一定的应力和弹性应变能。当马氏体长大到一定尺寸时，界面上奥氏体中弹性应力超过其弹性极限，两相界面上的共格关系遭到破坏，马氏体便停止生长。

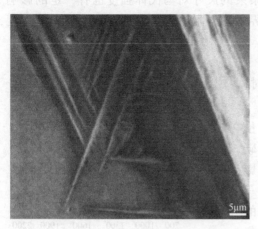

图 5-12　马氏体表面浮凸

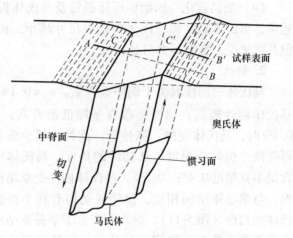

图 5-13　表面浮凸形成示意图

3. 具有特定的惯习面和位向关系

马氏体转变的惯习面是新、旧两相的交界共格面。惯习面理应是不发生畸变和转动的平面，但实际上可能发生微小畸变，故此惯习面是近似不畸变平面。钢中马氏体常见惯习面有三种，与碳的质量分数和马氏体形成温度相关。一般来讲，$w_C < 0.6\%$ 时，惯习面为 $\{111\}_\gamma$；$w_C = 0.6\% \sim 1.4\%$ 时，惯习面为 $\{225\}_\gamma$；$w_C > 1.4\%$ 时，惯习面为 $\{259\}_\gamma$；马氏体形成温度降低，惯习面向高指数变化。马氏体与母体奥氏体之间存在晶体学位向关系，可降低马氏体转变时所需克服的阻力，位向关系有 K-S 关系、西山关系和 G-T 关系。

4. 非恒温性和不完全性

多数情况下，马氏体转变具有变温特征，即超过某一特定的温度 Ms，新的马氏体在降温中不断形成并瞬间长大。若在冷却中等温，已形成的马氏体将不再长大，不再形成新的马氏体，要想获得更多的马氏体，必须继续降温。但马氏体并非随温度降低一直增多，马氏体形成过程中存在一特定温度 Mf，超过 Mf，继续降低温度则不会增加马氏体的数量。通常，当马氏体转变结束时，往往得不到100%的马氏体组织，有 A_R 的存在（图5-9）。这表明马氏体转变具有不完全性。该特征可能与马氏体转变时比体积增大造成的高弹性应力抑制了马氏体的继续转变有关。需要指出的是，有些钢的 Mf 点低于室温，为使马氏体转变进行彻底，这些钢需要深冷至室温以下，在生产上称为冷处理。

5. 可逆性

有些铁或非铁合金（Fe-Ni，Ni-Ti，Ag-Cd 等）形成马氏体后重新加热，马氏体可直接转变为奥氏体或母相，即马氏体转变具有可逆性。马氏体逆转变中也有特定的开始和结束温度，分别以 As 和 Af 记之。As 常高于 Ms，二者差值在钢中可达数百摄氏度。马氏体发生可逆转变现象需要极快的加热速度（如共析钢需要 5000℃/s 的加热速度），而碳钢和合金钢通常加热速度不够快，使得马氏体被加热到 As 温度之前已分解成铁素体和渗碳体，因此钢的马氏体可逆转变难以实现。

5.3 马氏体转变的热力学

5.3.1 热力学条件与相变驱动力

视频 17

马氏体转变必须在系统总自由能变化 $\Delta G < 0$ 条件下进行。相变驱动力为马氏体自由能 $G_{F'}$ 和奥氏体自由能 G_A 的差值及奥氏体晶体缺陷中所储存的畸变能 ΔG_D。$G_{F'}$、G_A 与温度的关系如图 5-14 所示。图中 T_0 为马氏体和奥氏体两相热力学平衡温度，该温度下 $G_A = G_{\alpha'}$；当温度 $T > T_0$ 时，$\Delta G_V = G_{\alpha'} - G_A > 0$，奥氏体比马氏体稳定，奥氏体不向马氏体转变；当温度 $T < T_0$ 时，$\Delta G_V = G_{\alpha'} - G_A < 0$，马氏体比奥氏体稳定，奥氏体有向马氏体转变的倾向。但马氏体相变并不是在 T_0 以下就能发生，而必须低于某一特定温度 Ms（图 5-14）才能发生。马氏体转变开始温度 Ms 滞后于 α' 与 A 两相的平衡温度 T_0，二者的温差 $\Delta T = T_0 - Ms$ 称为热滞，它与材料成分密切相关。

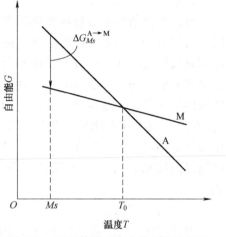

图 5-14 马氏体转变自由能变化示意图

马氏体转变的热滞现象，说明马氏体转变需要深度过冷，原因在于马氏体相变阻力极大。主要阻力包括：①A 与 M 新相界面能 ΔG_S；②由于比体积增大和维持切变共格引起的弹性应变能 ΔG_E；③产生宏观均匀切变所作的功；④形成大量位错或孪晶所需的能量；⑤切变时邻近奥氏体发生协作变形所需的功。阻力中 ΔG_S 很小，因为 A 与 M 界面共格；③~⑤塑性应变能之和 $\sum\Gamma$ 与 ΔG_E 加和的数值很大。马氏体转变时自由能的变化 ΔG 为：

$$\Delta G = -(\Delta G_V + \Delta G_D) + \Delta G_S + \Delta G_E + \sum\Gamma \tag{5-2}$$

5.3.2 Ms 点的意义

1. 物理意义

Ms 是奥氏体和马氏体间的自由能差（即驱动力）达到马氏体转变所需最小化学驱动力时的温度。T_0 一定时，Ms 点越低，马氏体相变所需的驱动力越大；Ms 点越高，所需相变驱动力越小。

2. 工程意义

Ms 点是制定钢的热处理工艺的依据，在生产实践中具有重要意义。Ms 决定了钢的马氏体形态、亚结构和性能，例如，低 Ms 马氏体转变的碳钢和低合金钢硬脆，容易产生裂纹。又如，奥氏体状态下使用的钢，Ms 点要低于室温或工作温度。再如，Ms 点影响 A_R 的数量，对减少工件变形开裂或稳定尺寸也有应用。

5.3.3 Ms 点的影响因素

1. 奥氏体的化学成分

奥氏体的化学成分是影响 Ms 点的主要因素，碳的影响最显著，其含量对碳钢 Ms 点的影响如图 5-15 所示。Ms 点随碳含量的增加不断下降，$w_C > 0.2\%$ 以后，下降趋势呈线性。此外，

图 5-15 也给出了 Mf 点的变化规律，$w_C < 0.6\%$ 前，Mf 点随碳含量增多急剧下降；$w_C > 0.6\%$ 后，Mf 点下降缓慢且降至 0℃ 以下。常见合金元素中 Si 对 Ms 点影响不大，Co、Al 元素可提高 Ms 点，其他元素降低 Ms 点，使 Ms 点降低程度依次减弱的元素排序为：Mn、Cr、Ni、Mo、Cu、W、V、Ti。应指出，V、Ti、W 等强碳化物形成元素不溶入奥氏体，以碳化物形式存在时，对 Ms 点的影响不大；几种合金元素并存时，它们相互影响情况较复杂，例如，在 Ni-Cr 钢中，Si 会降低 Ms 点。

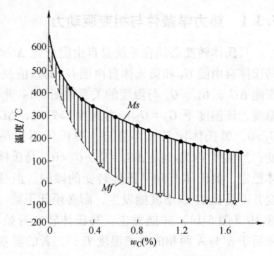

图 5-15　碳钢 Ms 和 Mf 随碳含量的变化

2. 奥氏体化条件

奥氏体化条件主要包括加热温度和保温时间，它们对 Ms 点的影响较复杂。提高加热温度和延长保温时间，一方面使碳和合金元素更多地溶入奥氏体，降低 Ms 点；另一方面却使奥氏体晶粒粗化，减少马氏体形成的阻力，升高 Ms 点。两方面作用的主导性将决定奥氏体化条件对 Ms 点的影响结果。加热温度降低和保温时间缩短，与上述奥氏体化条件的影响相反。

3. 应力和塑性变形

钢中的应力状态会影响 Ms 点，因为应力影响了马氏体的转变过程。拉应力促进马氏体形成，使 Ms 点升高；压应力阻碍马氏体形成，使 Ms 点降低。例如，0.5C-20Ni 钢经 1095℃ 奥氏体化后，在 Ms 点（-37℃）以上的 -21.9℃ 将试样进行弹性弯曲，结果发现，受拉一侧发生了马氏体转变，而受压一侧仍保持奥氏体状态。

塑性变形对 Ms 点也有影响。在 Ms 点以上的一定温度范围内进行塑性变形会提高 Ms 点，而高于某一特定温度（Md）后，塑性变形对 Ms 点没有影响。其原因在于 $Ms \sim Md$ 范围内的塑性变形为马氏体转变提供了附加的机械驱动力和有利于马氏体形核的层错、位错等晶体缺陷，补偿了所需的部分化学驱动力，诱发了马氏体的转变，使马氏体在高于 Ms 温度形成。在高于 Md 温度下的塑性变形尽管也提供了附加驱动力，但是化学驱动力却下降较多，总的驱动力不足以使马氏体在小于 Ms 温度下发生转变。

应指出，Md 温度称为形变马氏体点，在 $Ms \sim Md$ 范围内因塑性变形而形成的马氏体称为形变诱发马氏体，其原理示意如图 5-16 所示，它的转变量与温度和形变量有关。一般来说，$Ms \sim Md$ 范围内形变温度越高或塑性变形程度越大，形变诱发马氏体的数量越多。但是，形变对随后冷却时继续发生的马氏体转变有抑制作用，因为塑性变形可能会在奥氏体中引起高密度位错区、大量亚晶界等晶体缺陷从而强化了母相。

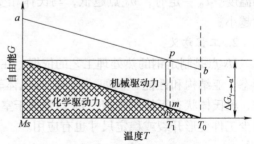

图 5-16　形变诱发马氏体原理示意图

4. 存在先于马氏体的组织转变

在马氏体转变前，若奥氏体已部分转变为珠光体，Ms 点将升高，因为珠光体优先在奥氏体的富碳体区形成，而剩余奥氏体是相对贫碳区。若先转变为贝氏体（见第 6 章），则 Ms 点降低，因为贝氏体在奥氏体中的贫碳区形成，而剩余奥氏体是相对富碳区。

5.4 马氏体转变动力学

马氏体转变包括形核、长大过程，转变动力学由形核率和长大速率决定，通常前者是主要控制因素，因为马氏体一旦形核便很快长大。至于马氏体形核问题，曾有多种假说，主要为热形核、缺陷形核、自促发形核三种假说，它们

视频 18

均不完善。一般认为，马氏体相变形核不均匀，在奥氏体中能量及结构起伏有利的位置（如位错、层错、晶界等）形成马氏体核胚，即大小不同的具有马氏体结构的微区。根据经典相变理论，冷却温度越低，过冷度越大，临界晶核尺寸越小。当奥氏体过冷至某一温度，大于临界晶核尺寸的核胚可以成为晶核，继而长大成为马氏体。以下介绍马氏体转变动力学的类型。

5.4.1 变温（或降温）转变

变温转变是碳钢和低合金钢中最常见的马氏体转变类型。转变动力学曲线如图 5-17 所示。其特点是变温形核瞬时长大，具体讲：①Ms 点以下，过冷奥氏体瞬时即可形成马氏体晶核，在不断降温过程中晶核极快地不断形成，若停止降温，则转变即告中止；②晶核形成后，马氏体的长大速率极快，甚至在极低的温度下仍能高速长大，长大时马氏体单晶长大到一定尺寸后就停止。

在变温转变中，马氏体相变速度取决于形核率，与马氏体的长大速率无关。这表明马氏体变温转变不存在热激活形核，为非热学性转变。马氏体转变量取决于冷却所达到的温度 T_q 或深过冷的程度 $\Delta T = Ms - T_q$，与 T_q 温度下的停留时间无关。对于 Ms 高于 100℃ 的合金，马氏体的体积分数 f 与 ΔT 的经验关系见式（5-3）和式（5-4）。

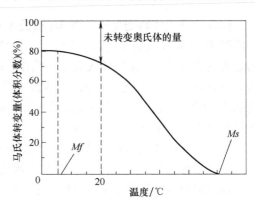

图 5-17 马氏体变温相变动力学曲线

$$f = 1 - 6.69 \times 10^{-15}(455 - \Delta T)^{5.32} \tag{5-3}$$

$$f = 1 - \exp(-1.10 \times 10^{-2} \Delta T) \tag{5-4}$$

式（5-3）、式（5-4）分别由金相法和 X 射线分析法所测定的结果建立，前者适用于 w_C 接近 1.0% 的碳钢和低合金钢，后者适用于 $w_C = 0.37\% \sim 1.1\%$ 的碳钢。

5.4.2 等温转变

马氏体等温转变始见于 0.7C-6.5Mn-2Cu 钢中，后在 Fe-Ni-Mn、Fe-Ni-Cr 合金和 1.1C-5.2Mn 等钢中也有出现。这类转变的特点是马氏体晶核可以等温形成，需要一定的孕育期，形核率随过冷度增大先增后减，等温动力学图呈 C 形（图 5-18），符合一般的热激活形核规律。这一特征与珠光体转变相似，不同点在于等温时马氏体转变进行不彻底，因为马氏体相变的体积变化引起未转变奥氏体变形和机械稳定化，使奥氏体停止了向马氏体的转变。

此外，等温或变温转变可能出现在同一钢中。在高碳钢和高碳合金钢（如 GCr15、W18Cr4V）甚至中碳合金钢（如 40CrMnSiMoVA）中，通常先发生变温马氏体转变，再发生等温转变（也有相反情况）。

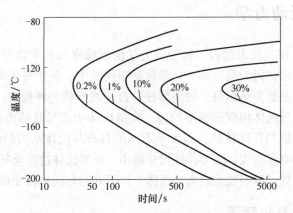

图 5-18   Fe-Ni-Mn 合金的马氏体等温转变动力学曲线

5.4.3   爆发式转变

爆发式马氏体转变见于一些 *Ms* 点低于 0℃ 的 Fe-Ni、Fe-Ni-C 合金中。当奥氏体过冷至某一温度 M_B（爆发式转变温度）时，瞬间会发生马氏体转变，在 *f*-*T* 曲线开始阶段呈垂直上升的趋势（图 5-19），骤然形成大量马氏体，故此而得名。这种转变中常伴有响声和大量相变潜热。图 5-19 表明：经过爆发式转变后，随温度降低，马氏体转变又呈现变温转变模式；并且增加 Ni 含量，马氏体爆发转变数量先增后减，最大值达 70%。可见，爆发转变量的变化与 Ni 含量对奥氏体稳定化的影响有关。

爆发式马氏体的惯习面为 $\{259\}_\gamma$，有明显中脊，显微组织呈 "Z" 形（图 5-20），马氏体尖端有很高的应力场。据此，爆发式转变源于一片马氏体的形成，其尖端应力促使另一片马氏体取向形成，以致呈现 "自促发" 形核及连锁反应式的转变行为，一次完全爆发约需 $10^{-4} \sim 10^{-3}$s。因此，马氏体爆发式转变的动力学特点可归结为自促发形核，瞬间长大。

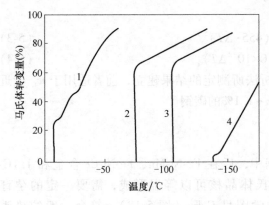

图 5-19   Fe-Ni-C 的马氏体转变线
1—19.1Ni-0.52C   2—23.7Ni-0.51C
3—25.7Ni-0.48C   4—27.2Ni-0.48C

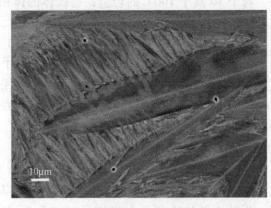

图 5-20   Fe-31%Ni-0.02%C 在液氮中形成的马氏体组织

5.4.4　表面转变

在有些大尺寸钢和合金表面，往往在 Ms 点以上几摄氏度到五六十摄氏度的温度下自发形成马氏体，其形态、长大速率和晶体学特征异于试样内部马氏体的相应特点，这种只出现于表层的马氏体称为表面马氏体。表面马氏体在等温下形成，形核需要孕育，长大缓慢；惯习面为 $\{112\}_\gamma$ 或 $\{111\}_\gamma$，位向关系为西山关系，形态呈条状。表面马氏体形成的原因与表层受力状态有关。试样的自由表面不受压应力，而内部受三项压应力，所以相对于内部来说，表层需要的马氏体转变驱动力更低，更易于发生马氏体转变，前者可以在高于 Ms 点温度下发生马氏体相变。

5.5　奥氏体的稳定化

生产中很早就发现，在外界条件的作用下，奥氏体向马氏体的转变过程中会出现迟滞现象，即奥氏体的稳定化，该现象在工业中具有广泛的应用，可用以减少零件变形，改善钢件性能。但有时需避免，如奥氏体的存在会降低工件的硬度与耐磨性。奥氏体稳定化分为热稳定化和机械稳定化。

5.5.1　热稳定化

奥氏体热稳定化，是指因缓冷或冷却过程中停留引起奥氏体稳定性提高，使马氏体转变迟滞的现象。常见情况如图 5-21 所示。在 Ms 点以下的 T_A 温度停留 t 时间后继续冷却，马氏体转变不会立即恢复，需要冷却到 $M's$ 温度（滞后 $\theta = T_A \sim M's$）才能重新形成马氏体。然而和正常情况下的连续冷却情况相比，同样的 T_A 温度下马氏体的形成量减少了 $\delta = M_1 \sim M_2$，δ 的大小与测定温度有关，一般用 θ 来度量奥氏体稳定化的程度。δ 或 θ 越大，奥氏体越稳定。

奥氏体稳定化常见于含碳、氮的铁基合金中。一般认为，奥氏体稳定化是由于等温停留过程中碳（氮）原子扩散到奥氏体的位错处，形成柯氏气团引起的，因为柯氏气团钉扎位错，增加了马氏体转变的切变阻力。基于此，停留温度升高，碳原子热运动增强，柯氏气团的数量会增多，热稳定化倾向增大；反之，停留温度（包括在 Ms 以下）低，奥氏体热稳定化倾向会降低。但是温度过高，碳原子的热扩散能力显著增强，会脱离位错而逸去，柯氏气团的位错钉扎作用会降低甚至消失，进而奥氏体热稳定化作用会降低或消失，此即反稳定化。奥氏体热稳定化取决于钢的化学成分，受

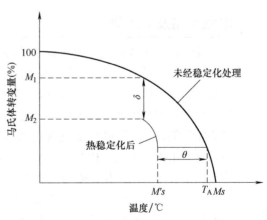

图 5-21　奥氏体热稳定化现象（在 Ms 点以下等温停留）示意图

停留时间、温度、冷却速度影响。热稳定化有一温度上限 Mc，高于 Mc 温度时，不发生热稳定化现象。应指出 Mc 可能低于或高于 Ms 点。在发生热稳定化的温度下，成分一定的钢等温时间越长，之后冷却速度越慢，奥氏体就越稳定；在相同的冷却速度下，钢中碳含量越高，奥氏体越稳定。

5.5.2 机械稳定化

奥氏体机械稳定化，是指在 Md 点以上温度对奥氏体进行大量塑性变形，这将抑制在随后冷却时的马氏体转变，使 Ms 点降低和残留奥氏体增多的现象。然而，Md 点以上少量塑性变形却可促进奥氏体转变，效果随变形温度升高而降低，如图 5-22 所示的 Fe-Cr-Ni 合金的试验结果。不同塑性变形对马氏体转变产生相反的效应，原因在于变形造成了母相中不同的缺陷组态。变形量小时，奥氏体中层错增多，在晶界和孪晶界处因位错网和胞状结构而出现更多应力集中部位，这有利于马氏体形核和转变；但当变形量大时，母相中将形成大量高密度位错区和亚晶界，使奥氏体强化和稳定化。

此外，Md 点以下的塑性变形可诱发马氏体的转变，但会使未转变的奥氏体产生机械稳定性，因为马氏体的形成会引起相邻奥氏体的

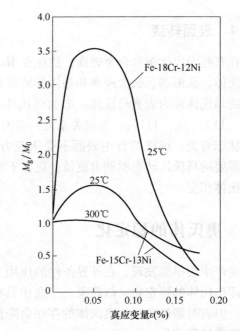

图 5-22　塑性变形对 Fe-Cr-Ni 合金马氏体转变量的影响
（M_g 和 M_0 分别为形变和未形变奥氏体在液氮中冷处理后的马氏体量）

协作变形，以及马氏体形成时伴有约3%的体积膨胀，对未转变奥氏体产生压应力。显然，形变诱发马氏体的转变量越多，未转变奥氏体的机械稳定化程度越高；当塑性变形发生在 Ms 以下时，未转变奥氏体热稳定化与机械稳定化并存。

本章小结及思维导图

钢中的马氏体是过冷奥氏体在快冷时通过无扩散共格切变方式形成的产物，是碳在 α-Fe 中过饱和的固溶体，晶体结构为体心正方，正方度与碳的质量分数有关。碳也是影响马氏体形态与亚结构的关键因素，低碳钢的马氏体呈板条状，亚结构为位错；高碳钢的马氏体形态为片状，亚结构为孪晶，这些组织结构差异又会影响马氏体的力学性能。马氏体硬度随碳含量增多而升高，高强度和高硬度是马氏体的突出特点，这是由固溶强化、相变强化、时效强化和细晶强化共同作用所致。马氏体的形成需要深度过冷，因其相变阻力大。不同成分钢的马氏体转变开始温度 Ms 不同，Ms 受多种因素影响。马氏体转变时常出现"无扩散性、可逆性、表面浮凸与界面共格、具有特定惯习面和位向关系"的特征，转变动力学模式也非单一。马氏体转变难以彻底进行，有残留奥氏体存在，后者在钢中的数量随碳含量（约大于 0.5%后）增多而增加。此外，过冷奥氏体向马氏体转变时可能出现热稳定化和机械稳定化，该现象有时可加以利用，有时需避免。本章思维导图如图 5-23 所示。

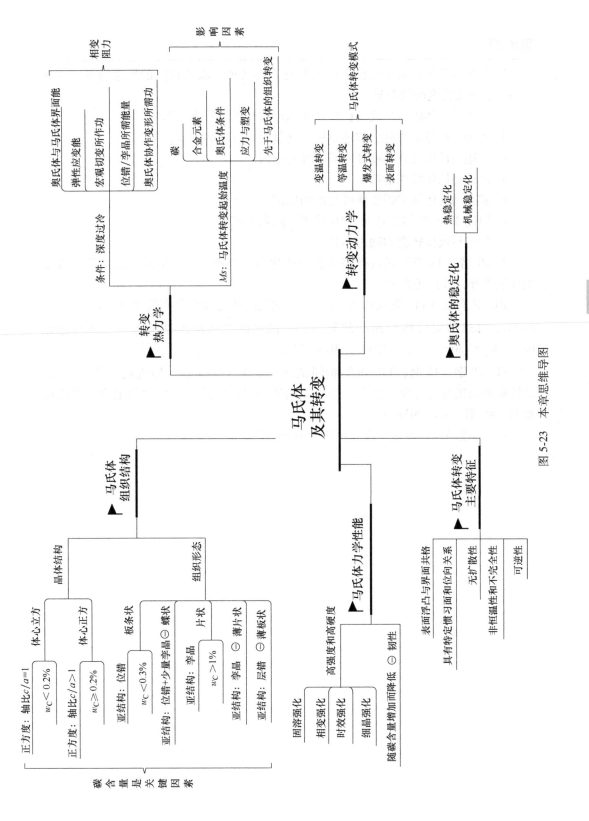

图 5-23　本章思维导图

思考题

1. 何为马氏体？常见马氏体组织形态有哪两种？叙述它们的形态特征、晶体学特点、亚结构之间的差异。

2. 简述奥氏体碳含量及马氏体转变温度对马氏体形态的影响。

3. 何为马氏体正方度？叙述钢中碳含量对正方度的影响。

4. 论述马氏体具有高硬度和高强度的原因。

5. 简述马氏体转变的特征。

6. 叙述马氏体转变需要深度过冷的原因。

7. 简述 Ms 点的物理意义，Ms 受哪些因素影响？

8. 叙述马氏体转变的动力学特点。

9. 20 钢与 T8 钢相同试样完全奥氏体化后，快速冷却至室温，试比较二者组织性能差异，并简述原因。

10. 对于相同 T10 钢试样 A、B，它们的奥氏体化温度分别为 $T_A = 760℃$、$T_B = 860℃$，加热结束后均快速冷却至室温。试比较二者组织性能差异，并简述原因？（$Ac_1 = 730℃$，$Ac_{cm} = 820℃$，$Ms = 170℃$）。

11. 20 钢、45 钢、T10 钢的相同试样完全奥氏体化后，均快速淬冷至室温，比较哪种钢先发生马氏体转变，哪种钢的残留奥氏体最多、哪种钢最少？并简述原因。40 钢与 40CrNiMo 呢？

12. 综述马氏体转变与珠光体转变的异同点。

6

第6章

贝氏体转变

贝氏体是钢奥氏体化后，过冷到珠光体转变区与 Ms 之间的中温区等温，或连续冷却通过中温区时形成的由过饱和 α 固溶体和碳化物组成的复相组织。该组织发现于 20 世纪 20 年代，经 Devenport 和 Bain 等人研究，1930 年被首次报道；至 20 世纪 40 年代，人们将钢的中温转变命名为贝氏体转变，产物为贝氏体（Bainite），记为 B。贝氏体转变居于中温区，碳原子能够扩散，铁及合金元素的原子难以扩散，与珠光体和马氏体转变有差异，却兼具有后两种转变的部分特征。贝氏体转变属于半扩散型相变，具有过渡性，其组织形态十分复杂。目前，关于贝氏体转变的研究尚不成熟，对其转变机制的认识仍存争论。

6.1 贝氏体的组织形态和力学性能

视频 19

贝氏体的组织形态除上、下贝氏体常见形态之外，还包括无碳化物贝氏体、粒状贝氏体、柱状贝氏体和反常贝氏体等。

6.1.1 上贝氏体

上贝氏体相变始于贝氏体铁素体（BF）的形成，BF 显微组织与板条马氏体的类似，图 6-1 中黑、白色分别为碳化物和铁素体的聚集物。在铁素体（BF）板条之间残留富含碳的奥氏体，它在后续转变中会析出渗碳体或其他碳化物，最终形成被碳化物包围的铁素体，也即上贝氏体。该组织因形成于贝氏体转变区域的较高温度范围内而得名，记为 B_u。通常中、高碳钢的上贝氏体形成温度范围为 $350\sim550℃$。

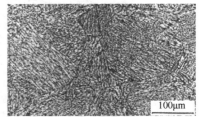

图 6-1 上贝氏体的光学显微组织图

转变不完全的 B_u 不多时，在光学显微镜下，组织形态具有羽毛状特征，如图 6-2a 所示。图中可观察到上贝氏体的铁素体 F_{ub} 自奥氏体晶界向晶内生长；F_{ub} 板条间碳化物的分布状况无法辨别。B_u 中碳化物的分布可用电子显微技术表征，如图 6-2b 所示，F_{ub} 间渗碳体呈短棒状断续分布。上贝氏体中平行排列的铁素体板条构成贝氏体"束"（图 6-3），束的平均尺寸被看作 B_u 的有效晶粒尺寸，贝氏体束之间的取向差较大，束中相邻铁素体板条间的位向差较小（几度至十几度）。上贝氏体形成时会出现表面浮凸（图 6-4），F_{ub} 惯习面为 $\{111\}_A$，与奥氏体之间的位向关系为 K-S 关系；渗碳体惯习面为 $\{227\}_A$，也与奥氏体之间存在一定的位向关系，可认为是从奥氏体中直接析出。

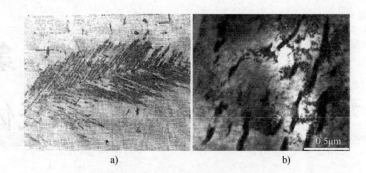

图 6-2　上贝氏体的羽毛状特征

a）光学显微组织图　b）渗碳体在铁素体间分布的电子显微组织图

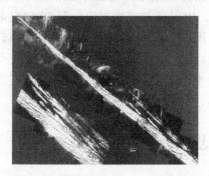

图 6-3　Fe-0.43C-2Si-3Mn 部分转变形成上贝氏体束的透射电子显微组织图

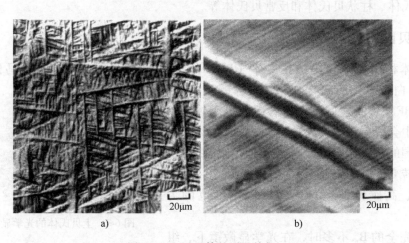

图 6-4　上贝氏体的浮凸特征

a）上贝氏体表面位移 Nomarski 相差显微图　b）束内表面浮凸特征相同的亚单元高倍 Nomarski 图

　　上贝氏体的组织形态与形成温度和成分密切相关。对于同材质钢，上贝氏体形成温度越低，F_{ub} 板条尺度越窄，渗碳体就越细密；碳含量越高，F_{ub} 板条越薄，渗碳体越多，形态由粒状、链珠状过渡到短棒状。如果钢中有 Si 或 Al，渗碳体延迟沉淀，铁素体板条之间的奥氏体因碳富集而趋稳和残存，减少或阻止渗碳体的析出。F_{ub} 中碳含量（$w_C < 0.03\%$）略高于平衡态的浓度，亚结构为缠结位错，位错密度约为 $10^8 \sim 10^9 cm^{-2}$，比板条马氏体中的位错密度低 2~3 个数量级。随相变温度降低，贝氏体中铁素体的位错密度增加。例如，在 400℃、360℃

和300℃等温转变形成贝氏体时，位错密度分别为$6.3×10^{15}$、$4.7×10^{15}$和$4.1×10^{15}$ m^{-2}。位错密度与转变温度之间存在量化关系，符合式（6-1）。

$$\log_{10}\rho_d = 10.292 + \frac{5770}{T} - \frac{10^6}{T^2} \qquad (6-1)$$

式中，ρ_d为位错密度（m^{-2}）；T为反应温度（K）。式（6-1）由Takahashi和Bhadeshia提出，适合在200~669℃范围内发生的贝氏体转变。

6.1.2 下贝氏体

下贝氏体在贝氏体转变区域的较低温度范围内形成，记为B_L。该组织由铁素体F_{lb}和碳化物构成，多出现于碳含量超过0.3%的钢中，中、高碳钢的B_L形成温度在350℃~Ms之间。在下贝氏体形成过程中，奥氏体向铁素体的转变通过非扩散方式进行，这类似于片状马氏体的形成。F_{lb}中碳浓度高度过饱和，高于上贝氏体铁素体中碳浓度，在后续转变中铁素体会析出碳化物。图6-5所示为Fe-0.5C-1Cr-0.25Mo钢经过850℃奥氏体化后在360℃盐水中等温1700s形成下贝氏体的光学显微组织，对照该组织与图6-1所示上贝氏体显微组织形貌发现，光学显微技术不能区分B_L和B_u的组织差异。

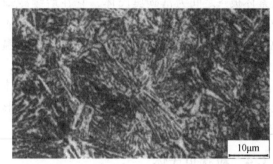

图6-5 下贝氏体的光学显微组织图

下贝氏体组织形态与碳含量有关。高碳钢或中碳合金钢的B_L中铁素体F_{lb}呈片状或竹叶状（图6-6a），铁素体片之间有交角，立体形态为透镜状。低碳钢的B_L中铁素体呈板条状；中碳钢的B_L中铁素体兼具两种形态。无论铁素体形态如何，透射电镜模式下可在F_{lb}内观察到，沿一定晶面沉淀出大致平行排列的粒状或细片状的ε-碳化物或θ-碳化物（渗碳体）（图6-6b），它们与铁素体长轴呈55°~60°角相交。下贝氏体中碳化物类型和形态与其形成条件和成分有关，形成初期的碳化物大都为ε-碳化物，等温时间延长后，碳化物变为渗碳体；形成温度越低，碳化物越弥散；钢中碳含量越高，下贝氏体的碳化物数量越多。

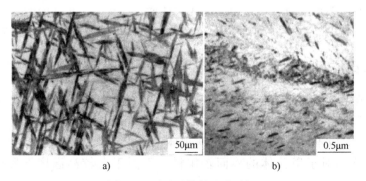

a) b)

图6-6 下贝氏体的显微组织
a）Fe-0.3C-4Cr钢中部分形成下贝氏体的光学显微组织图 b）亚单元的透射电子显微组织图

下贝氏体形成时在光滑试样表面也有表面浮凸，其铁素体与母相之间也有一定的晶体取向关系。下贝氏体铁素体与板条马氏体和上贝氏体铁素体的亚结构相似，为缠结位错，但位错密度比上贝氏体的高，比马氏体的低。

6.1.3 无碳化物贝氏体

无碳化物贝氏体多见于低碳低合金（Si、Al）钢中，在贝氏体转变的最高温区形成，由铁素体和残留奥氏体构成，没有碳化物，故而得名，或称无碳贝氏体。

无碳贝氏体中铁素体碳含量很低，大多形成于奥氏体晶界并向晶粒内平行生长，最终呈板条状（图6-7），板条较宽，板条间距较大，似魏氏组织。铁素体板条尺寸及间距随形成温度降低而减小。铁素体板条之间为富碳奥氏体，它在后续冷却过程中可能不转变，也可能转变为珠光体、马氏体或其他类型的贝氏体。简言之，无碳贝氏体在室温下是复相组织，是贝氏体的一种特殊形态。此外，无碳贝氏体形成时也具有浮凸效应，它与上贝氏体和魏氏组织在光学显微镜下难以区分，它们组织形态的差异需借用透射显微技术才能予以分辨。

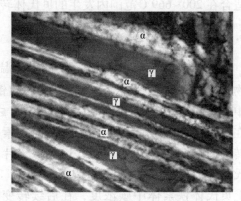

图6-7 无碳化物贝氏体显微组织

6.1.4 粒状贝氏体

粒状贝氏体一般存在于低、中碳合金钢（如20CrMnTi、40CrA）中，形成温度稍高于典型的上贝氏体形成温度。粒状贝氏体由铁素体和奥氏体构成，铁素体碳含量很低，接近于铁素体平衡碳含量，形态呈板条状且大多互相接触，相连成片，奥氏体大体呈粒状，沿一定方向分布其中。奥氏体的碳含量比铁素体基体高许多倍，合金元素的含量与铁素体的基本相同，实为富碳组织，其形状不规则，常为小岛状、小河流状等。这些富碳的奥氏体在后续冷却过程中可能保留下来，也可能转变为其他组织，如马氏体、残留奥氏体（图6-8）、铁素体和碳化物。

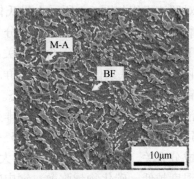

图6-8 粒状贝氏体显微组织图
（Fe-0.073C-0.094Si-2.90Mn-2.03Cr 钢，960℃奥氏体化后热轧至 760℃，随后空冷）

6.1.5 柱状贝氏体和反常贝氏体

柱状贝氏体在高碳钢或高碳合金钢贝氏体转变区的较低温度范围内形成（图6-9），也称为"扇形结构"或"结节状贝氏体"，如图6-10所示。该组织的结节状外部形态可细分为多个"扇形"，对应不同晶体学变体的铁素体，每个铁素体区域包含拉长的非片状渗碳体。结节状贝氏体相对于奥氏体的界面较粗糙，不同于在较高温度下形成的珠光体光滑界面。

反常贝氏体是另一具有独特形态的组织（图6-11），在较高温度下产生于过共析钢中。最初在铁素体中形成魏氏渗碳体片，这与上、下贝氏体不同，后者是首先形成针状铁素体，随后沉淀出渗碳体。

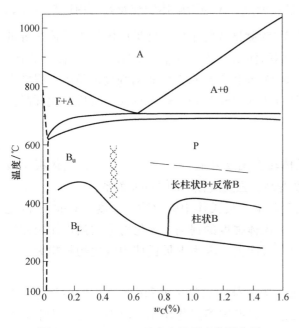

图 6-9　Fe-C-2Mn 三元合金的贝氏体形态图

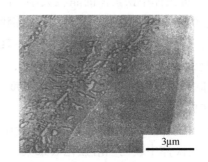

图 6-10　柱状贝氏体光学显微组织
（0.44C 钢，315℃等温，2400MPa）图

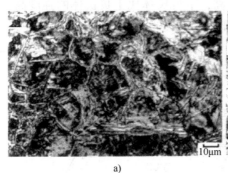

a）

b）

图 6-11　过共析钢的反常贝氏体组织

a）光学显微组织图　b）透射电子显微组织图

6.1.6　贝氏体的力学性能

贝氏体的力学性能取决于组织构成物的类别、形态、尺寸、分布状况和亚结构，这些因素随温度而改变，十分复杂。因此，贝氏体组织与力学性能之间很难建立起定量关系，实测的力学性能是以某类贝氏体为主的混合组织的力学性能。

1. 贝氏体的强度和硬度

贝氏体强度源自纯铁本征强度（σ_{Fe}）、置换固溶体强化强度（σ_{SS}）、碳间隙固溶强化强度（σ_C）以及多种微观结构效用的强化强度，如位错强化强度、弥散强化强度、细晶强化强度。贝氏体强度可表示为：

$$\sigma = \sigma_{Fe} + \sum \sigma_{SS}^i + \sigma_C + \kappa_g (\overline{L_3})^{-1} + \kappa_P \Delta^{-1} + C_{10} \rho_d^{0.5} \qquad (6-2)$$

式中，i 为置换固溶合金元素的组元数，ρ_d 为位错密度；Δ 为渗碳体颗粒及其与周边最近邻颗粒之间的平均距离；κ_g 约为 115MPa·m；$(\overline{L_3})^{-1}$ 为测试线每单位长度奥氏体与铁素体边界的平均截距；κ_P 约为 $0.52V_\theta$MPa·m（V_θ 指渗碳体的体积分数）；$C_{10} \approx 7.34$Pa·m。需要指出，晶粒度和粒子间距等参数不能单独改变，式（6-2）难以解释微观结构对强度的贡献，只能做估算，图 6-12 所示为多种影响因素对 Fe-0.15C-1Mn-0.3Si-1Ni-0.005N 的完全贝氏体化样品抗拉强度的影响。

贝氏体强度变化影响因素如下：

1）贝氏体中铁素体的晶粒大小。随贝氏体转变温度降低，α_b 晶粒尺寸（铁素体板条或片厚度的平均值）变小，晶界增多，钢的强度升高，强度遵循 Hall-Petch 关系。

2）碳化物的弥散度和分布状况。转变温度降低，贝氏体中碳化物弥散度（1cm² 中碳化物的数量）增大，晶界钉扎效果增强，有利于贝氏体强度的提高。碳化物弥散强化作用在下贝氏体中特别重要，但对上贝氏体强度贡献却相对次要，因为上贝氏体中碳化物较粗大，且分布在板条间。

3）溶质元素固溶度。贝氏体转变温度降低，铁素体中碳的过饱和度增大，固溶强化效果增强。贝氏体中碳的固溶强化效果大于合金元素的置换固溶强化作用，但小于马氏体中碳的效果。

4）位错密度。贝氏体转变温度降低，其铁素体中位错密度不断增大，提高了材料的强度。总之，贝氏体转变温度降低将导致强度提高，下贝氏体比上贝氏体的强度高。同样，连续冷却过程中贝氏体转变最大速率对应温度降低时，强度也增大（图 6-13）。

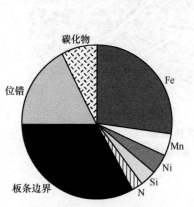

图 6-12 完全贝氏体化样品抗拉强度的影响因素构成

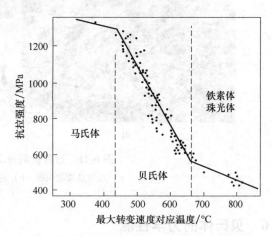

图 6-13 结构钢抗拉强度与连续冷却热处理过程中最大转变速度对应温度的关系

上述因素还导致贝氏体硬度随温度降低而增大，如图 6-14 所示。该图也表明等温转变（或在相同温度下）获得的贝氏体和珠光体混合组织中，贝氏体的显微硬度小于珠光体的硬度，这是因为与贝氏体相比，从富碳奥氏体中生长出来的珠光体中渗碳体多。需要指出的是，贝氏体硬度对其转变前奥氏体晶粒尺寸或奥氏体化温度不敏感，因为贝氏体亚单元的尺寸几乎不受奥氏体晶粒尺寸的影响，亚单元比贝氏体层束的尺寸小得多，亚单元对强度产生了至关重要的影响。

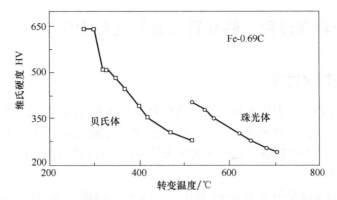

图 6-14 普通碳钢贝氏体和珠光体硬度随等温温度的变化

2. 贝氏体的韧性

与上贝氏体相比，下贝氏体的冲击吸收能量高，韧脆转变温度低（图 6-15）。下贝氏体的韧性高于上贝氏体的韧性。图 6-16 所示为碳含量为 0.1%～0.15% 的 0.5Mo-B 钢韧脆转变温度与抗拉强度 R_m 之间的关系。显而易见，韧脆转变温度先随 R_m 增大而升高，在约 900MPa 时（正处于上、下贝氏体转变的过渡区 550℃）突然降低，随后又有所升高。

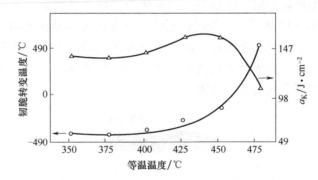

图 6-15 Fe-0.12C-1.1Ni-0.5Mo-0.03V 钢贝氏体转变后的冲击韧度与等温温度的关系

下贝氏体具有良好韧性的原因主要有以下两点。

1）铁素体板条和板条束的尺寸。上贝氏体的铁素体板条彼此平行，条与条之间位向差很小，可看作一个晶粒，而下贝氏体铁素体片彼此间位向差很大，即上贝氏体的有效晶粒直径远大于下贝氏体的，前者界面不会成为裂纹扩展的障碍，不利于提高韧性。

2）碳化物的形态和分布。上贝氏体中的碳化物粗大，分布在铁素体板条之间，具有明显的方向性，碳化物与铁素体的界面处易于萌生微裂纹，进而诱发解理裂纹；下贝氏体中碳化物细小，分布在铁素体片内，不易产生裂纹，即使有解理裂纹出现，许多碳化物和高密度位错也能阻止裂纹传播。

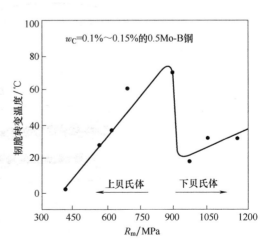

图 6-16 低碳贝氏体钢的韧脆转变温度与 R_m 的关系

6.2 贝氏体的转变过程、转变特点及转变热力学

6.2.1 贝氏体的转变过程

视频 20

典型贝氏体转变包括铁素体形核、长大及碳化物析出的基本过程，其进行方式目前认识不统一，主要观点有三种：切变机理、台阶机理和切变-扩散机理。本节主要应用切变机理介绍上、下贝氏体，无碳化物贝氏体和粒状贝氏体的形成过程。

1. 切变机理简介

贝氏体相变的切变模型最早由 Zener 提出。1952 年，柯俊及 Sir Alan Cottrell 在研究贝氏体相变时发现了抛光试样表面的浮凸效应，指出贝氏体相变机制具有马氏体转变时的切变机制，该观点得到了 Hehemann 和 Bhadeshia 等人的认同。切变机理认为，在贝氏体转变的中温区碳原子具有一定的扩散能力，贝氏体转变时铁素体以切变共格方式长大的同时，伴随着碳原子的扩散和碳化物从铁素体中脱溶沉淀的过程，碳原子的扩散过程控制着贝氏体转变的整个过程。简言之，贝氏体转变是有碳原子扩散的共格切变。

2. 上贝氏体的形成过程

上贝氏体发生在温度较高时，碳原子在铁素体中可顺利地扩散，但在奥氏体中的扩散却不充分，形成过程如图 6-17 所示。转变时铁素体晶核在奥氏体晶界或晶界附近的贫碳区域形成，呈条状向晶内生长，同时铁素体长大前沿的碳原子向两侧扩散，铁素体中多余的碳也向两侧相界面扩散，因此碳在相界处出现富集，当碳浓度足够高时，将在条状铁素体之间析出渗碳体，形成具有典型羽毛状的上贝氏体。

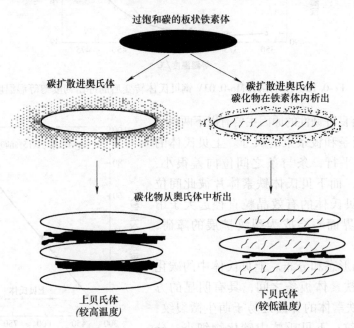

图 6-17 上、下贝氏体形成过程示意图

上述过程是奥氏体中的碳再分配的结果。以图 6-18 中所示亚共析钢为例予以说明。当 w_2 成分的奥氏体过冷至低于 Bs 点的 T_1 时，它已处于 A_{cm} 延长线以下，这意味着碳在奥氏体中处

于过饱和状态，碳有从奥氏体中析出的倾向，会导致奥氏体中碳的再分配，形成贫碳区和富碳区。富碳区的碳含量向右增加，贫碳区的碳含量向左减少，当某一贫碳区的碳含量降至 w_1 以下时，则该处奥氏体的 T_1 处于 Ms 点或其以下，若该贫碳微区达到临界尺寸，那么该微区将按马氏体转变机制形成 α_b，其中碳浓度远低于 w_2 成分，但高于该温度下平衡态的铁素体的碳浓度。

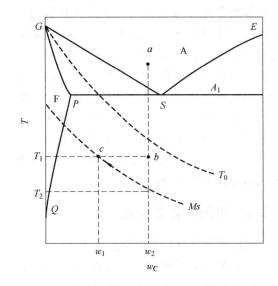

图 6-18　贝氏体转变与碳含量关系

3. 下贝氏体的形成过程

下贝氏体出现的温度较低，碳在奥氏体中的扩散极其困难，在铁素体中受到相当大的限制，形成过程如图 6-17 所示。贝氏体转变时，铁素体晶核在奥氏体晶界或晶粒内部的贫碳区形成，按切变共格方式长大，呈片状或透镜状。此时碳原子不能长程扩散到铁素体-奥氏体界面处，只能在铁素体中短程扩散，偏聚在某一晶面上析出碳化物，如钢中碳含量相当高，也可能在铁素体片的边界析出少许碳化物。当一片铁素体片长大时会促发其他位向铁素体的出现，形成典型的下贝氏体形貌。

需要指出，贝氏体条片由许多亚片条、亚单元、超亚单元组成。在铁素体按切变共格方式长大时，每次切变会形成一个铁素体亚单元，每个亚单元切变形成后需近邻富碳区析出碳化物使该处贫碳，才可通过再次切变形成新的亚单元。因此贝氏体转变会呈跳跃方式长大。

4. 无碳化物及粒状贝氏体的形成过程

无碳化物贝氏体发生在高温度条件下，碳原子在铁素体和奥氏体中有相当高的扩散能力。转变时铁素体晶核首先在奥氏体晶界上形成，之后铁素体随碳的扩散而呈条状长大，同时碳原子不断从铁素体中逐步脱溶，并通过共格界面扩散到奥氏体中，最终形成几乎不含碳的条状铁素体和富碳奥氏体，没有碳化物的析出。粒状贝氏体由无碳化物贝氏体演变而来，当无碳贝氏体的条状铁素体长到彼此汇合时，剩余的富碳奥氏体便为铁素体所包围，沿铁素体板条间断续分布。粒状贝氏体形成过程如图 6-19 所示。

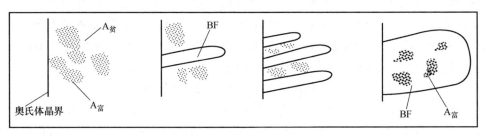

图 6-19　粒状贝氏体形成示意图

5. 台阶机理简介

A. I. Aaronson 提出了贝氏体转变的台阶长大机理，后来徐祖耀证实了贝氏体宽面上长大台阶的存在。该观点认为铁素体是通过原子扩散，使奥氏体与贝氏体界面上的台阶侧向移动长大，长大速率受碳原子扩散控制。奥氏体与贝氏体界面为半共格界面，但台阶的端面（垂直面）为非共格界面，其原子处于较高能量状态，活动能力较强。当台阶侧向移动后，使得水平面向箭头方向推进，贝氏体厚度变宽、长大。贝氏体晶核台阶机理长大示意图如图 6-20 所示。

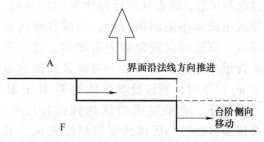

图 6-20　贝氏体晶核台阶机理长大示意图

6.2.2　贝氏体转变特点

贝氏体转变具有如下特点。

（1）转变包括形核和长大过程　贝氏体转变通过形核和长大方式进行，可等温形成，也可连续冷却形成。贝氏体形核需要孕育期，通常铁素体是领先相，贝氏体转变速度小于马氏体的转变速度。

（2）转变时有表面浮凸效应和晶体学特征　贝氏体转变中铁素体形成时，会在抛光的试样表面产生表面浮凸，因为铁素体按切变共格方式长大，它与母相奥氏体之间存在一定的惯习面和位向关系。此外，上贝氏体中渗碳体与母相之间也遵循一定的晶体学位向关系，渗碳体的惯习面为 $\{2\,\bar{2}\,7\}_\gamma$，它与奥氏体间具有 Pitsch 关系：$(001)_{Fe_3C}//(\bar{2}\,25)_\gamma$；$[010]_{Fe_3C}//[110]_\gamma$；$[100]_{Fe_3C}//[\bar{5}54]_\gamma$。

（3）转变在一个温度范围内完成　贝氏体转变有上限温度 Bs 和下限温度 Bf，贝氏体转变在 $Bs \sim Bf$ 温度范围内进行，高于 Bs 或低于 Bf，转变不能发生。

（4）转变具有不完全性　贝氏体转变一般不能进行彻底。在贝氏体转变开始后，经过一定的时间形成一定数量的贝氏体后，转变会停下来。这一奥氏体不能全部转变为贝氏体的现象称为贝氏体转变的不完全性。

（5）转变具有扩散性　在贝氏体转变的中温区，碳原子能在奥氏体和铁素体中扩散，它的扩散速度控制着贝氏体转变速度；而铁及其他合金元素的原子是不能发生扩散的。

6.2.3　贝氏体转变热力学

与珠光体和马氏体的固态相变相似，贝氏体转变必须满足一定的热力学条件，即系统总自由能变化 $\Delta G < 0$。相变驱动力为贝氏体自由能 G_B 和奥氏体自由能 G_γ 的差值及奥氏体晶体缺陷中所储存的畸变能 ΔG_D，相变阻力为新旧相的表面能差 ΔG_S，弹性应变能差 ΔG_E 及协作变形能之和 $\sum \Gamma$。因此贝氏体转变的热力学条件可用式（6-3）表示：

$$\Delta G = -(\Delta G_V + \Delta G_D) + \Delta G_S + \Delta G_E + \sum \Gamma < 0 \tag{6-3}$$

与马氏体转变相比，贝氏体转变时奥氏体中碳发生了再分配，降低了 BF 的碳含量，从而降低了铁素体的自由能，增大了相同温度下新旧相之间的自由能差。同时，碳化物的脱溶析出降低了新旧相的比体积差，减小了 ΔG_E 和 $\sum \Gamma$。因此，贝氏体不需要马氏体转变所需的深过冷条件即可发生相变。换言之，贝氏体形成的 Bs 显著高于马氏体形成温度 Ms，且贝氏体转变的热滞（$Bs - B_0$）小于马氏体转变的热滞（$Ms - T_0$），如图 6-21 所示。

与珠光体转变相比，贝氏体转变时 BF 中碳的饱和程度高于珠光体中铁素体的碳浓度，使贝氏体转变过程中 ΔG_E 高于珠光体转变的相应值。因此，贝氏体转变应在珠光体转变的温度之下，且贝氏体转变的热滞（$Bs-B_0$）大于珠光体转变的 Ar_1 与 A_1 之间的温差（图 6-21）。

Bs 点表示奥氏体和贝氏体之间自由能差达到相变所需的最小化学驱动力值时的温度，反映了贝氏体转变得以进行所需的最小过冷度，高于 Bs 点，贝氏体转变不能进行。Bs 点和 Bf 点与钢的成分有关，通常它们随碳及合金元素含量的增加而降低。

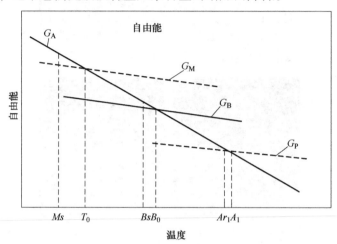

图 6-21　奥氏体与贝氏体的自由能与温度关系

6.3　贝氏体转变动力学

6.3.1　贝氏体长大速率

视频 21

1. 贝氏体束的生长速率

在奥氏体晶粒表面形核后，板状贝氏体束通过亚单元的重复形成而长大，生长受奥氏体晶界或孪晶界限制。假设一个亚单元在时间 t_C 内达到极限尺寸，与下一个亚单元的激发时间间隔为 Δt，那么贝氏体束的生长速率 V_S 可用式（6-4）表示：

$$V_S = V_l \left(\frac{t_C}{t_C + \Delta t} \right) \tag{6-4}$$

式中，V_l 为亚单元的平均生长速率。贝氏体束以恒定速率生长，且长宽比固定，V_S 随碳、镍或铬含量增加而降低。

2. 亚单元的生长速率

亚单元的生长速率可采用光发射电子显微技术测量。图 6-22 所示为每秒间隔的显微照片，显示了亚单元的生长情况。图中箭头处亚单元的生长速率为 $75\mu m/s$，比相变平衡条件下计算出的相应值（$0.083\mu m/s$）高三个数量级，这说明亚单元生长远快于碳扩散控制生长。此外，贝氏体亚单元具有弹性时，在停止生长后其厚度也可能增加，与转变弹性平衡有关。通常，具有弹性的板状亚单元倾向于长宽比最大化，与应变能和自由能变化之间的平衡一致，以实现热-弹平衡。亚单元没有弹性时，厚度以恒定速度增长。如图 6-23 所示，先形成大贝氏体板，后形成小贝氏体板，并与其正交，大、小板之间弯曲，小板尖端为固定点。固定点之间界面的平滑弯曲区域说明界面移动是连续的。

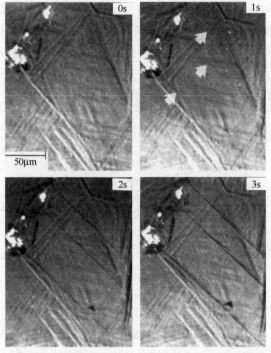

图 6-22   光发射电子显微观察贝氏体束中单个亚单元的生长（在 380℃拍摄
Fe-0. 43C-2. 02Si-3Mn 钢；0s 时组织完全为奥氏体）

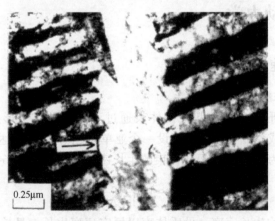

图 6-23   BF/A 界面弯曲

6.3.2   贝氏体转变动力学图

贝氏体转变动力学图大致呈 C 形（以下简称 C 曲线），因为在贝氏体转变温度区域的低温条件下原子扩散困难，在相对高温时转变驱动力低。多数情况下钢的等温转变图（以下简称 TTT 图）由两个 C 曲线组成，一个是重构型转变为铁素体或珠光体的高温 C 曲线，另一个是替换型转变为贝氏体或魏氏铁素体的较低温 C 曲线，如图 6-24 所示。合金元素是影响贝氏体转变动力学的最主要因素，添加合金元素（除 Co、Al、Si 外）会降低奥氏体分解驱动力，阻碍珠光体和贝氏体的形成，使 C 曲线右移，下部的 C 曲线右移幅度较大，即合金元素阻碍奥氏体向贝氏体转变的作用更明显，如图 6-25 所示。当两个 C 曲线完全分开时，下部 C 曲线顶部平坦，对应贝氏体转变开始温度。如果钢的相变快，TTT 图中两个 C 曲线难以完全分开，对普通碳钢和极低合金钢而言，珠光体转变和贝氏体转变重叠的非常多，以至在转变温度范围内仅出现单个 C 曲线。

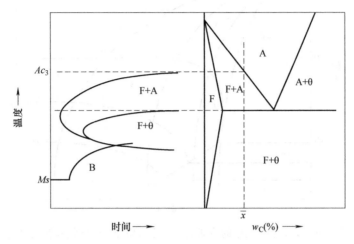

图 6-24　碳浓度为 $\bar{x}$ 的亚共析钢 TTT 图与其 Fe-C 相图之间的关系

上述 TTT 图具有通用性，但等温转变却并非常用，连续冷却转变图（以下简称 CCT 图）更常用。每幅 CCT 图都要说明钢的化学成分、奥氏体化条件、奥氏体晶粒尺寸和冷却条件，图中要绘制实际冷却曲线，每条冷却曲线通常从 Ac_3 温度开始。如图 6-26 所示给出了贝氏体形成条件。当冷却曲线与组织转变区域边界相交时，获得混合微观组织。等体积分数轮廓线（等高线）在组织区域边界上连续，避免了跨边界时体积分数的突然变化。等体积分数轮廓线代表转变成一个或多个相的奥氏体体积分数。0%马氏体线与贝

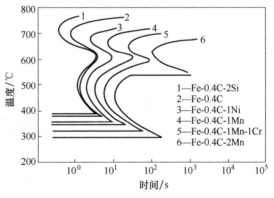

图 6-25　几种合金元素对 Fe-0.4C 的
TTT 图中开始转变 C 曲线的影响

氏体线交汇点 c 是受限的，必须避免与图中下部冷却曲线双重相交，冷却曲线 X 仅在一点与 0%相变等体积分数轮廓线线相交。冷却曲线 Y 条件下，产生的混合组织中贝氏体体积分数小于 20%，残留奥氏体在后续冷却中会转变为马氏体。需要指出的是，贝氏体首先形成后，会导致碳在残留奥氏体中富集，降低马氏体相变的开始温度，如图 6-26 所示的 abc 线。此外，随着冷却速度的降低，贝氏体曲线沿 ef 渐渐地接近 Bs 温度，与 TTT 图中贝氏体 C 曲线的平顶一致。然而，情况并非总如上述，因为形成贝氏体之前的任何转变都会改变残留奥氏体的化学成分。如图 6-27 所示 CCT 图受到先析出铁素体的显著影响，变化主要发生在与垂线 c 相关的区域。铁素体的析出降低了贝氏体开始形成温度，使铁素体和贝氏体区域之间产生一定的时间间隔，打断了等体积分数轮廓线的连续性。绘制等体积分数轮廓线时，用冷却曲线 ab 连接它们的松弛端。从图 6-27 还可发现，降低冷却速度，会增加同素异形铁素体的数量，使贝氏体转变温度下降更多，减小贝氏体形成温度范围。因为非常慢的冷却速度为在较小的温度

范围内完成转变提供了充足的机会，如上升曲线 *de* 所示。如图 6-27 所示的所有特征均出现在发电厂用 2.25Cr1Mo 钢的 CCT 图中。

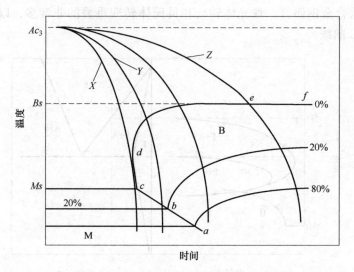

图 6-26　CCT 示意图中的冷却曲线、等体积分数轮廓线和转变温度

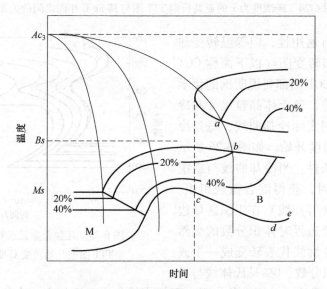

图 6-27　先析出铁素体显著影响贝氏体区域的 CCT 图

6.3.3　贝氏体转变动力学的影响因素

1. 碳和合金元素

碳含量增加，*Bs* 点下降，贝氏体转变在较低温度下进行，增加转变时需扩散的碳原子数，使贝氏体等温转变曲线右移，减慢转变速度。

常用合金元素（除 Co、Al 外）均或多或少地减缓贝氏体转变，其中 Cr、Mn 作用较强。合金元素对贝氏体转变动力学的作用机理不同，Ni、Mn 降低奥氏体的自由能，提高铁素体的自由能，降低了相变驱动力，使贝氏体转变速度降低；Cr、W、Mo、V、Ti 等碳化物形成元素，与碳亲和力较大，提高碳在奥氏体中的扩散能力，延缓奥氏体中贫碳区的形成，延长贝氏体形成的孕育时间；Si 阻碍碳化物的析出，使奥氏体富碳，不利于贝氏体中铁素体的长大和继续形核。此外，合金元素对贝氏体和珠光体的 C 曲线影响幅度不同，进而使其发生分离。W、Mo、V、Ti、B 延缓贝氏体转变的作用远小于对珠光体的影响，使贝氏体的 C 曲线和珠光体转变的 C 曲线在时间坐标方向左右分离；Cr 提高珠光体转变温度降低贝氏体转变温度，使转变的 C 曲线在温度坐标方向上下分离。

合金元素中硼是早期商业开发低碳贝氏体钢的重要元素。硼以固溶体形式存在于奥氏体晶粒表面时，对异形铁素体形核的抑制作用大于对贝氏体形核的抑制作用（图 6-28a），含硼钢可以在连续冷却过程中完全形成贝氏体。硼在奥氏体晶界偏析，会降低晶界能量，降低边界作为形核位点的有效性；其加入量约为 0.002% 时就对铁素体孕育期产生显著影响（图 6-28b）。但是，硼以硼化物形式存在时，会促进铁素体的形核；以氧化物或氮化物形式析出时，会失去效用。因此，含硼钢常加铝脱氧，加钛束缚氮。

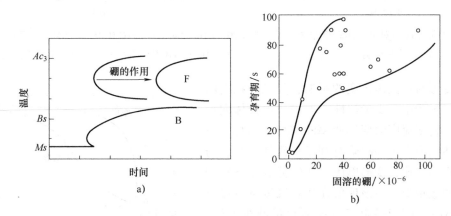

图 6-28　硼对贝氏体转变行为的影响
a）硼对 TTT 图的影响　b）铁素体孕育期与固溶硼浓度之间的关系

2. 奥氏体晶粒大小及奥氏体化温度及时间

奥氏体晶粒尺寸对贝氏体相变的影响，小于对珠光体的影响。因为许多在晶粒表面形核的贝氏体板会被自身催化激发，束状组织中多数贝氏体板不接触奥氏体晶界。奥氏体晶粒长大，晶界减少，降低贝氏体的优先形核点的数量密度，延长了贝氏体相变的孕育时间，减小了贝氏体的转变速度，但降幅较小。反之，奥氏体晶粒的尺寸减小，形核率和转变速度增加。然而，业界也有不同观点，如 Graham、Axon 等认为贝氏体板的生长受基体组织阻碍，较小的晶粒尺寸应该阻碍贝氏体生长。应指出，奥氏体晶粒尺寸对上贝氏体转变的影响大于对下贝氏体的影响，因为上贝氏体主要在晶界处形核，而下贝氏体还可在晶粒内形核。奥氏体化温度升高或保温时间延长，奥氏体晶粒长大且成分更均匀，这会增加贝氏体转变孕育期，降低贝氏体转变速度。但温度过高或保温时间过长，却会加速贝氏体相变。

3. 应力和塑性变形

贝氏体转变受外应力、相变或热处理产生的内应力影响。拉应力会提高贝氏体转变起始温度，加速贝氏体相变，相变速度随拉应力增加而提高（图 6-29），尤其是应力超过屈服强度时贝氏体转变增速明显，这与促进贝氏体形核与加速碳原子的扩散有关。拉应力可促进贝氏体相变，使其超出 B_0（图 6-21）条件的预期。但在贝氏体的形变诱发温度 B_d 以上，无论外应力大小如何都不会发生贝氏体转变。图 6-30 所示为内应力对上贝氏体转变的影响，曲线 A 为等温转变形成上贝氏体；曲线 B 为先形成部分下贝氏体，之后形成上贝氏体，因为下贝氏体出现导致的内应力促进了上贝氏体的形成；曲线 C 为形成下贝氏体后，在 Bs 温度上去除应力的同时，也消除了内应力对上贝氏体转变的促进作用。

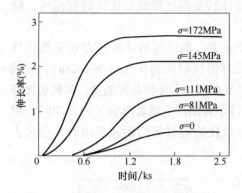

图 6-29　外加拉应力对贝氏体转变整体动力学的影响

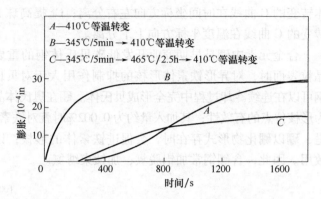

图 6-30　内应力对 Fe-0.31C-0.3Si-0.76Mn-3.07Ni-1.22Cr-0.49Mo 在 410℃时发生贝氏体相变速度的影响

塑性变形对贝氏体转变的影响较复杂。在钢的热机械加工过程中，少量塑性变形加快奥氏体向贝氏体转变，转变速度随变形速率的增加而增加，原因为奥氏体变形产生的缺陷有利于贝氏体形核。与未变形奥氏体相比，变形奥氏体在较低温度下转变为贝氏体的数量减少。该现象在较高温度下难以发生（图 6-31），可能是由于贝氏体数量减少所致。贝氏体转变前大的塑性变形，使 BF/A 界面变形，且界面不能克服相变前奥氏体中存在的缺陷所构成的障碍，这增加了奥氏体的稳定性，导致机械稳定，降低转变速度。此外，严重变形产生大量缺陷（位错）虽然有利于新相形核，但却阻碍了界面移动，抑制了贝氏体生长，加之未转变奥氏体产生塑性弛豫，会延迟贝氏体相变。因此，大塑性变形也会显著减少贝氏体数量，如图 6-32 所示。

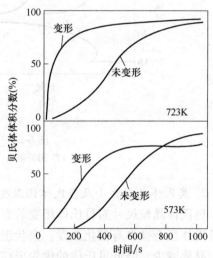

图 6-31　变形对 Fe-0.59C-2.01Si-1.02Mn 中贝氏体动力学转变的影响

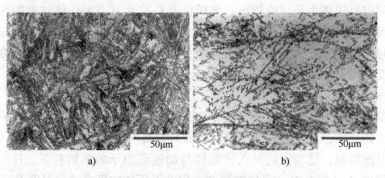

图 6-32　变形对贝氏体形貌与数量影响的金相组织图

a）未变形奥氏体转变　b）严重变形奥氏体转变

4. 奥氏体冷却过程中在不同温度的停留

冷却过程中，过冷奥氏体在不同温度下停留对贝氏体相变有影响，具体情况如图 6-33 所示。

第一种情况（曲线 1，W18Cr4V 高速工具钢），在珠光体与贝氏体转变区间的亚稳区停留，会加速随后贝氏体的相变，提高转变速度。原因在于停留时奥氏体中出现碳化物，降低了奥氏体中碳和合金元素的质量分数，提高了 B_s 点，减弱了奥氏体的稳定性。

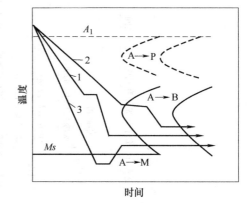

图 6-33　过冷奥氏体在不同温度下停留
对贝氏体相变影响

第二种情况（曲线 2，35CrMnSi 钢），在上部贝氏体区形成温度范围停留，使奥氏体部分转变形成部分上贝氏体，将使下贝氏体相变的孕育期延长，降低转变速度。这可能与高温区形成上贝氏体后，奥氏体的碳浓度升高，增加了过冷奥氏体的稳定性及高温停留引发的奥氏体热稳定化效应有关。

第三种情况（曲线 3，GCr15 钢），在贝氏体形成低温区或 M_s 点稍下温度停留，使奥氏体发生部分转变，形成马氏体或下贝氏体，这些组织会加快随后的贝氏体转变，使贝氏体转变速度增加。这是由于低温下发生的贝氏体或马氏体转变在奥氏体中产生了应力，进而促进了在随后较高温度下的贝氏体形核所致。

本章小结及思维导图

贝氏体转变温度介于珠光体与马氏体转变温度之间，兼具珠光体转变和马氏体转变的特点。贝氏体是过渡性转变的产物，兼具珠光体与马氏体的某些特征，其组织形态多样，上、下贝氏体最常见。按照切变机理，上、下贝氏体都是先在贫碳区通过切变形成过饱和的贝氏体铁素体 BF，后经饱和的碳原子扩散到 BF 条边界处的奥氏体中或 BF 某一晶面处，形成碳的富集区并有碳化物析出。上、下贝氏体由过饱和碳的铁素体和碳化物构成，上贝氏体强度、韧性都较低，下贝氏体具有良好的强度和韧性，这与 BF 片之间位相差大，碳化物分布其中有关。通常，贝氏体转变温度越低，形成的 BF 及碳化物越细，贝氏体强度越高。此外，贝氏体转变需要碳扩散，故使碳原子扩散量增大和阻碍扩散的因素（如奥氏体化温度升高、碳含量增大、合金元素等）会降低贝氏体转变速度。本章思维导图如图 6-34 所示。

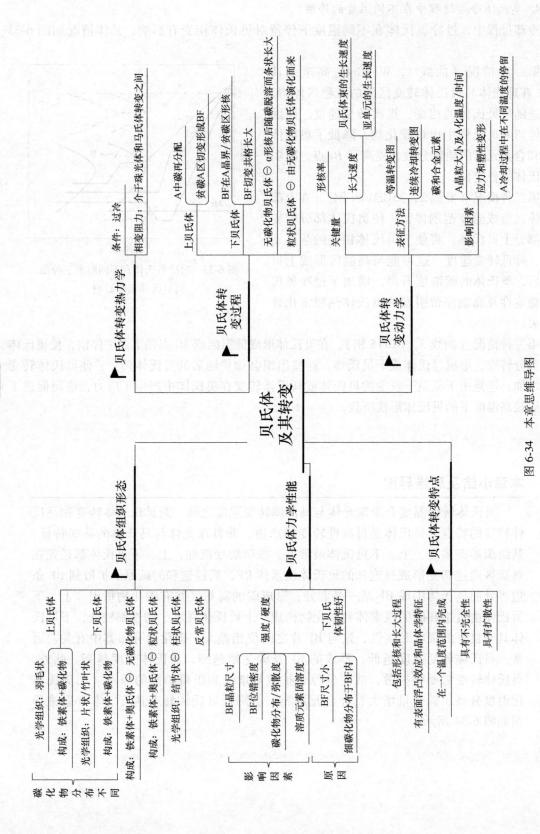

图 6-34 本章思维导图

思考题

1. 叙述上、下贝氏体的组织形态差异。

2. 解释上贝氏体中碳化物在 BF 条间析出，下贝氏体的碳化物在 BF 条内析出的原因。

3. 基于材料构-效关系分析与上贝氏体相比下贝氏体具有良好强韧性的原因。

4. 指出影响贝氏体强度的主要因素，各因素是如何影响的？

5. 比较上贝氏体与珠光体的差异，比较下贝氏体与马氏体的差异。

6. 以亚共析钢为例，按切变机理叙述上贝氏体的形成过程。

7. 何谓贝氏体转变点 Bs？比较贝氏体与珠光体、马氏体转变所需过冷度之间的大小，并给出原因分析。

8. 综述贝氏体转变动力学的影响因素。

9. 叙述贝氏体转变与珠光体转变、马氏体转变的异同点。

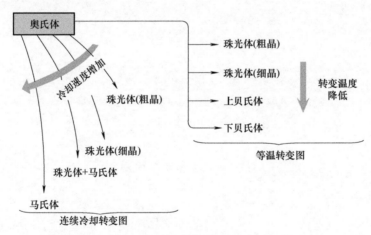

第 7 章

钢的过冷奥氏体转变图

过冷奥氏体依据转变温度或冷却速度，可转变为珠光体、贝氏体、马氏体及其混合组织。通常，奥氏体相变类型包括等温转变和连续冷却转变。共析钢等温转变中，低于 A_1 温度时，随着转变温度降低，奥氏体转变为不同形态的珠光体或贝氏体；连续冷却转变中，随冷却速度增大，奥氏体转变为珠光体、贝氏体或马氏体（图 7-1）。上述转变可采用等温转变（Isothermal Transformation）图和连续冷却转变（Continuous Cooling Transformation）图来描述，下文分别简称为 IT 图（TTT 曲线）和 CT 图（CCT 曲线），是合理选择钢材、制定热处理工艺及预测工件热处理后性能的依据。

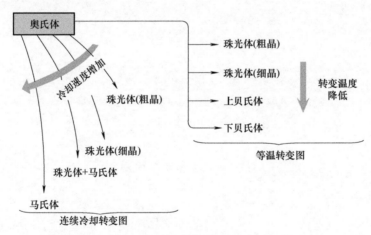

图 7-1　共析钢连续冷却和等温转变的简化图

7.1　过冷奥氏体等温转变图

7.1.1　IT 图的建立

视频 22

IT 图能可视化表征奥氏体等温转变，可采用金相-硬度、膨胀、磁性、电阻和热分析等方法测定。以金相-硬度法测定 T8 钢（共析钢）等温转变曲线为例，首先制备若干原始组织相同的钢试样，规格为 $\phi 15mm \times 1.5mm$。将试样分成若干组，每组试样五个以上，试样装炉加热至 900~950℃保温 15min，获得均匀奥氏体组织。此后，将各组奥氏体化的试样置于 A_1 以下不同温度（如 700℃、650℃、550℃、400℃等）的恒温盐浴中等温，每隔一定时间取出一个试样，淬入盐水中把等温转变组织固定下来，残留奥氏体在盐水中冷却，会转变为马氏体，如图 7-2 所示。

逐一测定上述试样硬度，制作金相试样和观察显微组织。通常马氏体呈白色，等温转变产物（珠光体等）呈暗黑色，测量组织中转变产物的数量，确定奥氏体在该温度下的转变程度，以 1% 转变量为转变开始点，以 99% 转变量为转变终了点，记录数据。将各组试样数据绘制在转变量为纵坐标、时间为横坐标的图形上并连接各点，得到某温度下过冷奥氏体转变量与时间的关系曲线，也称为珠光体等温转变动力学曲线（图 4-15a）。在此基础上，将各个

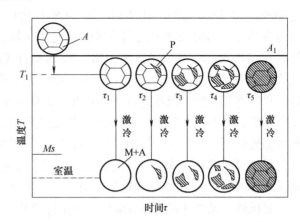

图 7-2　金相-硬度法测定等温转变曲线示意图

等温温度下转变动力学曲线的转变开始和终了时间绘制在温度-时间坐标图上，然后分别连接转变开始点和终了点，得到共析钢过冷奥氏体等温转变动力学图（图 7-3）。图中的 Ms、Mf 线分别代表马氏体转变开始和终了温度，Ms、Mf 线多采用磁性或膨胀等物理方法来测定。

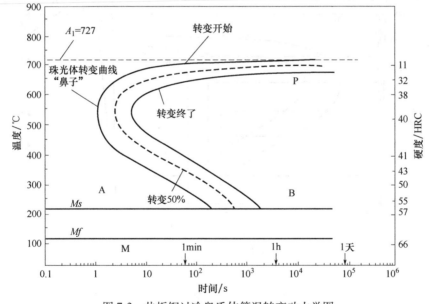

图 7-3　共析钢过冷奥氏体等温转变动力学图

7.1.2　IT 图解析

如图 7-3 所示，IT 图中时间常用对数表示，左右两 "C" 形实线分别代表奥氏体分解的开始和结束，中间虚线对应转变 50% 的 C 曲线。珠光体相变开始曲线接近 A_1 温度对应的水平虚线，过冷奥氏体需经一段时间孕育后才开始发生转变，在约 550℃ 时孕育期最短，称为珠光体转变曲线的 "鼻子"，此处转变速度最快。曲线呈 "C" 形说明珠光体转变/贝氏体转变的形核和生长具有 C 曲线动力学特征，这由珠光体和贝氏体转变的变化规律决定。在等温转变图中，A_1 线以上是稳定奥氏体区，纵轴与开始转变曲线之间是过冷奥氏体区，转变开始线与转

变终了线之间是过冷奥氏体与转变产物的共存区，转变终了线以右的区域是转变产物区，主要包括珠光体和贝氏体。具体讲：$A_1 \sim 650℃$ 之间为粗珠光体，$650 \sim 600℃$ 之间为细珠光体（索氏体S），$600 \sim 550℃$ 之间为极细珠光体（屈氏体T），在 $550℃ \sim Ms(240℃)$ 之间为贝氏体转变。Ms 线以下形成马氏体，Ms、Mf 水平直线源于马氏体转变无热特性。

为理解IT图，将五个共析钢试样在800℃进行奥氏体化（图7-4a），按图7-4b所示相图，把样品迅速冷却至特定温度进行等温转变。试样1冷却至相对较高的650℃，保温2000s后再骤冷到室温；650℃水平线穿过珠光体转变起点和终点，意味着奥氏体全部转变为珠光体，并且相变温度较高，所得珠光体粗，片层间距大。试样2冷却至550℃，保温700s，形成的珠光体比试样1形成的珠光体细且硬度更高。试样2珠光体转变比试样1在650℃转变时间短，二者的珠光体与时间关系曲线如图7-4c所示。试样3冷却至450℃后保温300s，奥氏体完全转变为上贝氏体。试样4冷却至350℃，并保持200s，奥氏体等温转变为下部贝氏体。450℃和350℃的转变曲线如图7-4d所示。试样5从800℃骤冷至室温。试样5的冷却曲线不与C曲线相交，与 Ms 和 Mf 线相交，奥氏体转变为马氏体。马氏体不通过等温转变形成，通过从 Ms 到 Mf 温度的连续冷却形成，马氏体的相变曲线如图7-4e所示。

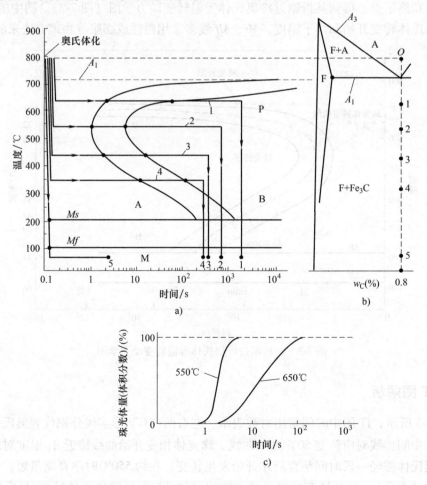

图7-4　共析钢IT图的解析

a）共析钢IT图　b）部分铁碳相图　c）650℃和550℃时奥氏体向珠光体的等温转变

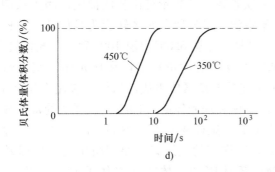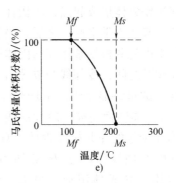

图 7-4 共析钢 IT 图的解析（续）

d）450℃和 350℃时奥氏体向贝氏体的等温转变 e）马氏体数量随温度的变化

如图 7-5 所示，将 800℃奥氏体化的共析钢按不同路径进行冷却，试样 1 冷却至 650℃，保温 300s 后形成 90%珠光体，在此后骤冷至室温中，剩余的 10%奥氏体转变为马氏体。试样 2 冷却至 600℃，保温 3s 并骤冷至室温后，显微组织由 50%珠光体和 50%马氏体组成。试样 3 冷却至 400℃后等温 30s，形成了 80%的贝氏体，之后骤冷至室温，剩余 20%的过冷奥氏体全部转变为马氏体。试样 4 冷却至 300℃后保温 10s，未及连续转变曲线，没有珠光体或贝氏体形成，组织仍为奥氏体，在后续骤冷至室温过程中转变为马氏体，试样 4 的最终显微组织为 100%马氏体。可见，为获得 100%马氏体结构，冷却曲线应在珠光体鼻子的左侧通过，与 Ms 和 Mf 线交叉。

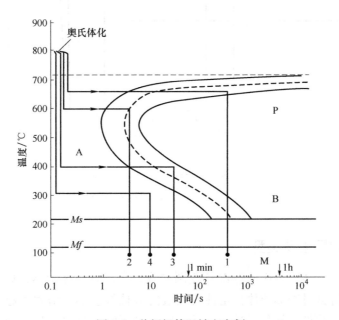

图 7-5 共析钢等温转变实例

图 7-6a 所示为 $w_C = 0.4\%$ 亚共析钢的等温转变动力学曲线。与共析钢 IT 图相比，C 曲线左移，相变所需孕育期更短，扩散转变发生率更高；珠光体鼻子与纵轴相交；存在与先共析铁素体形成开始相对应的 C 曲线，这条线渐近地延伸到钢的 A_3 温度（图 7-6a）。运用 IT 图，在 850℃下对四个试样进行奥氏体化。试样 1 快速冷却至高于共析温度的 750℃，保温 7000s，

水平线穿过铁素体形成起点，奥氏体先析出铁素体，其数量可由相图而定，因为长期保温过程中会建立起热力学平衡；之后，当骤冷至室温时，残留奥氏体转变为马氏体。试样 1 的最终显微组织由先共析铁素体和马氏体组成。试样 2 冷至 650℃保温 100s 后，珠光体转变完成。在 850~650℃之间，冷却线与铁素体 C 曲线相交，有少量铁素体在珠光体转变开始之前形成。试样 2 的最终显微组织由珠光体和少量先共析铁素体组成。试样 3 快速冷却至 400℃保温 30s，贝氏体转换完成。冷却曲线穿过铁素体和珠光体的 C 曲线，试样 3 的最终显微组织由贝氏体和少量的先共析铁素体、珠光体组成。试样 4 骤冷至室温，冷却曲线穿过铁素体和珠光体的 C 曲线后，与 Ms 和 Mf 线相交。试样 4 的最终显微组织将由马氏体以及少量先共析铁素体和珠光体组成。可见，40 钢奥氏体因铁素体或珠光体的高转化率不允许有 100% 马氏体的形成。

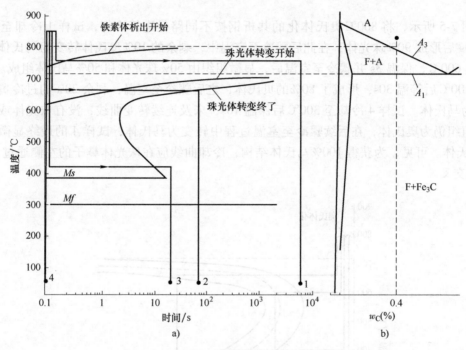

图 7-6 亚共析钢等温转变实例

a）亚共析钢（w_C = 0.4%）的 IT 图 b）部分铁碳相图

7.1.3 IT 图影响因素及类型

等温转变图由珠光体、贝氏体等温转变图构成，凡是影响珠光体、贝氏体转变的因素都影响等温转变图。降低过冷奥氏体稳定性的因素使 C 曲线左移，增大其稳定性的因素使 C 曲线右移。钢的成分、热处理规程及冶炼方法等，共同影响 C 曲线位置与形状。合金元素溶入奥氏体对其等温转变的影响规律如图 7-7 所示。此外，奥氏体转变为 P、B、M 过程中会引起工件体积膨胀，如施加三向压应力，过冷奥氏体转变受到阻碍，等温转变曲线右移，但三向拉应力却使等温转变曲线左移。其他因素的影响详见第 4 章、第 6 章。

根据等温转变曲线形状及珠光体与贝氏体转变区的相对位置，IT 图有六种基本类型，如图 7-8 所示。

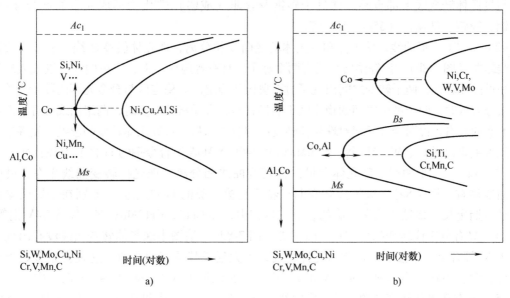

图 7-7　合金元素对 IT 图的影响

a）单 C 形曲线　b）双 C 形曲线

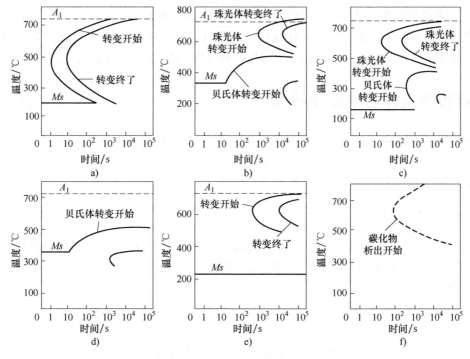

图 7-8　IT 图的基本类型

a）碳钢和含非（或弱）碳化物形成元素的低合金钢　b）合金结构钢

c）合金工具钢　d）镍或锰含量较高的复杂合金结构钢

e）高铬工具钢　f）有碳化物析出倾向的奥氏体钢

（1）单一"C"形曲线（图 7-8a）　该等温转变曲线是特例，只有一个鼻子。鼻子以上是珠光体转变线，鼻子以下是贝氏体转变线，两个等温转变曲线非常接近，使得珠光体转变区下部与贝氏体转变区上部重叠。常见于碳钢及含非（或弱）碳化物形成元素的低合金钢中，如钴钢、镍钢、低锰钢（65Mn 钢）等。

（2）双"C"形曲线，珠光体和贝氏体转变曲线相分离，珠光体转变曲线靠右，贝氏体转变曲线靠左（图 7-8b）　该等温转变线有两个鼻子，具有普遍性，上、下组曲线分别代表珠光体转变和贝氏体转变，两个转变之间出现了过冷奥氏体稳定区。稳定区与合金元素的数量有关，当其质量分数低时，两个鼻子之间的稳定区不明显；当合金元素数量多时，两组曲线分开。上面曲线较下面的靠右，说明合金元素对珠光体转变的抑制作用强于对贝氏体转变的影响，发挥这一作用的元素主要包括 Cr、W、Mo 等。55SiMnMoV、40CrNiMoA 等合金钢的 IT 图具有该特征。

（3）双"C"形曲线，珠光体和贝氏体转变曲线相分离，珠光体转变曲线靠左，贝氏体转变曲线靠右（图 7-8c）　该等温转变曲线特征与第二类的 IT 图相似，差别在于贝氏体较珠光体孕育期更长，多见于碳含量高的合金工具钢中，如 Cr12、Cr12MoV 钢、W18Cr4V 钢等。

（4）只有贝氏体转变的单"C"形曲线（图 7-8d）　该图中珠光体转变曲线没有出现，原因在于 Ni 等合金元素强烈地抑制珠光体转变，大大延长其孕育期所致。这种类型多见于低碳高镍合金钢、中碳铬镍钼钢（50CrNiMoVA 钢）和铬镍钨钢（如 18Cr2Ni4WS 钢）中。

（5）只有珠光体转变的单"C"形曲线（图 7-8e）　该图中贝氏体等温转变曲线的消失，是由于 Cr 元素强烈抑制贝氏体转变，使贝氏体转变的孕育期大大延长，使贝氏转变移向低温区所致。钢 30Cr13、40Cr13、Cr12 和 20Cr13 等的等温转变曲线属于这一类型。

（6）只有碳化物析出线（图 7-8f）　该等温转变曲线多见于碳和合金元素含量较高的钢中，图中 Ms 温度降到室温以下，仅有碳化物析出线，这说明珠光体和贝氏体转变被强烈抑制，没有发生奥氏体转变。奥氏体钢（如 45Cr14Ni14W2Mo 钢）的等温转变曲线属于此类型。

7.2　过冷奥氏体连续冷却转变图

视频 23

钢奥氏体化后连续冷却时，须使用连续冷却转变图（CCT 图）；生产中多数热处理工艺在连续冷却条件下进行，测定奥氏体连续冷却转变图有重要实际意义。

7.2.1　CCT 图的建立

CCT 图测量方法包括：端淬法、金相-硬度法、膨胀法、计算法及利用等温转变图作图等。现以金相-硬度法和端淬法为例，说明共析钢连续冷却转变图的建立过程。

1. 金相-硬度法

金相-硬度法的测试原理如图 7-9 所示。先将 T8 钢制成试样（规格 φ15mm×3mm），分成若干组，每组试样不少于五个，编号。然后把试样放入加热炉中，升温至奥氏体化温度，保温 15~20min。再将奥氏体化试样以一定的冷却速度连续冷却到温度 T_1、T_2、T_3……并立即取出淬入水中激冷，把高温组织固定下来。在此基础上，制成金相试样，观察金相组织和测量硬度，获得一定冷却速度下过冷奥氏体连续冷却时转变开始和终了的温度与时间数据。同理，在另一预定冷却速度下重复上述操作，求得各种冷却速度下转变开始和终了点的温度与时间。最后，连接意义相同的点，即可得到共析钢的 CCT 图，如图 7-10 所示。

2. 端淬法

测量原理及方法：取一个标准端淬试样（规格 φ25mm×100mm），在距离水冷端的不打孔位置焊一组热电偶，将试样进行奥氏体化，之后从炉中取出，立即对其末端进行喷水冷却，记录各热电偶所反映的冷却曲线，如图 7-11a 所示。接着再取一组端淬试样（圆周表面不钻小孔），重复上述操作，其末端经过一定时间喷水冷却后，停止喷水并立即淬入盐水中急冷，使该试样上与前者带小孔试样对应位置各点组织状态固定下来，最后将试样圆柱表面磨平进行金相组织观察，并测定硬度。从而测出该位置的转变开始点和转变终了点。同时也可测出各种转变产物的体积分数。再将各冷却速度下的转变开始点及终了点绘入温度-时间半对数坐标系，连接成线即得到 CCT 图。如图 7-11b 所示。

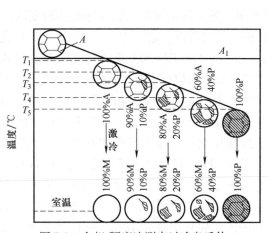

图 7-9 金相-硬度法测定过冷奥氏体
连续冷却转变曲线示意图

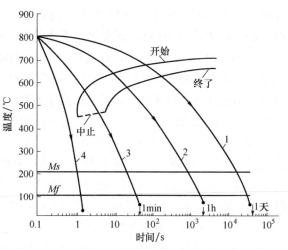

图 7-10 共析钢的 CCT 图

111

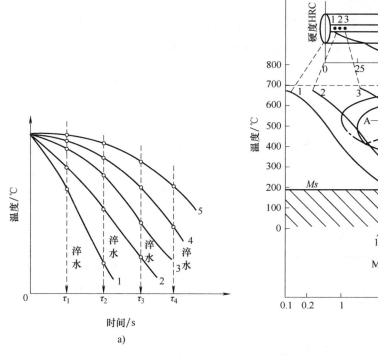

图 7-11 端淬法测量过冷奥氏体 CCT 图原理示意图
a）试样上沿长度方向各点的冷却曲线　b）绘制 CCT 图的说明

7.2.2　CCT 图解析

与其他钢种连续冷却转变图相比，共析钢的 CCT 图最简单，没有贝氏体转变区，只存在珠光体转变区和马氏体转变区。可见，共析钢在连续冷却时，贝氏体转变被强烈抑制，CCT 图不能预测贝氏体形成。图 7-12a 所示对比了共析钢的 IT 和 CCT 图，分别用虚线和实线表示。左、右边"C"形实曲线分别为珠光体转变开始线和终了线，即以不同速度冷却时转变开始点和终了点的连线。实线之间过 F 点的虚线为珠光体转变中止线，该线代表以不同速度连续冷却时，珠光体转变中途停止的温度。换言之，当冷却曲线与中止线相交时珠光体转变停止，剩余的奥氏体冷至 Ms 点以下发生马氏体转变。CCT 图三条曲线包围的区域为珠光体转变区。

与 IT 图相比，CCT 图中 C 曲线的位移时间更长，温度更低。解析如下：800℃奥氏体化试样 1，其冷却曲线在时间 2s 的 A 点处横穿 IT 图起点。此时对应 650℃珠光体等温转变所需时间。但试样冷却至 A 点时，温度却高于 650℃，需要更长时间孕育才能开始珠光体转变。较长时间对应于较大的温度下降。因此，连续冷却期间转变在 B 点对应的较低温度下开始。同理，IT 图和 CCT 图的点 C 和 D 之间也存在对应关系。试样 1 常通过空冷方式冷却（图 7-12b），在 1h 内达到室温，冷却曲线与珠光体转变开始线和终了线都相交，意味着奥氏体在冷却后都转变为珠光体，珠光体组织细小，硬度为 25HRC，伸长率达 20%。试样 2 采用油冷，在 1min 内达到室温，冷却速度比空冷的快，冷却曲线穿过珠光体转变开始线，不通过终了线，从 E 点到 F 点的冷却过程中，有大量珠光体形成；F 点之后，残留的奥氏体将转变为马氏体；最终微观组织将由珠光体和马氏体组成，钢的硬度增加到 35HRC，伸长率降到 10%。试样 3 在水中激冷，不到 2s 内已经达到室温，冷却曲线不与珠光体曲线相交，奥氏体 100%转变为马氏体；硬度增至 60HRC，而伸长率下降到 2%。显而易见，同一材质的不同力学性能来自于不同的冷却速度所获得的不同微观组织结构。此外，CCT 图给出了曲线 R_p（33.3℃/s）和 R_m（138.8℃/s）对应的两个临界冷却速度，分别对应过冷奥氏体 100%转变为珠光体的最大冷却速度和 100%转变为马氏体的最小冷却速度，又称下临界冷却速度和上临界冷却速度。

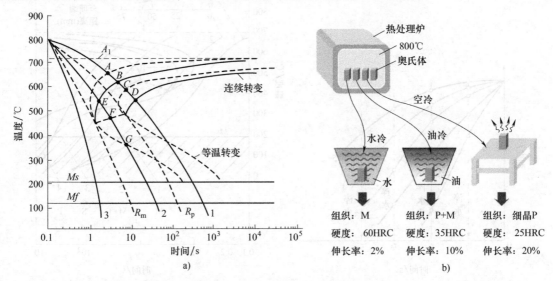

图 7-12　共析钢 CCT 图的解析

a) 共析钢的 CCT 图（实线）与 IT 图（虚线）　b) 试样的奥氏体与不同方式冷却示意

图 7-13 所示为过共析钢和亚共析钢的连续冷却转变图，前者与共析钢的 CCT 图相似，也没有贝氏体转变区，但有先析出渗碳体区，即冷却速度不大时，过共析钢先析出渗碳体，再转变为珠光体，或形成珠光体和马氏体的混合组织。如图 7-13a 所示，Ms 线右端略有上升，这是因为渗碳体析出及珠光体转变，使其周围奥氏体贫碳，导致后续马氏体转变过程中 Ms 升高所致。亚共析钢的 CCT 图与共析钢的差别较大，出现了先共析铁素体区和贝氏体区。由图 7-13b 所示，铁素体的析出量随冷却速度增大而减少直至为零；在一定冷却速度范围内，亚共析钢的奥氏体可以形成贝氏体，在贝氏体转变区，Ms 线右端略有降低。该现象源于连续冷却时，铁素体、珠光体或贝氏体的形成，提高了残留奥氏体中的碳含量，进而降低后续马氏体转变的 Ms。

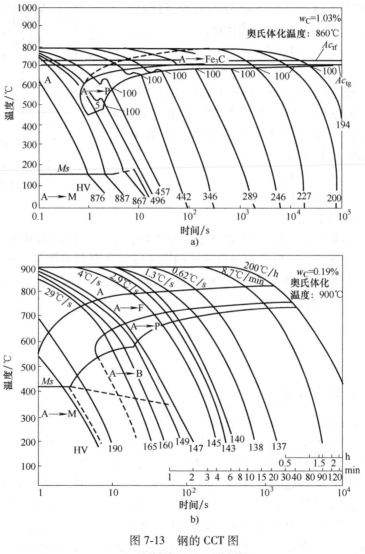

图 7-13　钢的 CCT 图

a）过共析钢　b）亚共析钢

7.2.3　过冷奥氏体转变图的应用

IT 和 CCT 图是制定正确热处理工艺，研究钢材在不同热处理条件下的组织和性能，合理选择钢材的重要工具。可确定淬火临界冷却速度（保证奥氏体在冷却过程中不发生分解，全部过冷到马氏体区的最小冷却速度），分析转变产物及性能，确定工艺规程（见第9章的分级淬火、等温淬火）。

1. 确定淬火临界冷却速度

如图7-14所示，先在IT图上绘一条与曲线鼻子相切的冷却曲线，据此得出临界点 A_1 到鼻子温度 T_m 的平均冷速 v'_c，见式（7-1）。

淬火临界冷却速度是一个重要参数。利用连续冷却转变图可以直接求出淬火临界冷却速度：查出某钢的连续冷却转变图，从开始冷却温度向连续冷却转变曲线的鼻尖画一条切线，切线的斜率就是该钢的临界淬火冷却速度 v'_c。淬火临界冷却速度 v_c（℃/s）可用下式计算：

$$v'_c = \frac{A_1 - T_m}{\tau_m} \tag{7-1}$$

式中，T_m 为鼻尖处温度（℃）；τ_m 为鼻尖处孕育期（s）。

根据连续冷却转变曲线位于等温转变曲线右下方这一情况对上式进行修正。根据经验，应引入修正系数1.5，可用式（7-2）求得 v_c（℃/s）：

$$v_c = \frac{A_1 - T_m}{1.5\tau_m} \tag{7-2}$$

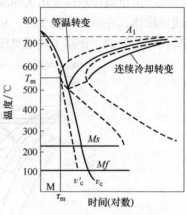

图7-14 确定淬火临界
冷却速度的示意图

2. 分析转变产物及性能

从连续冷却转变图上可预测、分析冷却转变产物，根据不同冷却速度可获得转变产物及其力学性能（如硬度等）。当只有等温转变图而无连续冷却转变图时，可以利用等温转变图近似地推测出在连续冷却条件下奥氏体转变的过程及产物。其方法是把已知的冷却曲线叠绘在等温转变图上，根据两者的交点便可粗略估计该钢在某一冷却速度下的转变温度范围及产物。

本章小结及思维导图

钢的过冷奥氏体转变图用于说明奥氏体在不同冷却条件下的相变规律，对指导热处理生产有重要意义。①等温转变图反映了过冷奥氏体在不同过冷度下的等温转变过程，包括转变开始和终了时间、转变产物的类型，以及转变量与温度、时间的关系等。②等温转变图有六种基本类型，主要影响因素包括碳含量、合金元素、奥氏体化条件、原始组织、外加应力和塑性变形等。③连续冷却转变图是分析连续冷却过程中奥氏体的转变过程及转变产物的组织和性能的依据，与等温冷却转变过程的区别在于，连续冷却过程要先后通过几个转变区，先后发生几种转变；冷却速度不同时，可能发生不同的转变，形成不同的混合组织。本章思维导图如图7-15所示。

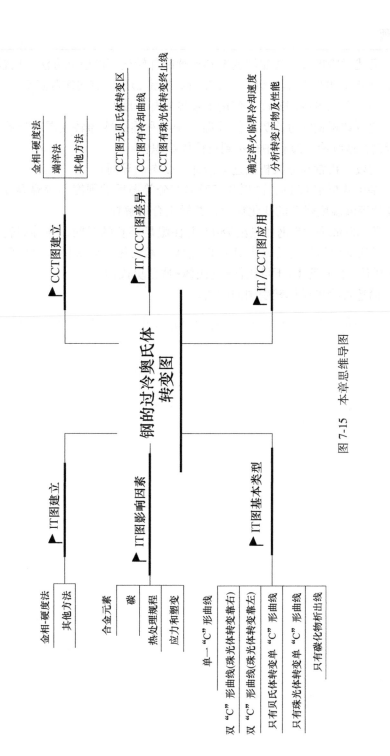

图 7-15　本章思维导图

思考题

1. 简述过冷奥氏体等温转变图和连续冷却转变图的建立方法，比较其优缺点。

2. IT 图有哪些基本类型？主要受哪些因素影响？有何实际意义？

3. 何谓上临界冷却速度？何谓下临界冷却速度？

4. 比较共析钢的过冷奥氏体等温转变图和连续冷却转变图的异同点。为什么过共析钢在连续冷却过程中得不到贝氏体组织？

5. 比较共析钢与非共析钢连续冷却转变图的异同点。

6. 基于共析钢 IT 图，画出 0~723℃ 充分等温后的硬度与等温温度的关系，分析硬度随等温温度降低的变化规律，并做出合理解释。

7. 将 ϕ5mm 的 T8 钢加热至 780℃ 并保温足够长的时间，在等温转变图中分别画出可得到下列组织的冷却曲线：珠光体、索氏体、屈氏体、上贝氏体、下贝氏体、屈氏体+上贝氏体+下贝氏体+马氏体+残留奥氏体。

8. 简述过冷奥氏体转变图的应用。

8

第8章

钢的退火与正火

退火与正火用途广泛,一般安排在零件的加工流程中,做预备热处理,消除冶金及冷热加工过程中产生的缺陷,为后续的机械加工及最终热处理准备良好的组织状态。对性能要求不高的钢件,正火可以作为最终热处理。

8.1 钢的退火

8.1.1 定义、目的与分类

退火是指将钢加热到适当温度,保持一定时间,然后缓慢冷却(一般随炉冷却),获得接近平衡组织的热处理工艺。

(1) 退火目的

1) 降低钢件硬度,提高塑性,改善可加工性。

2) 消除钢中残余内应力,防止变形与开裂。

3) 细化晶粒,使钢的组织及成分均匀,改善钢的性能,为后续热处理做准备。

(2) 退火种类 退火繁多,从冶金过程特点出发,退火工艺分为两类,其工艺特点及应用范围见表 8-1。此外,按照GB/T 16923—2008,钢的退火还有光亮退火和稳定化退火,分别用于碳钢和低合金钢件表面的无氧化处理,防止耐蚀钢耐晶间腐蚀性能的降低。

表 8-1 两类退火的工艺特点及应用范围

类别	工艺名称	工艺特点	应用范围
第一类退火	扩散退火	加热至 Ac_3+(150~200℃),长时间保温后缓慢冷却	铸件及具有成分偏析的锻轧件
	再结晶退火	加热至再结晶温度 Ts+(100~250℃),保温后缓慢冷却	冷变形钢材和钢件
	预防白点退火	热变形加工后的钢件直接冷却至 C 曲线鼻子附近等温	钢中氢含量较多的大型锻件
	去应力退火	加热至 Ac_1-(100~200℃),保温后缓慢冷却	铸件、焊接件及锻轧件等
第二类退火	完全退火	加热至 Ac_3+(30~50℃),保温后缓慢冷却	中碳钢及中碳合金钢、铸、锻、焊、轧制件等
	不完全退火	加热至 Ac_1+(30~50℃),保温后缓慢冷却	晶粒粗化的锻轧件等
	等温退火	加热至 Ac_3+(30~50℃)(亚共析钢) Ac_1+(20~40℃)(共析钢和过共析钢),保温后等温冷却(稍低于 Ac_1 等温)	大型铸锻件及冲压件等(组织与硬度较均匀)
	球化退火	加热至 Ac_1-(10~20℃)或 Ac_1-(20~30℃),保温后等温或缓慢冷却	共析钢、过共析钢锻轧件,结构钢冷挤压件

8.1.2 常用退火方法

视频24

1. 扩散退火

扩散退火又称均匀化退火，是指将合金铸锭/件或锻坯加热至略低于固相线温度，保温一定时间，然后随炉冷却，消除或减少化学成分偏析及组织的不均匀性，达到均匀化目的的热处理工艺。

该工艺适用对象（铸锭及铸件）的浇注凝固属于非平衡结晶，铸锭及铸件易发生偏析，引起化学成分及非金属夹杂物的非均匀分布。这些铸锭在轧制成钢材时，将形成带状组织，特点是：有的区域铁素体多，有的区域珠光体多，且两区域沿轧制方向并排排列。这种不均匀性的消除，需要进行长时间的高温处理。退火温度因偏析程度差异，通常在 Ac_3 或 Ac_{cm} 以上 $150 \sim 300 ℃$ 进行选择。若温度过高，工件易被烧毁，热处理炉寿命受损。通常，碳钢取 $1100 \sim 1200 ℃$，合金钢取 $1200 \sim 1300 ℃$。加热速度控制在 $110 \sim 120 ℃/h$，保温时间一般按截面厚度每 25mm 保温 $0.5 \sim 1h$ 或 $1.5 \sim 2.5 min/mm$ 来计算，一般不超过 15h，否则氧化损失严重；若装炉量较大，保温时间 τ 按式（8-1）计算：

$$\tau = 8.5 + Q/4 \tag{8-1}$$

式中，Q 为装炉量。冷却速度一般为 $50 ℃/h$，高合金钢的冷却速度小于 $20 \sim 30 ℃/h$。通常，随炉冷却至 $600 ℃$ 以下出炉空冷；高合金钢需在 $350 ℃$ 左右出炉，以避免因冷却速度过快而产生应力及硬度偏高。

扩散退火常在 $1100 ℃$ 附近进行长时间处理，成本高；一般铸钢件极少采用，仅适用于特殊情况。如铸造具有莱氏体组织的高速钢刀具，就需要进行扩散退火，打破共晶碳化物网，使碳化物均匀分布。但扩散退火常使钢晶粒粗化，其后需要进行一次完全退火或正火进行晶粒细化。对于铸锭，采用压力加工可以细化晶粒，扩散退火后不必补充完全退火。应指出，扩散退火解决钢材成分和组织非均匀性的能力有限，不能消除结晶过程中形成的碳化物及夹杂物，此时只能通过反复锻打的方法进行改善。

2. 完全退火

完全退火又称为重结晶退火，是指加热钢件或毛坯到 Ac_3 或 Ac_{cm} 以上，保温足够长时间，使钢完全得到奥氏体后缓慢冷却，以获得接近平衡组织的热处理工艺。

完全退火目的：细化晶粒，消除内应力，降低硬度，改善钢的可加工性，为工件最终热处理做组织准备。常用于中碳结构钢的铸、锻、焊、轧制件，因其制备过程易产生魏氏组织、晶粒粗大的过热组织和带状组织，内应力较大。退火温度不能过高，对于碳含量为 $0.3\% \sim 0.6\%$ 的中碳钢，温度一般控制在 Ac_3 以上 $20 \sim 30 ℃$。加热速度为 $100 \sim 200 ℃/h$，退火保温时间取决于烧透工件所需的时间及完成组织转变所需的时间。常用钢锭保温时间由经验式（8-1）来确定。对于亚共析钢锻、轧钢材，保温时间稍短，一般按式（8-2）计算：

$$\tau = (3 \sim 4) + (0.4 - 0.5 Q) \tag{8-2}$$

冷却速度是控制退火质量的重要因素，决定了奥氏体向珠光体转变的温度区间。冷却过慢，会导致大块铁素体出现，使工件过软，切削时发生"粘刀"；冷却过快，会导致索氏体或屈氏体出现，使硬度偏高，不利于切削加工。因此，冷却速度选择要合理。一般情况下，碳钢的冷却速度为 $100 \sim 200 ℃/h$，可随炉冷；低合金钢的冷却速度为 $50 \sim 100 ℃/h$；高合金钢的冷却速度为 $20 \sim 50 ℃/h$；出炉温度在 $600 ℃$ 以下。

3. 不完全退火

不完全退火是将铁碳合金加热到 $Ac_1 \sim Ac_3(Ac_{cm})$ 之间的温度，保温后缓慢冷却，以获得接近平衡组织的热处理工艺。"不完全"是指两相区加热时只有部分组织发生了相变重结晶，达不到完全奥氏体化，加热时珠光体会转变为奥氏体，大部分过剩相（铁素体或渗碳体）保留下来。

不完全退火的目的：细化晶粒，降低硬度，去除应力，改善可加工性。这与完全退火的目的相似。不完全退火的工艺规程（装炉温度、加热速度、保温时间）与完全退火工艺相同。后者主要适用于锻造后的过共析钢（消除了网状渗碳体），可以消除轧制内应力，降低硬度，提高韧性；对于原始组织晶粒细小的亚共析钢，宜采用不完全退火消除锻件内应力或降低硬度，不必采用完全退火，因为前者成本低。

4. 等温退火

等温退火是将钢件或毛坯加热到高于 Ac_3（或 Ac_1）温度，保温适当时间后，较快速冷却到珠光体转变温度区间的某一温度并等温保持，使奥氏体转变为珠光体组织，然后在空气中冷却的热处理工艺。等温退火的目的与完全退火相同，前者得到的组织和硬度分布更均匀，有效缩短过冷奥氏体比较稳定的合金钢的退火周期，主要用于中碳合金钢、渗碳处理的低碳合金钢、某些高合金钢的大型锻铸件及冲压件。几种常见钢材的等温退火工艺规范见表 8-2。工艺规程如下：

（1）加热温度　亚共析钢 $Ac_3+(30 \sim 50)℃$；共析钢或过共析钢 $Ac_1+(20 \sim 40)℃$。

（2）加热速度与保温时间　按照完全退火工艺规定。

（3）等温温度和等温时间　一般等温温度 $Ar_1-(30 \sim 40)℃$；等温时间 $3 \sim 4h$，高合金钢 $5 \sim 10h$ 或更长。

（4）等温方式　奥氏体化保温后的工件迅速转移到炉内进行等温。

（5）冷却　工件在等温炉中完成等温转变后，小型、简单的工件可从炉中取出空冷；大型或复杂的工件，随炉冷却至 $500 \sim 550℃$（要求内应力较小时为 $300 \sim 350℃$）后，出炉空冷。

表 8-2　几种常见钢材的等温退火工艺规范

钢　号	加热温度/℃	等温温度/℃	钢　号	加热温度/℃	等温温度/℃
40Mn2	830	620	40CrNiMo	830	650
20CrNi	885	650	20Cr	885	690
40CrNi	830	660	30Cr	845	675
50CrNi	830	660	40Cr	830	675
30CrMo	855	675	50CrV	830	675
40CrMo	845	675	30CrNiMo	845	660
50CrMo	830	675	50CrNiMo	830	650
20CrNiMo	885	660	60Si2Mn	860	660

5. 球化退火

球化退火是使钢中碳化物球化而进行的退火工艺，主要用于高碳工具钢、轴承钢和冷作模具钢的预备热处理。因为这些钢轧制、锻造后空冷，得到的片状珠光体和网状渗碳体组织硬而脆，难以切削，在后续的快冷热处理中容易变形与开裂。球化退火的目的是降低硬度，改善可加工性，消除网状

视频 25

或粗大碳化物，为后续热处理做组织准备。常见的球化退火工艺主要包括：普通球化退火、等温球化退火和周期球化退火。

（1）普通球化退火　普通球化退火又称缓慢冷却球化退火、一次球化退火，是将钢加热到稍高于 Ac_1 温度，保温适当时间（2~6h），然后随炉缓慢冷却至550℃左右出炉空冷的球化退火工艺。工艺曲线如图8-1所示。普通球化退火实际上是一种不完全退火，主要用于共析钢和过共析钢的处理，要求退火前的原始组织为细片珠光体，不允许有粗厚渗碳体网存在，因为网状的渗碳体即使经过长时间球化退火，也难以消除。该方法是目前生产中最常用的球化退火工艺，球化比较充分；但退火周期较长，能耗较大，生产率较低。

（2）等温球化退火　等温球化退火是将钢加热到 $Ac_1+(20\sim30)$ ℃保温适当时间（2~4h）后，冷却到略低于 Ar_1 的温度进行等温，然后随炉冷却至500℃左右出炉空冷的球化退火工艺。等温温度因钢种而定，常为 $Ar_1-(20\sim30)$ ℃；等温时间取决于等温转变图及工件截面尺寸。工艺曲线如图8-2所示。等温球化退火主要用于过共析钢和合金工具钢的球化退火。该方法球化充分，易控制；周期较短，适宜大工件。常见工具钢等温球化退火工艺规范见表8-3。

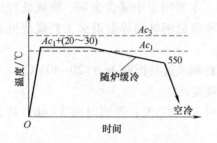

图8-1　普通球化退火工艺曲线

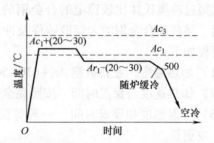

图8-2　等温球化退火工艺曲线

表8-3　常见工具钢等温球化退火工艺规范

钢　号	临界点/℃			加热温度/℃	等温温度/℃	硬度　HBW
	Ac_1	Ac_{cm}	Ar_1			
T7（T7A）	730	770	700	750~770	640~670	≤187
T8（T8A）	730	—	700	740~760	650~680	≤187
T10（T10A）	730	800	700	750~770	680~700	≤197
9Mn2V	736	765	652	760~780	670~690	≤229
9SiCr	770	870	730	790~810	700~720	197~241
CrMn	740	(980)	—	770~810	680~700	197~241
GCr15	745	900	700	790~810	710~720	207~229
GCr15SiMn	770	870	708	790~810	690~710	207~229
Cr12MoV	810	855	760	850~870	720~750	207~255
Cr12	810	835	755	850~870	720~750	217~269
W18Cr4V	850	—	760	850~880	730~750	207~255
5CrMnMo	710	760	650	850~870	约680	197~241
3Cr2W8V	820	1100	790	850~860	720~740	—

（3）周期球化退火　周期球化退火又称循环球化退火，是将钢加热到 Ac_1 以上稍高温度，

短时保温后炉冷到略低于 Ar_1 的温度，进行短时保温，如此交替加热和冷却多次，最后缓冷到550℃左右空冷的退火工艺。工艺曲线如图8-3所示。其中，加热温度为 $Ac_1+(10\sim20)$℃，等温温度为 $Ar_1-(20\sim30)$℃，保温时间取决于工件截面匀温时间，循环周期视球化退火要求的等级而定。

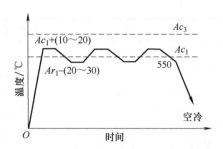

图8-3 周期球化退火工艺曲线

周期球化退火适用于小批量生产的小型工具，特别适用于前两种工艺难以球化的钢种。但该工艺操作和控制比较繁琐，不宜大件退火。

6. 再结晶退火

再结晶退火是将冷变形后的金属或者合金加热到再结晶温度以上，保温适当时间，使形变晶粒重新结晶成均匀的等轴晶，以消除形变强化和残余应力的退火工艺。这种退火工艺可作为冷变形过程中的中间退火，也可以作为冷变形钢材或其他合金成品的最终热处理，广泛用于冷变形加工和冷成形加工。目的主要是恢复冷形变钢或合金的塑性，降低硬度，便于随后的再次形变或获得稳定的组织，改善可加工性及压延成形性。

应指出，再结晶温度没有一个严格确定的值，它随合金成分及冷塑性变形量变化。通常变形量越大，再结晶开始温度越低，到一定值时趋于稳定，该稳定值即为最低再结晶温度。一般冷变形金属开始再结晶的最低温度被称为再结晶温度 $T_{再}$，纯金属的 $T_{再}$ 与金属熔点 $T_{熔}$ 之间的经验公式为：

$$T_{再}=(0.35\sim0.4)T_{熔} \tag{8-3}$$

纯金属的再结晶温度：铁为450℃，铜为270℃，铝为100℃。一般钢材的再结晶温度为650~700℃，铜合金为600~700℃，铝合金为350~400℃。

此外，再结晶退火后的晶粒大小受冷变形的影响，取决于冷形变量的大小。当形变量在临界形变量（产生再结晶所需的最小形变量）附近时，退火后将获得粗大晶粒，钢的临界形变量为6%~10%。

7. 去应力退火

去应力退火是将工件加热到 Ac_1 以下的适当温度，保温一定时间后缓慢冷却的工艺。目的是消除工件因冷加工、切削加工，以及热加工后快速冷却而引起的残余应力，以避免随后可能产生的变形、开裂或后续热处理困难。去应力退火的温度范围很宽，习惯上，把较高温度下的退火称为去应力退火，把较低温度下这种处理称为去应力回火，它们实质上是一样的。不同工件去应力退火工艺见表8-4。

表8-4 去应力退火工艺

类 别	加热速度	加热温度/℃	保温时间/h	冷却速度
焊接件	≤300℃装炉 ≤100~150℃/h	500~550	2~4	炉冷至300℃出炉空冷
消除加工应力	到温装炉	400~550	2~4	炉冷或空冷
镗杆、精密轴套（38CrMoAlA）	≤200℃装炉 ≤80℃/h	600~650	10~12	炉冷至200℃出炉（在350℃以上冷速≤50℃/h）

(续)

类　别	加热速度	加热温度/℃	保温时间/h	冷却速度
精密丝杠（1、2级）	≤200℃装炉 ≤80℃/h	550~600	10~12	炉冷至200℃出炉（在350℃以上冷速≤50℃/h）
一般丝杠、主轴（45、40Cr）	随炉升温	550~600	6~8	炉冷至200℃出炉
精密丝杠、量具（T8、T10、CrMn、GCr15）	随炉升温	130~180	12~16	空冷

8.1.3　工程案例

GCr15钢滚动轴承套圈锻坯，外径300mm、内径240mm、高40mm，要求车削加工前锻坯硬度为180~208HBW，球化级别为2~3级。

1. 方法选择

GCr15钢主要成分为 $w_C = 1.0\%$、$w_{Cr} = 1.5\%$，属于过共析钢。正常工艺锻造后，GCr15钢组织为细片状珠光体，硬度为225~340HBW，切削加工困难。此组织在后续最终热处理中，片状碳化物易溶于奥氏体，使其碳含量偏高和粗化。考虑到轴承套圈切削加工前的适宜硬度为180~230HBW，组织为细小、均匀的粒状珠光体，且该组织形态稳定性较高，故不宜完全退火，宜采用球化退火。在常用球化退火中，缓慢冷却球化退火的冷却速度不便控制，生产周期较长；循环球化退火适用于装炉量或尺寸较小的情况。所以，批量生产的GCr15钢滚动轴承套圈锻坯，适宜选用等温球化退火。

2. 工艺参数的选择

（1）加热温度与等温温度的选择　GCr15钢的 Ac_1 点为750~760℃，加热温度通常为790℃。试验表明，等温温度为700℃时，碳化物颗粒细小，硬度为225~250HBW，偏高；720℃等温时，碳化物颗粒大小适中，硬度为210~215HBW，所以等温温度可选720℃。

（2）保温时间与等温时间的选择　球化保温与等温时间需考虑球化质量、装炉量、装炉方法、工件大小等因素，通常保温时间为3~6h，等温时间为4~6h。

（3）冷却　两个保温阶段之间冷却①（图8-4）的方式通常有随炉冷却、打开炉门冷却、将工件移出炉外冷却、双炉冷却、风冷等，本例采用打开炉门冷却。冷却②采取随炉冷却，冷却至650℃出炉空冷。

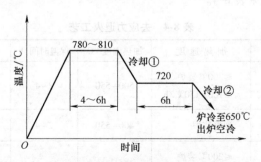

图8-4　GCr15钢轴承套圈等温球化退火工艺曲线

按以上参数，可制定球化退火工艺曲线，如图 8-4 所示。按此工艺退火后，工件硬度为 180~208HWB，球化级别为 2~3 级，完全符合技术要求。

8.2 钢的正火

视频 26

8.2.1 正火目的与应用

正火是将钢加热到 Ac_3 或 Ac_{cm} 以上 30~50℃，保温一定时间使之完全奥氏体化，然后在空中冷却（大件也可采用鼓风或喷雾），得到珠光体类型组织的热处理工艺。正火工艺曲线如图 8-5 所示。正火是工业生产中常用的热处理工艺之一，可作为预备热处理，为后续热处理工艺提供合适的组织状态；也可作为最终热处理，满足工件的使用性能要求。具体讲，主要应用如下：

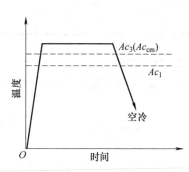

图 8-5 正火工艺曲线

（1）改善低碳钢的可加工性 $w_C = 0.25\%$ 的碳钢和低合金结构钢，如选用退火进行预备热处理，会因硬度过低使切削加工"粘刀"，且表面粗糙度值很大，因此需要通过正火把硬度提高至 140~190HBW，以接近最佳切削加工硬度 170~230HBW。

（2）消除过共析钢网状碳化物 过共析钢中的网状碳化物影响球化退火和最终热处理效果，需要通过正火予以消除，进而提高球化退火质量，改善机械加工性能。

（3）消除中碳钢热加工缺陷 中碳结构钢铸、锻、轧制及焊接件，在热加工后容易出现魏氏组织、带状组织和晶粒粗大组织等缺陷，需通过正火予以消除，达到细化晶粒、均匀组织和消除内应力的目的。

（4）提高普通结构件的力学性能 对性能要求不高的工件，正火可减少亚共析钢中铁素体含量，使珠光体含量增多并细化，提高钢的强度、硬度和韧性，达到的综合力学性能满足使用要求时，正火作为最终热处理，可减少工序、节能、提高生产效率。

8.2.2 正火工艺参数

1. 加热温度

原则上，正火加热温度为 $Ac_3+(50~70)$℃或 $Ac_{cm}+(30~50)$℃。实际上，低碳钢及低碳合金钢的加热温度一般为 $Ac_3+(100~150)$℃，中碳钢为 $Ac_3+(50~100)$℃，高碳钢加热温度为 $Ac_{cm}+(30~50)$℃。

Ac_3 以上 100~150℃的正火又称为高温正火。低碳钢及低碳合金钢的正火温度较高的原因在于，对其进行普通正火 $[Ac_3+(50~70)$℃$]$ 后，铁素体偏多，珠光体偏少，硬度较低，切削阻力大，不易断屑。另外，由于加热温度较低，奥氏体成分不均匀导致正火后的组织也不均匀。这对高速切削非常不利。而高温正火使奥氏体晶粒适当粗化，成分更均匀，等温转变曲线右移，加之适当增大冷却速度，使得珠光体增多并细化，从而可提高钢的硬度和改善其可加工性。此外，对于含 V、Nb、Ti 等元素的低碳合金钢（如 20CrMnTi）采用高温正火 $[Ac_3+(120~150)$℃$]$，还有利于碳化物的尽快溶解、奥氏体均匀化和提高生产率，而奥氏体

123

晶粒却不会明显长大。常用钢号的正火温度与正火后的硬度值见表8-5。

表8-5　常用钢号的正火温度与正火后的硬度值

钢　号	加热温度/℃	正火后硬度　HBW	钢　号	加热温度/℃	正火后硬度　HBW
20	890~920	≤156	20Cr	870~900	≤270
35	860~890	≤191	20CrMnTi	950~970	156~207
45	840~870	≤226	40Cr	850~870	≤250
T8A	760~780	241~302	40MnB	850~900	197~207
T10A	800~850	255~331	50CrV	850~880	≤288
T12A	850~870	269~341	65Mn	820~860	≤269

2. 加热时间

正火加热的保温时间按工件"有效厚度"乘以加热系数计算，即：

$$\tau = \alpha k D \tag{8-4}$$

式中，τ 为保温时间（min）；α 为保温时间系数（min/mm）；k 为工件装炉方式修正系数；D 为工件有效厚度（mm）。

保温时间系数表示工件单位厚度需要的加热时间，取值与工件尺寸、加热介质和钢的化学成分有关，可从表8-6查出。装炉方式及修正系数见表8-7。对于形状复杂的工件，工件厚度按工作部位几何尺寸最大的厚度来确定。

表8-6　常用钢号的保温时间系数

工件材料	直径/mm	保温时间系数/min·mm⁻¹			
		<600℃气体介质炉中预热	800~900℃气体介质炉中加热	750~900℃盐浴炉中加热或预热	1100~1300℃盐浴炉中加热
碳素钢	≤50		1.0~1.2	0.3~0.4	
	>50		1.2~1.5	0.4~0.5	
低合金钢	≤50		1.2~1.5	0.45~0.50	
	>50		1.5~1.8	0.50~0.55	
高合金钢		0.35~0.40		0.30~0.35	0.17~0.20
高速钢			0.65~0.85	0.30~0.35	0.16~0.18

表8-7　工件装炉方式及修正系数

工件装炉方式	修正系数	工件装炉方式	修正系数	工件装炉方式	修正系数
	1.0		1.3		4.0
	1.0		1.7		2.2

（续）

工件装炉方式	修正系数	工件装炉方式	修正系数	工件装炉方式	修正系数
	2.0		1.0		2.0
	1.4		1.4		1.8

3. 加热速度

一般来说，碳钢和低合金钢的中、小件（有效厚度小于200mm）可采用到温入炉或高温入炉方式加热；合金元素含量高的工件、形状复杂、截面相差悬殊及大型工件（尺寸大于500mm）或装炉量很大时，采用低温入炉，以阶梯式加热甚至限制加热速度的方式加热。需说明，在600~700℃以下，钢材的塑性较差，升温速度应慢些，高于此温区升温速度可快一些。

4. 冷却方式

通常采用空冷，实际中要根据工件的成分、尺寸及性能要求等适当增大冷却速度。对于低碳钢、碳含量较低的中碳钢及大型工件，应适当增大冷却速度（风冷或喷雾）；对于碳含量较高的中碳钢、低合金结构钢，可在静止空气中冷却；对于过共析钢，为抑制网状碳化物的析出，可采用吹风、喷雾冷却，甚至油冷或水冷至 Ar_1 以下再进行空冷。此外，冷却时工件尽量散开放置，以免堆放影响冷却速度，造成冷却不均。

8.2.3 其他正火方法

1. 等温正火

等温正火是将工件加热到奥氏体化温度后，采用强制吹风等方法快速冷却到珠光体转变区的某一温度并保温，以获得珠光体型组织，然后空冷的正火工艺。该工艺常用于过冷奥氏体较稳定、珠光体转变温度范围较窄的合金钢（如20CrMnTi、20CrMo等）。等温正火获得的组织均匀、表面加工质量好且热处理畸变稳定，是批量生产合金渗碳齿轮毛坯预备热处理的预备工艺，它可以充分利用锻后余热，是热处理行业"十二五"发展规划的重点推广技术。

以20CrMnTi合金渗碳钢锻件为例，其形状复杂，切削加工量大，而且渗碳淬火后不再进行磨削加工，并要求钢件显微组织和硬度的良好配合。此外，该低碳合金渗碳钢，应具有晶粒较大的共析铁素体和均匀分布的细片状珠光体组织，硬度为160~180HBW。为满足此要求，冷却速度应控制在33~38℃/min之间，范围窄，生产中难以控制，需采用等温正火进行大量生产。具体工艺为：装料厚度为150mm，加热温度为920~960℃，加热保温时间为150min，在冷却室强制风冷15min以下，冷却至620~630℃，入炉中保温25min，出炉风冷60min，降温至300℃左右空冷和卸料。

等温正火还可以减轻或消除带状组织。实施的关键因素，一是在规定的时间内降到等温温度；二是选择的等温温度要合适。例如，对于低碳合金钢，如采用（950~960）℃（保温1.5h），随炉降温至640℃（保温2h），出炉空冷。先共析铁素体充分析出，组织比较均匀，但是极易出现带状组织。然而，采用（950~960）℃（保温2h），然后倒入150~200℃炉中随炉冷却，其合格率达100%，组织均匀，铁素体+珠光体组织为1级。

2. 双重正火

双重正火是指对工件进行两次正火的工艺。该工艺适用于一次正火难以充分细化有些铸、锻件粗大组织的情况，常用来消除严重魏氏组织。第一次正火为高温正火，温度为 Ac_3 + $(150\sim200)$℃，目的是消除粗大组织，使成分均匀；第二次正火的温度为 Ac_3 + $(30\sim50)$℃，目的是细化高温正火后的组织。

8.2.4 工程案例

单体泵泵体用 40CrMnMoA 钢在车削加工前要求硬度为 180~240HBW。

1. 方法选择

40CrMnMoA 钢主要成分为 $w_C = 0.41\%$、$w_{Cr} = 1.00\%$、$w_{Mn} = 1.08\%$、$w_{Mo} = 0.25\%$、$w_{Si} = 0.31\%$，属于中碳合金结构钢。正常工艺锻造后，钢中存在带状组织，需采用正火予以消除，但 40CrMnMoA 钢中合金元素较多，正火后的硬度在 340HBW 以上，不利于切削加工。正火后必须进行退火，使片状渗碳体球化，降低硬度。

2. 工艺参数的选择

（1）正火和退火加热温度的选择 40CrMnMoA 钢的 Ac_1 和 Ac_3 点分别为 735℃、780℃，常用终锻温度为 850℃。试验表明，正火温度为 860℃时，可获得细片状珠光体；后经 850℃保温退火，可得到碳化物颗粒大小适中的球状珠光体，硬度为 180~240HBW。

（2）正火和退火加热保温时间的选择 试验表明，正火保温时间 3h，退火保温时间 4h，可满足要求。

（3）冷却 正火采用出炉空冷，降温至 500℃以下；退火冷却采取随炉冷却，冷却至 650℃出炉空冷。按以上参数，可制定正火+完全退火工艺曲线，如图 8-6 所示。按此工艺处理后，工件硬度为 180~240HBW，符合技术要求。

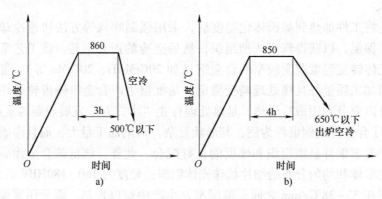

图 8-6 40CrMnMoA 钢单体泵泵体的正火+退火工艺曲线
a）正火 b）退火

8.3 退火与正火的选用、缺陷及质量检验

8.3.1 退火与正火的选用

生产上，一般根据钢种、冷加工工艺、零件使用性能要求，以及经济性进行综合考虑，

选用退火和正火。按碳含量来讲，选用原则如下。

1）碳的质量分数在 0.25% 以下时，选用正火来提高钢的强度。对渗碳钢，用正火消除锻造网状碳化物和提高可加工性能。对碳含量低于 0.20% 的钢，采用高温正火。对这类钢，只有形状复杂的大型铸件，才用退火消除铸造应力。

2）碳的质量分数在 0.25%~0.50% 时，一般选用正火。其中碳含量为 0.25%~0.35% 的钢，正火后其硬度接近切削加工的最佳硬度；对碳含量较高的钢，硬度虽稍高（200HBW），但考虑到正火生产率高、成本低，仍采用正火。对合金元素含量较高的钢，应采用完全退火。

3）碳的质量分数在 0.50%~0.75% 时，一般选用完全退火。原因在于碳含量较高时，正火后钢的硬度太高，不利于切削加工，而退火后的硬度却正好适于切削加工。此外，该类钢多在淬火、回火状态下使用，一般工序安排的目的是降低硬度后进行切削加工。

4）碳的质量分数在 0.75%~1.00% 时，用来制造弹簧的钢选用完全退火，用来制造刀具的钢选用球化退火。处理前如有网状渗碳体出现，应先进行正火予以消除，并细化珠光体片。

5）碳的质量分数在 1.0% 以上时，钢常用于制造工具，均需选用球化退火作为预备热处理。

8.3.2 退火与正火的常见缺陷

退火和正火加热或冷却如有不当，会出现一些异常组织，造成缺陷，退火与正火常见缺陷见表 8-8。

表 8-8 退火与正火常见缺陷

缺陷类型	说　明	补救措施
过烧	加热温度过高时晶界局部融合	报废
过热	加热温度高使奥氏体晶粒粗大，冷却后形成魏氏组织或粗晶组织，钢的冲击韧度下降	完全退火或正火
黑斑	碳素工具钢或低合金工具钢退火温度过高，保温时间长、冷却速度过慢，导致出现石墨碳，在其周围形成大块铁素体，断口呈灰黑色	报废
反常组织	Ar_1 附近冷却速度过低或在 Ar_1 以下长期保温，会在先共析铁素体晶界上出现粗大渗碳体或在先共析渗碳体周围出现宽铁素体条	重新退火
网状组织	加热温度过高及冷却速度慢，形成网状铁素体或渗碳体	重新正火
球化不均匀	球化退火前没有消除网状渗碳体，形成残余大块碳化物；或是球化退火工艺控制不当出现片状碳化物	正火后重新球化退火
硬度偏高	退火加热温度过高或冷却速度较快，球化不充分或碳化物弥散度较大	重新退火
脱碳	工件表面脱碳层超过技术条件要求	在保护气氛中退火或复碳处理

8.3.3 退火与正火的质量检验

（1）外观检验　退火或正火后，工件表面无裂纹及伤痕，工件畸变不影响后续机械加工及使用，一般畸变量应小于单面加工余量的 1/3、1/2 或 2/3（根据合同双方确定）。

（2）硬度检验　退火或正火后，工件硬度要符合技术要求。通常机械加工单件的硬度偏差范围小于 20~40HBW；同一批工件硬度的相应范围小于 25~55HBW。具体取值与工件质量等级有关。

（3）金相检验　结构钢正火后，组织为均匀分布的铁素体+片状珠光体，晶粒度一般为 5~8 级；工具钢球化退火后，组织应为分布均匀的粒状珠光体，球化级别达到相应的技术要求。脱碳层深度一般不超过毛坯或工件单面加工余量的 1/3 或 2/3。

本章小结及思维导图

退火或正火是得到接近平衡组织的常用热处理方法。退火种类繁多，因退火目的各异，工艺差别较大，应根据具体要求而选择。正火是基于伪共析转变的热处理方法，可作为预备热处理，也可作为最终热处理，在消除钢中带状组织、网状碳化物方面具有出色表现。正火与完全退火温度接近，都在 Ac_3 或 Ac_{cm} 以上，但二者有不同的目的、冷却速度及组织转变理论基础。正火与退火的选用应综合考虑钢种、零件使用性能要求及经济性等因素，并做好处理后的质量检查，避免过热、脱碳等组织缺陷的出现。本章思维导图如图 8-7 所示。

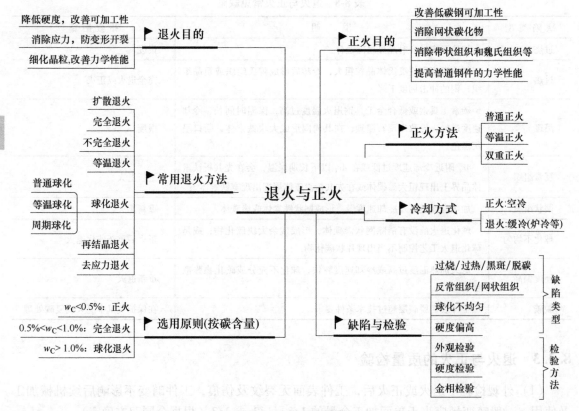

图 8-7　本章思维导图

思考题

1. 叙述退火种类及目的。

2. 何谓球化退火？常见球化退火工艺有哪几种？请用工艺曲线表示。

3. 比较完全退火与不完全退火的区别。

4. 何谓正火？正火的目的及用途如何？

5. 正火与完全退火的主要区别是什么？生产中应如何选择正火？

6. 退火与正火的常见缺陷有哪些？应如何补救？

7. 简述退火与正火的选用原则。

8. 现有一批 45 钢普通车床传动齿轮，其工艺路线为：锻造→热处理→机械加工→最终热处理→磨削。试问锻后应进行何种热处理？为什么？

9. 确定下列钢件的退火方法，指出退火的目的及退火后的组织。

1）经冷轧后的 15 钢钢板，要求低硬度。

2）ZG270-500（ZG35）的铸造齿轮。

3）锻造过热的 60 钢钢坯。

4）具有片状渗碳体的 T12 钢坯。

10. 指出下列钢件的锻件毛坯进行预备热处理正火的主要目的及正火后的显微组织。

1）20 钢齿轮。

2）45 钢小轴。

3）T12 钢锉刀。

11. 生产中常用增加珠光体数量的方法来提高亚共析钢的强度，试问采用何种热处理工艺可以实现该目的，并给出理由。

第9章
钢的淬火与回火

淬火与回火是钢热处理工艺中最重要、也是用途最广的工序。淬火可以显著提高强度和硬度，但淬火钢韧性差且残存内应力。淬火后钢件需要回火，二者不可分割，应紧密衔接。它们作为各种机器零件及工模具的最终热处理，是赋予钢件最终性能的关键工序，也是钢件热处理强化的重要手段。

9.1 淬火概述

9.1.1 淬火概念

钢的淬火是将钢件加热到 Ac_1 或 Ac_3 以上，保温一定时间，然后以适当速度冷却，获得马氏体和（或）贝氏体组织的热处理工艺。

视频27

淬火主要目的是通过在工件截面上获得马氏体和下贝氏体，以实现强度、硬度及耐磨性的显著提高。这要求淬火时加热和保温能够实现零件奥氏体化，冷却速度大于临界冷却速度，避免过冷奥氏体发生铁素体和珠光体转变，确保在 Ms 点以下转变为马氏体。假如工件冷却速度为 v，钢的临界冷却速度为 v_c，则获得马氏体的冷却条件为：

$$v \geqslant v_c \tag{9-1}$$

满足式（9-1）的冷却即为"适当速度的冷却"。理论上，一种钢在恒速冷却条件下 v_c 有固定值，在变速冷却条件下 v_c 不是固定值。实际上，工件冷却不可能恒速，因此不存在严格意义上的临界冷却速度。但这一概念却方便叙述。

v_c 的值主要取决于钢的化学成分和奥氏体化条件；v 的大小取决于工件几何尺寸和冷却介质的冷却特性，与冷却部位有关。工件表面的冷却速度大于内部冷却速度，当表面满足式（9-1）时，心部可能不满足式（9-1），使得心部得到部分甚至得不到马氏体。当冷却介质一定时，工件的冷却速度依赖于工件尺寸，尺寸越小冷却速度越快，越容易得到马氏体。以45钢为例，0.1mm 厚的薄片奥氏体化后在空气中冷却，可得到 100% 的马氏体；然而，ϕ10mm 的圆棒在空气中冷却，得不到马氏体，在油中冷却可以得到部分马氏体，在水中可以得到 100% 的马氏体。总之，将工件尺寸和淬火冷却介质进行适当组合，才能得到希望的马氏体。

9.1.2 淬火方法

视频28

淬火方法有多种。按淬火温度分类，淬火包括完全淬火和亚温（不完全）淬火；按淬火部位分类，淬火包括整体淬火、局部淬火和表面淬火；按加热方法分类,淬火包括真空淬火、感应加热淬火、激光淬火、电子束淬火、脉冲淬火等;按冷却方式分类,淬火包括单液淬火、双液淬火、分级淬火、等温淬火等。其中,按冷却方式划分的淬火方法,既考虑了获得所需组织和性能,又考虑了减少过大的淬火应力,以减少工件变形和开裂为依据。图9-1所示为不同淬火方法(单液淬火、双液淬火、分级淬火、等温淬火)示意图。

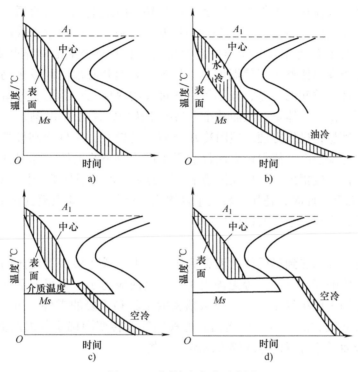

图9-1 不同淬火方法示意图
a)单液淬火 b)双液淬火 c)分级淬火 d)等温淬火

1. 单液淬火

单液淬火也称为单介质淬火或直接淬火法,是将加热奥氏体化的工件淬入一种介质中连续冷却至室温的淬火方法。该方法工艺简单,操作方便,易于实现机械化和自动化,适合大批量生产,但无法避免单一淬火冷却介质冷却特性不理想带来的问题,例如,在水中淬火应力大,工件易变形开裂,在油中淬火冷却速度小,大型工件不易淬透。因此,单液淬火适用于形状简单、变形开裂倾向小或对变形量要求不高的碳钢和合金钢工件。对一些形状复杂的工件,可采用"预冷淬火法",即先空冷待工件淬火后浸入冷却介质的方法,以降低工件进入淬火冷却介质前的温度,减小工件与淬火冷却介质之间的温差,减少淬火变形,避免截面突变处因淬火应力集中可能导致开裂的倾向。

2. 双液淬火

双液淬火也称为双介质淬火或控时淬火法,是将加热奥氏体化的工件先浸入冷却能力强的介质,当冷却到 Ms 温度时,再立即移入冷却能力较弱的介质中冷却,直至完成马氏体转变的方法。该方法主要用于截面较大且要求畸变较小或形状复杂的碳钢或合金钢工件。常用的淬火方式包括:水-油、盐水-油、油-空气等。双液淬火能发挥两种不同冷却介质冷却能力的长处,既保证获得马氏体,获得足够硬度和淬硬深度,又减小了淬火变形开裂倾向。缺点是双液转换时间及操作技术不易掌握，因为很难确定工件在快冷介质中应停留的时间，并且该时间也难以控制。若在快冷介质中停留时间长，工件部分冷却到 Ms 以下，发生马氏体转变，会导致变形开裂；在快冷介质中停留时间过短，工件未冷却到低于奥氏体最不稳定的温度，发生珠光体转变，会导致淬不硬现象的发生。

3. 分级淬火

分级淬火是将奥氏体化的工件置于温度稍高于 Ms 的热态淬火冷却介质（熔融硝盐、熔碱或热油）中保温一定时间，待工件各部分的温度基本一致时，取出空冷或油冷至室温的淬火方法。这种方法克服了双液淬火时间难控制的缺点，明显减少了工件淬火变形和开裂倾向。原因有三个：①分级保温使整个工件温度趋于均匀，表面和心部同时发生马氏体转变；②缩小了工件与淬火冷却介质间的温差，减小了冷却过程的热应力；③恒温停留会引起奥氏体稳定化作用，增加了残留奥氏体量，从而减小了马氏体转变导致的体积膨胀。

分级淬火工艺理想，操作方便。但因冷却介质温度较高，工件冷却较慢，加之，大截面零件难以达到临界冷却速度，使得该方法仅适用于尺寸较小的工件（如刀具和量具）和变形要求很小的精密工件。应指出，钢件在浴槽中停留的时间可以根据 IT 图予以估计，分级温度也可以略低于 Ms 温度，此时，适用于较大工件淬火。例如，高碳钢模具在 160℃的碱浴中分级淬火，既能淬硬，变形又小，所以应用广泛。

4. 等温淬火

等温淬火是将工件加热到奥氏体化温度后快冷到下贝氏体转变温度区间等温保持，使奥氏体转变为下贝氏体的淬火方法。等温淬火时，淬火内应力小，获得的下贝氏体具有良好的综合力学性能，适用于形状复杂、尺寸要求精密的工具和重要的零件，如刀具、模具、齿轮等，但不适用于尺寸较大的工件。应指出，可根据等温转变图确定等温的温度范围及时间，等温淬火工件的截面尺寸可以比分级淬火的略大一些。

9.2 淬火冷却介质

淬火冷却介质是淬火工艺中采用的冷却介质，对钢的冷却过程有重要影响，需正确选用才能保证淬火质量。淬火冷却介质应具有足够的冷却能力，以实现工件冷却速度大于临界冷却速度；但冷却能力也不宜过大，以免引起工件变形或开裂。理想淬火冷却介质的冷却曲线应如图 9-2 所示，在珠光体转变区冷却速度较快，在 Ms 点附近的温度区域冷却速度较慢。此外，淬火冷却介质还要求：无毒、无味、安全、经济；成分稳定，使用时不易变质，黏度较小，以增加对流传热能力和减少损耗；不易腐蚀工件，淬火后易清洗。

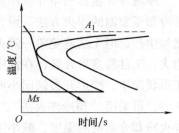

图 9-2　理想淬火冷却介质的冷却曲线

9.2.1 淬火冷却介质的分类

淬火冷却介质分为固态、液态和气态，其中液态介质最常用。根据其物理特性，液态介质分为两类：一是，淬火时有物态变化的淬火冷却介质，包括水（或油）质淬火剂、水溶液；二是，淬火时无物态变化的淬火冷却介质，包括熔盐、熔碱、熔融金属等。有物态变化淬火冷却介质的沸点大都低于工件的淬火加热温度，当赤热的工件淬入其中时，会汽化沸腾，工件剧烈散热，在工件与介质界面上发生传导、辐射和对流形式的热交换。但赤热的工件淬入无物态变化的介质中时，却不会汽化沸腾，仅有工件与介质界面处的热交换发生。

9.2.2 有物态变化淬火冷却介质的冷却作用

当赤热的工件淬入有物态变化的淬火冷却介质时，冷却过程分为以下三个阶段。

（1）蒸汽膜阶段 在赤热工件淬入冷却介质的瞬间，周围介质立即被加热汽化，在工件表面形成连续的导热性较差的蒸汽膜，把工件与液体介质分开，工件的冷却速度较慢（图 9-3 所示的 AB 段），冷却主要靠辐射传热完成。冷却开始时，工件向淬火冷却介质放出的热量大于介质从蒸汽膜带走的热量，蒸汽膜的厚度不断增加。随着冷却的进行，工件温度不断降低，蒸汽膜变薄，稳定性变小直至破裂消失，这是冷却第一阶段。

（2）沸腾阶段 蒸汽膜破裂后，淬火冷却介质与工件直接接触，介质在工件表面沸腾汽化，形成的大量气泡溢出液体（图 9-3 所示的 BC 段），带走大量的热量，使冷却速度变快。沸腾阶段前期冷却速度很大，随工件温度下降，冷却速度逐渐变慢，直至工件冷却至介质的沸点时为止，这是冷却的第二阶段。

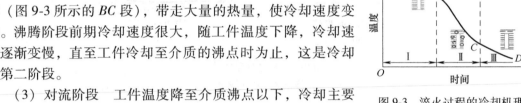

（3）对流阶段 工件温度降至介质沸点以下，冷却主要靠对流方式进行，此时工件的冷却速度减小直至低于蒸汽膜

图 9-3 淬火过程的冷却机理

阶段的冷却速度。随着工件与介质之间温差的不断减小，冷却速度越来越慢，这是冷却的第三阶段（图 9-3 所示的 CD 段）。

9.2.3 常用淬火冷却介质

1. 水

水作为淬火冷却介质最常用，其来源丰富，易得价廉，安全、清洁，具有较强的冷却能力，冷却特性受其状态及温度影响。由图 9-4（图中数字为冷却水温度）可知，循环水比静止水的冷却能力大，尤其在蒸汽膜阶段，前者冷却能力更大；水温提高，水的冷却速度降低，特别是蒸汽膜阶段延长；对于静止水的蒸汽膜阶段温度范围很宽（380~800℃），冷却速度很慢，低于 180℃/s，温度低于 380℃才进入沸腾阶段，使冷却速度急剧上升，在 280℃ 左右冷却速度最大，约为 770℃/s。

水作为冷却介质的主要缺点是：①冷却能力对水温的变化很敏感，随水温升高急剧下降，使对应于最大冷却速度的温度移向低温，故水的使用温度一般为 20~40℃，最高不许超过 60℃；②在马氏体转变区冷却速度太大，易使工件变形甚至开裂；③不溶或微溶杂质（如油、肥皂等）会显著降低水的冷却能力，因为外来质点作为形成蒸汽的核心，会加速蒸汽膜的形成并增加膜的稳定性，所以当水中混入这些杂质时，工件淬火后易产生软点。

2. 盐水与碱水

5%~10% 的食盐（NaCl）水溶液（以下简称盐水）较常用。其优点是蒸汽膜因盐的加入而提前破裂。盐水的特性温度（蒸汽膜破裂也即进入沸腾阶段的温度）比纯水的高，高温区（650~550℃）的冷却能力约为水的 10 倍，使钢淬火后的硬度较高且均匀。同时与纯水相比，盐水的冷却能力受温度影响较小。盐水的缺点是在低温（200~300℃）区间冷却速度比水快。但在 200℃ 以下，冷却速度和水的相同。盐水的使用温度一般在 60℃ 以下，广泛用于碳钢淬火。

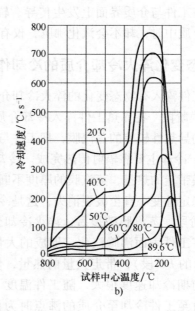

图 9-4 水的冷却特性
a) 静止水 b) 循环水

5%~15%的苛性钠（NaOH）碱水溶液可用作淬火冷却介质。它在高温区间的冷却能力比盐水大；在低温区的冷却能力比盐水低或接近，且随浓度增大而减小。它能与氧化的工件表面作用析出氢，使氧化皮脱落，淬火后工件表面呈银白色，表面洁净，外观较好。但碱水价格较高，对工件或设备的腐蚀性较大，会产生刺激性气味，对皮肤有刺激性。此外，在低温（200~300℃）区间冷却速度快也是碱水的缺点。

3. 油

淬火冷却介质用油包括植物油和矿物油，后者从天然石油中提炼而来，如锭子油、机油等。矿物油在目前工业中常用，它的主要优点是：油沸点一般在 250~400℃，比水的沸点高 150~300℃，油的对流阶段开始温度比水的高，一般在钢的 Ms 点附近已经进入对流阶段，因此在低温区间，油的冷却速度远小于水的冷却速度，这有利于减小工件变形与开裂倾向。油作为冷却介质的主要缺点是：①在 550~650℃高温区冷却能力很小，仅为水的 1/5~1/6，只能用于合金钢或小尺寸碳钢工件的淬火；②油在长期使用过程中会老化，需要定期过滤或更换。

淬火油冷却能力受温度和黏度的影响。提高油温会降低黏度，增加流动性，提高冷却能力；但油温最高不超过 120℃（油的工作温度应保持在闪点以下 100℃左右），以免着火。一般油温控制在 60~80℃，此时冷却能力最好，且不引起油老化。

在矿物油中加入油溶性高分子添加剂（咪唑啉油酸盐、双脂、聚异丁烯丁二酰亚胺等），可获得不同冷却能力的光亮淬火油，能满足淬火后工件表面光亮需求。此外，在淬火油中还开发了一系列真空淬火用油，它们的饱和蒸气压低，不易蒸发，热稳定性好，不易污染炉膛，很少影响真空度，有较好的冷却能力，淬火后工件表面光亮。

4. 有机聚合物水溶液

作为有机聚合物淬火冷却介质，某些高分子聚合物、防腐剂、消泡剂和其他添加剂组成的具有一定浓度的水溶液的淬火性能相差甚远，选用不同种类的聚合物，控制其浓度、淬火温度和搅拌强度，可使淬火冷却介质具有宽泛的冷却特性。有机聚合物（聚乙烯醇水溶液、聚醚等）水溶液不燃烧，没烟雾，发展前景广阔。

聚乙烯醇（PVA）是应用最早的有机聚合物淬火冷却介质，色白，无臭无味，粉末状。它会增加水的黏度，在冷却的蒸汽膜阶段在工件表面形成一层黏的塑性膜，阻止蒸汽膜冷却阶段的冷却速度进一步降低，但却可大大降低对流阶段的冷却速度，PVA 体积含量为 0.05% 时，效果已经很明显。PVA 含量一般控制在 0.05%~0.30%，添加量低时冷却能力接近水，添加量高时接近油。这种介质的优点是：控制 PVA 含量可得到不同的冷却速度，冷却特性比较好；无毒、不侵蚀工件、对人体安全、供应方便成本低。缺点是：在沸腾冷却阶段，冷却速度较低，浓度及液温必须严格控制。此外，PVA 溶解较难，必须在 90℃ 左右搅拌 2h 后才能全部溶解，且长期使用会老化，冷却能力降低。

聚醚水溶液的主要成分为环氧乙烷和环氧丙烷。优点是聚醚可以任何比例与水互溶，可通过调节浓度来控制冷却速度，使其介于水、油的冷却速度之间，因而有万能淬火剂之称；缺点是价格昂贵。

9.3 钢的淬透性

9.3.1 淬透性及相关概念

淬火时存在相同形状尺寸的不同成分工件，在相同处理条件下"淬透"或"未淬透"的现象，前者是工件表面到中心都形成马氏体，具有高硬度；后者是工件表层形成马氏体，具有高硬度，心部组织不是马氏体，硬度偏低。理论上，工件淬透应指工件心部完全形成马氏体，实际上只要心部马氏体量达到 50%，就认为该工件淬透。此淬透深度又称为半马氏体深度。以半马氏体作为淬透与未淬透的分界，两侧的金相组织有明显区别，硬度有明显变化（图 9-5），分界处容易测定。此外，一般情况下心部为半马氏体时可满足性能要求，并非所有工件都要求淬透。如果零件对心部性能要求较高，心部马氏体含量要求较高，也可以 80%、90% 或更多马氏体含量的深度作为淬透深度。"淬透"工件比"未淬透"工件获得马氏体的能力更强。钢在规定条件下淬火时获得马氏体的能力，需要用"淬透性"来表示。

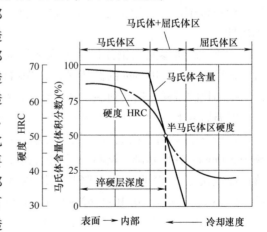

图 9-5　冷却速度对硬度和组织的影响

钢的淬透性是指在规定条件下钢试样淬硬深度和硬度分布表征的材料特性（见 GB/T 7232—2012《金属热处理工艺　术语》）。淬透性是钢的固有属性，与钢的过冷奥氏体稳定性有关，主要取决于钢的淬火临界冷却速度的大小，钢的等温曲线鼻子位置。鼻子位置靠右，可获得马氏体层的深度越大，钢的淬透性越高，反之淬透性越低。可见，凡是影响奥氏体稳定性的因素，都会对淬透性产生影响。详见第 4 章影响珠光体转变动力学的因素。

淬透性与工件的淬硬层深度相关，但有区别。淬透性反映的是标准条件下的淬硬深度，测量所用试样尺寸、形状和冷却条件等都要求处于标准状态，与冷却速度、工件尺寸大小等外部因素无关。淬硬层深度不仅和钢的淬火临界冷却速度有关，还和工件截面上冷却速度及其分布状况有关。后一影响因素由淬火冷却介质的冷却能力和工件尺寸决定，换言之，淬硬层深度既取决于钢的淬透性，又受淬火冷却介质和工件尺寸等外部因素的影响。二者的关系是，淬透性是决定淬硬层深度的内在因素，在同样条件下，淬透性大的钢，淬硬深度也大。

淬透性与淬硬性也应加以区分。淬硬性又称可硬性，是指钢在正常淬火条件下能够达到的最高硬度，主要取决于钢中的碳含量。准确地讲，取决于淬火加热时固溶在奥氏体中的碳的质量分数。固溶于奥氏体中的碳质量分数越高，淬火后形成马氏体中的碳质量分数就越高，其硬度也越高，淬硬性越好。淬硬性与淬透性的决定因素不同，含义也不同，合金元素对淬硬性影响不大，淬硬性高的钢，淬透性不一定高，而淬硬性低的钢，其淬透性不一定低。例如，18Cr2Ni4W 钢中由于合金元素的存在，在油中的淬透深度大于 100mm，但因碳含量低，淬火后硬度并不高，小于 45HRC；T10 钢在水中的淬透深度小于 15mm，淬透性较差，但其硬度却很高，大于 63HRC。当然也存在淬透性和淬硬性都高的钢，如 W18Cr4V 等碳、合金元素含量都较高的钢。

9.3.2 淬透性测定方法

1. 端淬法

端淬法是顶端淬火法的简称，该方法是应用最广的淬透性测试方法，主要特点：方法简便，使用范围广，适用于测定优质碳素钢、合金结构钢、弹簧钢、轴承钢、合金工具钢等的淬透性。

端淬试验可参照《钢淬透性的末端淬火试验方法（Joming 试验）》（GB/T 225—2006）执行。采用 ϕ25mm×100mm 的圆棒试样，先将试样在 Ac_3+30℃ 温度下加热 30min 进行奥氏体化，然后把加热的试样迅速放到端淬试验台上，对其下端喷水（水温 10~30℃）冷却（图 9-6a），冷却至室温后取下；沿其轴线方向相对的两侧磨去 0.2~0.5mm 的深度，在磨制的平面上从距水冷端 1.5mm 处开始自下而上测定洛氏硬度，测量间隔为 1.5mm，当硬度下降缓慢时，测量间隔调整为 3.0mm。在此基础上绘制硬度与距淬火端距离的关系曲线，即为淬透性曲线（图 9-6b）。淬透性曲线陡说明钢的硬度下降快，淬透性不好；曲线平滑代表淬透性高。如图 9-7 所示，40 钢的淬透性最差，0.4C-1.8Ni-0.8Cr-0.3Mo 钢的淬透性最好。

按照 GB/T 225—2006 标准，钢的淬透性用 J××-d 表示。其中，J 是端淬试验提出者 "Jominy" 名字的首字母，d 代表距水冷端面的距离（mm），×× 表示该处的洛氏硬度值。如 J50-15 表示距水冷端面 15mm 处的硬度为 50HRC。

2. 临界直径法

临界直径法常用于评定结构钢的淬透性，能比较直观地衡量钢的淬透性。该方法是将某种钢做成不同直径的圆柱试样，按规定条件淬火后，找出截面中心恰好是含 50% 马氏体的试样，该试样的直径被称为临界淬透直径，用 D_0 表示。小于此直径时可被淬透，大于此直径时不能被淬透。对于成分相同的钢材，在一定淬火冷却介质中冷却时 D_0 是一个定值；但钢材及淬火冷却介质不同时，D_0 也不同。为排除冷却条件的影响，引入理想临界直径 D_i

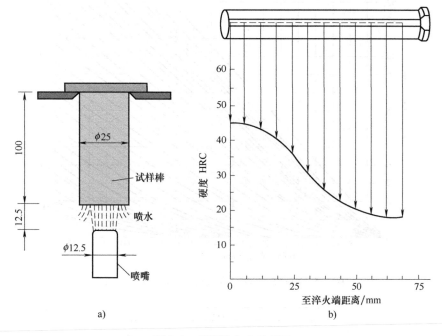

图 9-6　顶端淬火法示意图

a）淬火装置　b）淬透性曲线

的概念。D_i 是假定钢材在冷却强度为无限大的冷却介质中淬火时（当试样淬入这种冷却介质后，其表面温度便立即冷却到淬火冷却介质的温度），试样能够淬透的最大直径（含有 50% 马氏体）。D_i 的数值仅取决于钢的成分，是一个排除了淬火冷却介质影响而反映钢固有淬透性的判据。试样直径大于 D_i 时，不能完全淬透。D_i 与一定淬火冷却介质中的 D_0 之间存在换算关系，如图 9-8 所示。例如，已知某种钢的 D_i 为 60mm，如换算成油淬（$H = 0.4$）的临界直径，由图可求出 $D_0 = 27$mm。

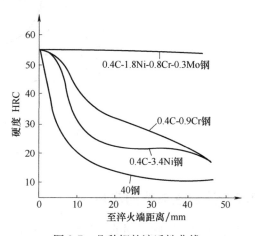

图 9-7　几种钢的淬透性曲线

3. U 形曲线法

U 形曲线法采用一系列不同直径的圆棒试样，其长度为直径的 4~6 倍，以保证中部横截面上硬度分布不受两端散热的影响。按规定，将试样整体加热到奥氏体化温度，均匀化以后整体淬入预定的淬火冷却介质中，然后从试样中部切开，磨平后自试样表面向内每隔 1~2mm 的距离测定硬度值，并将所测结果绘成硬度分布曲线（图 9-9）。淬透性的大小用淬硬层深度 h 或 D_H/D 来表示，其中 D 为试样直径，D_H 为未淬硬区直径。

U 形曲线法大多用于结构钢。优点是直观、准确，与实际淬火情况比较接近；缺点是繁琐费时，不适用于大批量生产。

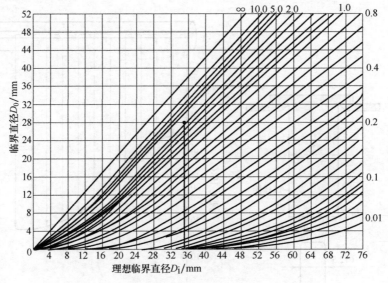

图 9-8 临界直径 D_0 与理想临界直径 D_i 的关系

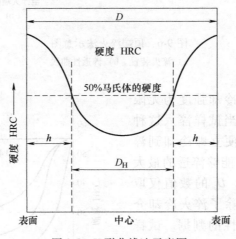

图 9-9 U 形曲线法示意图

9.3.3 淬透性曲线的应用

淬透性曲线反映了钢的淬透性高、低，在选材、预测材料组织性能及制定热处理工艺等方面有实用价值。

1. 确定棒材截面上的硬度分布

例 9-1：从截面直径不大于 100mm 的棒材中选用 45Mn2 钢制造 ϕ50mm 的轴，求水淬后轴截面上硬度分布曲线。

解：首先，如图 9-10 所示，取直径为 50mm 的水平线与表面、3R/4、R/2 及中心的曲线相交，得到距水冷端的距离分别为 1.5mm、6mm、9mm、12mm。然后在查阅 45Mn2 钢淬透性曲线（图 9-11）的基础上，查得距水冷端距离 1.5mm、6mm、9mm、12mm 处的硬度分别为：55.5HRC、52HRC、40HRC 和 32HRC。最后，作出 45Mn2 钢制造的 ϕ50mm 轴经水淬后截面硬度分布曲线，如图 9-12 所示。

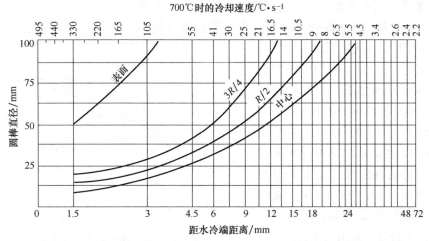

图 9-10　静水中淬火时沿末端淬火试样长度、圆棒直径、棒内不同位置与冷却速度之间的关系

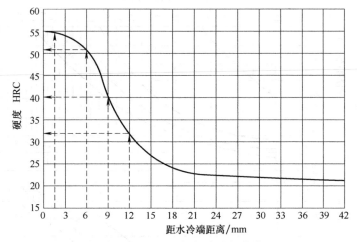

图 9-11　45Mn2 钢的淬透性曲线

139

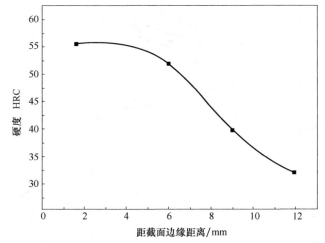

图 9-12　45Mn2 钢轴（φ50mm）水淬后截面硬度分布曲线

2. 选择合适的钢种及热处理工艺

已知工件尺寸和淬火后不同部位硬度和组织的要求，通过淬透性曲线可以查出硬度与对

应淬火冷却速度之间的关系，可以选择适当的淬火冷却介质。

例 9-2：用 40 钢制造 ϕ45mm 轴，要求淬火后在 $3R/4$ 处的组织中含 80% 马氏体，在 $R/2$ 处的硬度不低于 40HRC，问用油淬合适与否？

解：查阅图 9-13 得：$w_C = 0.4\%$ 的钢淬火后含有 80% 马氏体组织时的硬度为 45HRC。然后根据图 9-14，从纵坐标上直径为 45mm 处作一水平线，找出它在静油中淬火时 $3R/4$、$R/2$ 处的交点，并从交点作垂线，与淬透性曲线的硬度下限曲线相交。可以看出：在 $3R/4$、$R/2$ 处的硬度值仅为 38HRC 和 27HRC，不满足要求，采用油淬不合适。采用水淬合适。

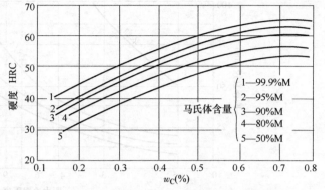

图 9-13　钢的淬火硬度与碳质量分数的关系

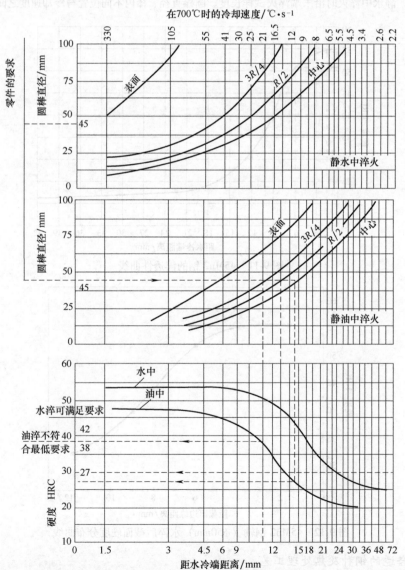

图 9-14　利用淬透性曲线选择钢材热处理工艺图解

9.4　淬火工艺

视频 30

　　淬火是强化工件的最重要的工序，包括淬火前的准备、装炉、加热和冷却环节。淬火工艺主要包括淬火加热温度、加热时间、保温时间、加热速度和冷却条件等方面的要求。

9.4.1　淬火加热温度

　　确定淬火温度的主要依据是钢的相变点，其他考量因素还有钢的化学成分、工件尺寸及形状、技术要求、奥氏体的晶粒长大倾向、淬火冷却介质等。

　　对于碳钢中的亚共析钢，淬火加热温度为 $Ac_3 + (30 \sim 50)℃$，此温度下奥氏体晶粒均匀细小，淬火后可得到细小的马氏体组织。若加热温度过高，会引起奥氏体晶粒粗化，淬火后的马氏体组织粗大，从而导致淬火钢的力学性能变差；若加热温度低于 Ac_3，在 $Ac_1 \sim Ac_3$ 温度区域奥氏体化时残余的铁素体会保留到淬火后，此时的淬火组织为马氏体（+残留奥氏体）+铁素体，铁素体会降低淬火后钢的强度和硬度。

　　对于共析钢或过共析钢，淬火加热温度为 $Ac_1 + (30 \sim 50)℃$（淬火称为不完全淬火）。通常，它们淬火前组织为球化体组织。在上述温度加热会形成奥氏体和粒状渗碳体，淬火后奥氏体转变为马氏体，粒状渗碳体保留。粒状渗碳体不降低钢的硬度，却可提高其耐磨性。同时，较低的加热温度，易得到细晶粒奥氏体，在后续冷却中形成细小的（隐晶）马氏体组织，这种组织有较好的力学性能。若加热温度在 Ac_{cm} 以上，钢中渗碳体会完全溶于奥氏体，这将带来以下不良后果：①降低淬火钢的耐磨性；②粗化奥氏体晶粒，导致淬火后得到粗大的马氏体，增大显微裂纹的形成倾向；③降低 Ms 点，增加淬火后残留奥氏体的数量，降低钢的硬度。此外，加热温度高，工件表面氧化、脱碳严重，淬火应力大，增加了淬火工件变形及开裂倾向。

　　对于低合金钢，考虑到合金元素的作用，为加速奥氏体化而不引起晶粒粗化，加热温度一般选为 Ac_1（或 Ac_3、Ac_{cm}）以上 $50 \sim 100℃$。对于高合金工具钢，因其含有较多强碳化物形成元素，奥氏体晶粒粗化温度高，加热温度可以选得更高。

　　部分常用钢的淬火加热温度见表 9-1。

表 9-1　部分常用钢的淬火加热温度

钢　号	临界点温度/℃		淬火温度/℃	钢　号	临界点温度/℃		淬火温度/℃
	Ac_1	Ac_3、Ac_{cm}			Ac_1	Ac_3、Ac_{cm}	
45	724	780	820~840，盐水 840~860，碱浴	40SiCr	755	850	900~920，油或水
T10	730	800	780~800，盐水 810~830，硝盐、碱浴	35CrMo	755	800	850~870，油或水
CrWMn	750	940	830~850，油	60Si2Mn	755	810	840~870，油
9SiCr	770	870	850~870，油 860~880，硝盐、碱浴	20CrMnTi	740	825	830~850，油
Cr12MoV	810	1200	1020~1150，油	30CrMnSi	760	830	850~870，油
W18Cr4V	820	1330	1260~1280，油	20MnTiB	720	843	860~890，油
40Cr	743	782	850~870，油	40MnB	730	780	820~860，油
60Mn	727	765	850~870，油	38CrMoAl	800	940	930~950，油

9.4.2 淬火加热时间

淬火加热时间是指工件装炉后整个截面加热到预定的淬火温度，并使之在该温度完成组织转变、碳化物溶解和奥氏体成分均匀化所需的时间，包括升温和保温时间。生产中，大型工件或装炉量多的情况下，升温时间和保温时间分别进行考虑；而一般情况下两段时间通称为淬火加热时间。

淬火加热时间可用式（8-2）计算，并在此基础上通过试验加以最终确定。生产中也常用每毫米有效厚度加热所用时间来计算保温时间，效果较好。

9.4.3 加热速度

对于中低碳钢及低合金结构钢的形状简单的工件，有效厚度小于 200mm，可采用到温入炉或高温入炉的方式加热；300~500mm 的工件及形状复杂件、高碳高合金钢件，采用冷态入炉后随炉升温或预加热方式；大于 500mm 的工件，需要预热加热并限速升温，以免工件畸变或开裂。

9.4.4 冷却及淬入方式

生产中应综合考虑冷却方式与淬火冷却介质，根据钢材不同温区对冷却速度的要求，选择不同淬冷烈度的淬火冷却介质的冷却方式。一般情况下，水冷用于形状简单的碳钢工件；油冷用于合金钢、合金工具钢工件。为减少热应力，工件在浸入冷却介质之前，应在空气中降温。工件先浸入水中冷却（在水中冷却时间按工件的有效厚度 3~5mm/s 计算），待冷却到马氏体开始转变点附近，立即取出并浸入油中缓慢冷却。为减少合金工具钢及小截面碳素工具钢工件的变形和开裂，采用分级淬火冷却方式；对要求变形小、韧性高的合金工件，采用等温淬火冷却方式。

合适淬入方式的基本原则：淬入时保证工件得到最均匀的冷却，以最小阻力方向淬入。一般情况下，工件淬入介质时应当采用下述方法：①厚薄不匀的工件，厚的部分先淬入；②细长工件垂直淬入；③薄而平的工件侧放直立淬入；④薄壁环形零件沿其轴线方向淬入；⑤具有闭腔或盲孔的工件，应使腔口或孔口向上淬入；⑥界面不对称的工件，以一定角度斜着淬入，使其冷却均匀；⑦单面有长槽的工件，槽口向上，倾斜 45°淬入；⑧在保证所要求的硬度条件下，工件淬入后可不做摆动，或只做淬入方面的直线移动，减少变形。

9.5 淬火常见缺陷及防止

淬火时冷却速度快，零件不同部位冷却速度不同，会引起内应力。应力随淬火冷却介质的淬冷烈度增加而增大，当内应力超过材料的屈服强度时，会导致工件变形；当内应力超过材料的断裂强度时，工件产生裂纹，甚至开裂。变形和开裂问题在生产中应加以防范。

9.5.1 淬火内应力

淬火内应力是指淬火时，因为工件不同部位存在温差及组织转变不同所引起的内应力。淬后工件内部的应力状态及分布会影响工件的热处理质量。根据产生原因，淬火应力分为热应力和组织应力。

1. 热应力

热应力是工件在冷却（或加热）过程中，由于冷却或加热速度不均匀造成不同部位之间存在温度差，从而热胀冷缩不均匀所引起的内应力。通常，冷却速度越大，热应力越大；在相同冷却介质条件下，工件加热温度越高、尺寸越大，热应力越大。

内应力的方向分为轴向、切向和径向。为简单起见，以圆柱形钢件为例，讨论其轴向应力的变化。图 9-15 所示为加热到 A_1 点以下进行冷却时（此时无组织转变）热应力的产生过程。在开始阶段，表层比心部冷却快，温差逐渐增大。表面先冷却收缩，对心部产生压应力；心部对表层产生拉应力（图 9-15a）。继续冷却，不断增大的温差使表层拉应力和心部压应力增大。当心部所受的压应力增大到足以超过钢在该温度下的屈服强度时，会使心部发生塑性变形，沿轴向缩短（表层温度低，屈服强度高，不易发生塑性变形），从而使试样截面上的应力有所松弛，不再增大。若再进一步冷却，表面温度已较低，不再收缩或有小幅度收缩，此时心部将比表层有较大的收缩，使表层拉应力和心部压应力趋于减小（图 9-15b），直至某一时刻减至零值（图 9-15c）。此刻试样截面上仍存在温差，心部还会继续收缩，但心部先已缩短，这样表层将会阻碍心部收缩到室温下应有的长度，结果导致表层从受拉变为受压，而心部情况相反，即表层和心部的应力转化为与冷却初期呈相反方向的应力，这种现象称为热应力反向，如图 9-15d 所示。当工件心部逐渐冷却至室温时，表层所受压应力和心部所受拉应力越来越大，由于低温时钢的屈服强度较高，塑性变形较困难，这种应力状态将会一直保留下来成为残余内应力。综上，热应力的变化规律是：冷却前期，表层受拉，心部受压；冷却后期，表层受压，心部受拉。

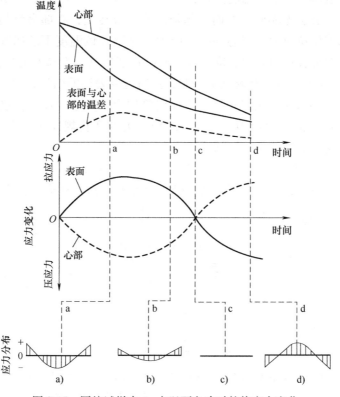

图 9-15　圆柱试样在 A_1 点以下急冷时的热应力变化

圆棒试样上残余热应力在三个方向的分布情况，如图 9-16 所示。径向应力，心部为拉应力，表层应力为零；轴向和切向应力，表层为压应力，心部为拉应力。轴向上的拉应力相当大。常见的大型轴类零件，因冷却后轴向残余应力很大，加之心部可能存在气孔、夹杂、裂纹等缺陷，易出现横向开裂。这对大型轴类零件不利。但对形状简单的小轴类零件有利，即所产生的表面压应力可提高其抗疲劳能力。

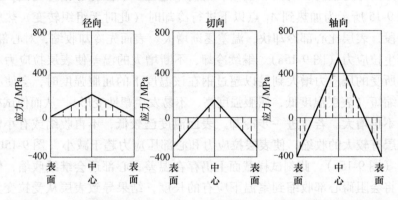

图 9-16　30 钢圆棒试样（φ44mm）700℃加热并水冷后残余热应力的分布

2. 组织应力

组织应力是工件在冷却（或加热）过程中因组织结构转变不均匀而产生的应力。影响因素包括：在马氏体转变温度范围的冷却速度、钢的化学成分、导热性、钢件结构尺寸等。

淬火时，钢件表层冷却快，温度先降到 Ms 点，发生马氏体转变，形成的马氏体比未转变奥氏体的比体积大，表层先膨胀；然而心部降温慢，未转变，心部会牵制膨胀的表层。表层产生压应力，心部产生拉应力。当心部的拉应力超过钢在该温度下的屈服强度时，将发生塑性变形，心部沿轴向伸长；但表层温度较低，屈服强度较高，不易发生塑性变形。继续冷却，心部降到 Ms 点以下也发生马氏体转变而膨胀，此时受到表层的阻碍，使表层受力状态从原来的受压转变为受拉，心部受力状态相反。这种现象称为组织应力反向，这种应力状态将一直保留到室温成为工件中的残余应力。可见，组织应力的变化规律是：冷却前期，表层受压，心部受拉；冷却后期，表层受拉，心部受压。

图 9-17 所示为圆棒试样上残余组织应力在三个方向的分布情况。轴向和切向应力中，表层为拉应力，切向的较大，心部为压应力；径向应力中，表层为零，心部为压应力。

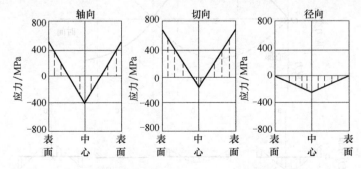

图 9-17　Fe-16Ni 合金钢圆棒试样（φ50mm）自 900℃缓冷至 330℃，
再在冰水中急冷至室温时残余组织应力的分布

应指出，钢件淬火时，在组织转变之前只有热应力产生；在 Ms 点以下，组织应力与热应力同时产生，且以组织应力为主。这两种应力综合起作用，决定了钢件中实际存在的内应力。两种应力在各种因素作用下，有时方向相反起着相互抵消或削弱的作用，有时方向相同起着加强的作用。

9.5.2 淬火变形

淬火变形包括几何形状变化和体积变化。前者以扭曲、翘曲的形式表现为尺寸及外形的变化，是热应力和组织应力共同作用的结果；后者表现为工件体积按比例地胀大或缩小，常由组织转变时比体积变化引起。

视频 31

1. 基本规律

热应力引起的变形表现为：工件沿最大尺寸方向收缩，沿最小尺寸方向胀大。这使工件棱角变圆，平面凸起，趋于球形。与热应力相反，组织应力使工件棱角突出，平面内凹，其外形像一个承受外压的真空容器。组织转变引起的比体积变化，一般使工件在各个方向均匀胀大或缩小。对方（圆）孔体工件，尤其是壁厚较薄的工件，当体积增加或减小时，高度、外径（廓）和内径（腔）等尺寸常同时增大或缩小。其中，内径尺寸随体积同步变化的主要原因是：体积变化引起内腔周边长度的变化超过了壁厚方向上尺寸的变化。

热应力、组织应力及比体积变化对常见简单形状零件淬火变形的影响规律见表 9-2。

表 9-2　常见简单形状零件的淬火变形趋势

零件类型	轴体	扁平体	正方体	圆（方）孔体	扁圆（方）孔体
原始状态	d, L	d, L	d	D, d, L	L, d, D
热应力作用	d^+, L^-	d^-, L^+	趋于球形	d^-, D^+, L^-	D^+, d^-
组织应力作用	d^-, L^+	d^+, L^-	平面内凹棱角突出	d^+, D^-, L^+	D^-, d^+

145

（续）

零件类型	轴体	扁平体	正方体	圆（方）孔体	扁圆（方）孔体
比体积差的作用	d^+,L^+	d^+,L^+	d^+,L^+	d^+,D^-,L^+	D^+,d^+

2. 主要影响因素

（1）淬透性　钢的淬透性好时，可采用冷却较为缓和的淬火冷却介质，此时热应力相对较小；淬透性好的工件易淬透，一般以组织应力造成的变形为主。钢的淬透性较差时，热应力对变形的作用较大。

（2）奥氏体的化学成分　奥氏体中碳的质量分数越低，组织应力越小，热应力作用越大。碳质量分数越高，组织应力的作用越大。

合金元素质量分数增加，一方面钢的淬透性较好，一般采用冷却较缓和的淬火冷却介质；另一方面钢的屈服强度增大，从而使淬火变形减小。

奥氏体的化学成分还影响 Ms 点，Ms 对冷却热应力影响不大，对组织应力影响很大。若 Ms 较高，则马氏体转变开始时工件的温度较高，处于塑性较好的状态，在组织应力的作用下容易变形。所以 Ms 点越高，组织应力对变形的影响就越大。若 Ms 较低，由于工件温度较低会使塑性变形抗力增大，残留奥氏体的数量也较多，所以组织应力对变形的影响较小，此时工件易于保留热应力引起的变形趋势。

（3）原始组织　此处原始组织是指淬火前的组织状况，包括钢中夹杂物/带状组织等级、成分偏析程度、游离碳化物质点分布的方向性及预备热处理所得的不同组织（如珠光体、索氏体、回火索氏体）等。带状组织和成分偏析易使钢奥氏体化时成分不均匀，导致淬火后的组织不均匀，在低碳、低合金元素区可能得不到马氏体或得到比体积较小的低碳马氏体，从而造成工件的不均匀变形。高碳合金钢（如高速钢 W18Cr4V 和高铬钢 Cr12）中碳化物分布的方向性，对淬火变形影响较显著，沿碳化物带状方向的变形大于垂直方向的变形，因此变形要求严格的工件应选择纤维方向，在必要时进行改锻。此外，原始组织比体积越大，则淬火前后的比体积差越小，这可以减小工件体积变形。

（4）淬火工艺参数　影响变形的淬火工艺参数包括加热温度和冷却速度。通常淬火加热温度升高，既增大热应力，也因淬透性的增加而增大组织应力，从而导致变形增大。冷却速度增大，也会增大淬火内应力，使变形增加。需指出，热应力引起的变形主要取决于 Ms 点以上的冷却速度，组织应力引起的变形主要取决于 Ms 点以下的冷却速度。

（5）工件形状与尺寸　一般情况下，形状简单、截面对称工件的淬火变形小；形状复杂、截面不对称工件的淬火变形大。原因在于截面不对称会使工件产生不均匀的冷却，在各个部位之间产生一定的热应力和组织应力。工件截面的不对称又是造成翘曲的根本原因，如能创造些"不对称"冷却条件（如将厚大截面部分先放入淬火冷却介质），使工件的不同部分尽可能得到均匀的冷却，将减少工件的翘曲变形。

工件尺寸对淬火变形也会产生很大影响。通常，变形随尺寸增大，因为大工件尺寸越大，淬火时内外温差越大。

3. 防止措施与方法

(1) 合理选材　对于形状复杂、断面尺寸相差较大而要求变形小的零件，选择淬透性较好的材料，以便使用较缓和的淬火冷却介质进行淬火；对于薄板状精密零件，应选择双向轧制板材，使零件纤维方向对称。

(2) 正确设计零件　零件外形尽量简单、均匀、结构对称；避免断面尺寸突然变化，减少沟槽和薄边，不要有尖锐棱角；避免较深的盲孔；长形零件应避免断面呈梯形；尽量使零件纤维方向对称；必要时增加工艺孔和工艺堤墙。

(3) 改进热处理工艺和操作　在满足热处理工艺要求的前提下，尽量降低淬火加热温度；选择较缓和的冷却介质；采取预热或阶梯状升温；用等温淬火、分级淬火等代替渗碳淬火；局部热处理代替整体热处理；长杆零件垂直吊挂，避免平板形式工件的淬火。

(4) 合理安排生产路线，协调冷热加工与热处理的关系　对于形状复杂、精度要求高的零件，在粗、精加工之间进行消除应力、球化退火等预处理；适当提高锻造比，使组织更均匀；做好毛坯预备热处理，使组织均匀；淬火之前进行去应力处理；合理安排热处理与机械加工工序的顺序，如两个对称零件可先热处理后切开。

9.5.3　淬火开裂

淬火开裂主要发生在淬火冷却后期，一则因为拉应力超过材料的断裂强度，二则可能与材料内部存在缺陷有关（应力小于断裂强度）。常见的淬火裂纹主要包括纵向、横向、网状等形式的裂纹。

1. 常见的淬火裂纹

(1) 纵向裂纹　纵向裂纹是沿着工件轴向方向由表面裂向心部的深度较大的裂纹，又称轴向裂纹。常发生在完全淬透的钢件中，由冷却速度过快、组织应力过大所致。纵向裂纹的形成因素包括：热处理工艺及操作的不当（加热温度过高、加热速度过快等）；原材料及锻造缺陷（裂纹、大块非金属夹杂、严重的碳化物带状偏析等）。这些缺陷既增加工件内的附加应力，又降低工件的强度和塑性，从而导致了裂纹的出现。

(2) 横向裂纹和弧形裂纹　横向裂纹垂直于轴向方向，弧形裂纹多分布于工件形状突变部位。这类裂纹常发生在部分淬透工件之中，产生于淬硬层与未淬硬层之间的过渡区。此外，截面较大的高碳钢工件及某些有尖角、凹槽和孔的零件中，也常出现这类裂纹。

(3) 网状裂纹　网状裂纹是一种表面裂纹，常呈任意方向，构成网状，与工件外形无关，其深度较浅，一般在 0.01~2mm 范围内。网状裂纹极易出现在表面脱碳的高碳钢中，因为表面脱碳后，马氏体的比体积较小，会导致在表面形成拉应力。

2. 防止措施与方法

1) 合理设计工件结构，工件截面应均匀。

2) 合理选择钢材，适当采用淬透性较大、过热敏感性小、脱碳敏感性小的钢材，以减小淬火应力。

3) 制定正确的淬火工艺。尽可能降低淬火加热温度。Ms 点以上快速冷却，增大表面的压缩内应力；Ms 点以下缓慢冷却，减小组织应力。

9.5.4　其他缺陷

1. 淬火硬度不足

淬火硬度不足一般是由于淬火加热不足、表面脱碳、在高碳合金钢中淬火后残留奥氏体过多等因素造成的。具体讲：①加热温度过低或保温时间不足（可能源于装炉量过大、炉温不均、温控失灵等），会导致奥氏体中碳和合金元素含量不足，或者使奥氏体成分不均匀，甚至未完成全部转变，在淬火组织中残余珠光体或铁素体，最终导致出现淬火硬度不足问题；②表面脱碳会引起表面硬度不足，使其低于次表层硬度；③钢件淬透性低而工件尺寸较大时，表层不能得到足够数量的马氏体；④若过共析碳钢及合金钢加热温度过高，材料 Ms 点降低，会提高淬火组织中残留奥氏体的量，进而降低硬度；⑤淬火冷却时，若冷却速度不足（冷却介质选择不恰当），会发生部分非马氏体转变，使淬火件硬度偏低；⑥操作不当也会导致硬度不足，例如，预冷淬火时间过长；水-油双介质淬火时在水中停留时间过短或水中取出后在空气中停留时间过长；分级淬火时的分级停留时间过长。

解决硬度不足的缺陷必须分清原因，采取相应的对策加以防止。

2. 软点

软点是指淬火零件出现的硬度不均匀现象，与硬度不足的主要区别在于零件表面上硬度有明显的忽高忽低现象。这种缺陷可能是由原始组织过于粗大及不均匀（如有严重的组织偏析，存在大块碳化物或自由铁素体），淬火冷却介质被污染（如水中有油珠悬浮），零件表面有氧化皮或零件在淬火冷却介质中未做适当运动，在局部位置形成蒸汽膜阻碍了冷却等因素造成的。上述原因可以通过金相分析和研究工艺执行情况加以甄别。

软点可以通过返修重淬加以纠正。

3. 组织缺陷

对淬火工艺要求严格的工件，除满足硬度要求外，淬火组织还要符合规定的等级，淬火马氏体等级、残留奥氏体数量、未溶铁素体数量、碳化物的分布及形态等要满足规定。如超过这些规定，硬度合格的工件仍为不合格品。常见的组织缺陷包括：粗大淬火马氏体，渗碳钢及工具钢淬火后的网状碳化物及大块碳化物，调质钢中的大块自由铁素体，工具钢淬火后残留的过多奥氏体等。

148

9.6　钢的回火

钢的回火是指将淬火钢加热到 Ac_1 以下某一温度，保温一定时间，然后冷却到室温的热处理工艺。回火是淬火后的一道重要工序，不进行回火的零件基本上是不能使用的。

视频 32

9.6.1　回火目的

1）减少或消除零件的淬火内应力，减少工件的变形，防止开裂。

2）适当降低硬度，提高钢的塑性和韧性，获得良好的综合力学性能。

3）稳定组织，消除处于较高能量状态的淬火马氏体和不稳定的残留奥氏体，使零件在长期使用过程中不发生组织变化，从而稳定工件的形状与尺寸。

9.6.2 回火分类与转变

1. 回火分类

（1）低温回火（150~250℃） 低温回火后，马氏体转变为回火马氏体 $M_回$（隐晶马氏体+细粒状碳化物的组织，如图 9-18 所示），在保证工件高硬度的前提下，提高了塑性和韧性，降低了淬火应力。低温回火主要用于工模具、机器零件，如刃具、量具、冷变形模具、滚动轴承等，也适用于渗碳和碳氮共渗淬火后零件的热处理。

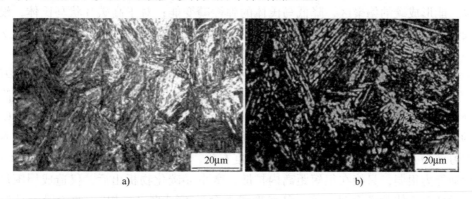

图 9-18 马氏体回火组织
a）Q550D 钢 910℃ 保温 60min 后水淬的马氏体组织 b）200℃ 回火 30min 后的组织

（2）中温回火（350~500℃） 中温回火后，马氏体转变为回火屈氏体（具有 $M_{板条}$ 或 $M_片$ 特征的 α 基体上分布着细粒状渗碳体的复相组织，如图 9-19 所示）。该组织硬度为 35~45HRC，具有高的弹性极限，较高的强度，良好的塑性和一定的韧性。中温回火主要用于各类弹簧零件及热锻模具的热处理。

（3）高温回火（500~700℃） 高温回火后，马氏体转变为回火索氏体（等轴 α+均匀分布的粗球状渗碳体组织，如图 9-20 所示）。该组织具有强度、塑性和韧性都较好的综合力学性能。高温回火多用于在受冲击、交变载荷下工作的零件，用于制作各种重要的结构零件，如发动机曲轴、连杆、机床主轴及齿轮等，也可为工件表面淬火、渗氮、碳氮共渗等预备热处理做组织准备。淬火工件加热到高温回火，即调质处理，可以获得较高的力学性能，还可作为淬火工件返修前的热处理工艺。

149

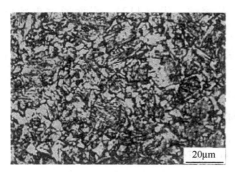

图 9-19 Q550D 钢 910℃ 保温 60min 后水淬及
450℃ 回火 10min 后的组织

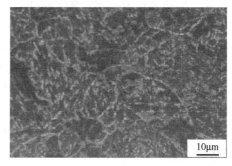

图 9-20 Q690D 钢 930℃ 保温 10min 后水淬及
650℃ 回火 40min 后的组织

2. 回火转变

回火会加速淬火钢中马氏体及残留奥氏体亚稳相向平衡组织铁素体和渗碳体的转变。转变过程及形成的组织受温度影响。随温度升高，按照转变过程及产物，回火分为以下几个阶段。

(1) 回火准备阶段（时效阶段）：碳原子偏聚（25~100℃）　低于100℃时，铁和合金元素的原子难以扩散迁移，C、N等原子能短距离地扩散迁移，马氏体中过饱和的C、N等原子向微观缺陷处偏聚，以降低马氏体的能量。对于低碳板条马氏体，碳原子在位错线附近间隙位置偏聚，能形成碳的偏聚区，降低马氏体的弹性畸变能；对于高碳片状马氏体，没有足够的位错线容纳碳原子，大量碳原子在$(100)_M$晶面偏聚，形成直径约1.0nm、厚度仅为零点几纳米的小片状富碳区。

(2) 回火第一阶段：马氏体的分解（100~250℃）　回火温度为100~250℃时，马氏体发生分解。高碳片状马氏体中过饱和碳原子以ε-碳化物的形式析出，与过饱和度有所降低的碳的质量分数为0.25%~0.30%的α固溶体一起形成$M_回$。其中，ε-碳化物成分居于Fe_2C和Fe_3C之间（约$Fe_{2.4}C$），具有密排六方结构，呈针状（300℃以上消失），与α固溶体之间存在共格关系，惯习面为$\{100\}_M$。它的沉淀过程与温度有关，常分为以下两个阶段：①150℃以下时，碳原子活动能力很弱，只能在很短距离内扩散，微小ε-碳化物析出后，仅造成周围局部马氏体贫碳，远处马氏体的碳含量不变，从而形成碳含量不同的"二相"，此阶段为马氏体"二相"式分解阶段。②150℃以上时，随温度升高，碳原子能在较长距离内扩散，在碳化物析出和长大过程中，远处马氏体的碳含量不断降低（连续式分解），直至正方度趋于1，马氏体分解结束。

对于$w_C \leqslant 0.2\%$的板条马氏体，在低于200℃回火时，碳原子偏聚在位错线附近，没有ε-碳化物析出。对于中碳淬火钢，回火时既有片状马氏体的ε-碳化物析出，也有低碳板条马氏体的碳偏聚。

(3) 回火第二阶段：残留奥氏体分解（200~300℃）　淬火钢中存在的残留奥氏体与过冷奥氏体没有本质区别，差异是前者在淬火过程中经历了塑性变形，有很大畸变，较后者发生了机械稳定化和热稳定化。回火温度处于200~300℃时，残留奥氏体将分解为α固溶体和碳化物的混合物，形成回火马氏体或下贝氏体。

(4) 回火第三阶段：渗碳体形成（250~400℃）　回火温度处于250~400℃时，低碳板条马氏体中碳原子偏聚区直接形成渗碳体（θ-碳化物）。在$w_C>0.4\%$的马氏体中，碳化物演变与温度相关，回火温度升高到250℃以上，ε-碳化物逐渐溶解，沿$(112)_M$界面通过重新形核、长大的方式形成和析出具有单斜晶格的χ-碳化物（Fe_5C_2），该碳化物呈小片状平行地分布在马氏体片中，与母相有共格界面，保持一定的位向关系。继续升高温度，除了χ-碳化物析出外，还有θ-碳化物的析出，渗碳体的形成方式有两种，一是通过χ-碳化物溶解后重新形核长大，二是由χ-碳化物直接转变而来。当温度达到400℃时，碳化物全部形成细小的粒状或片状渗碳体，与其无共格关系的α相一起构成回火屈氏体$T_回$。

(5) 回火第四阶段：渗碳体的粗化/球化和等轴铁素体形成（400~700℃）　回火温度超过400℃时，析出的粒状渗碳体逐渐聚集和球化，片状渗碳体的长宽比逐渐减小，趋于形成粒状渗碳体；当温度超过600℃时，细粒状碳化物将迅速聚集和粗化。碳化物的球化和长大过程按照小颗粒溶解、大颗粒长大机制进行。

在渗碳体变化时，铁素体由板条或片状变为等轴状，这一组织形态演变归因于淬火钢内存在的大量位错、孪晶等缺陷及高应变能，这使其具有与冷变形后金属状态（在被拉长或压扁的晶粒中存在大量位错和应变能）相同的本质特征。在 400~600℃ 回火时，淬火钢发生回复。在回复阶段，板条马氏体中位错密度下降，剩余的位错排列成位错网，组成亚晶界，被分割成亚晶粒，相邻板条局部发生合并，部分板条界面消失（图 9-21b）；片状马氏体中孪晶早已消失，但能保持片状特征。温度超过 600℃，α 再结晶和晶粒长大，形成等轴状的形态特征，此时颗粒状渗碳体均匀分布于其中（图 9-21c），即为回火索氏体 S_回。如果淬火钢在650℃ 以上较长时间回火，组织将由粗大粒状渗碳体和等轴 α 构成，此为回火珠光体，其组织形态与球化退火所得球化组织的形状基本相同。回火珠光体的强度和塑、韧性较低，在生产中少用。

图 9-21　板条马氏体经不同温度回火 30min 的电镜组织与析出物形貌
a) 550℃　b) 610℃　c) 670℃

9.6.3　回火转变时力学性能及内应力变化

视频 33

1. 力学性能变化

基于材料构-效关系，淬火钢在回火过程中的组织转变必然引起其力学性能和内应力的变化。图 9-22 所示为低、中、高碳钢力学性能随回火温度的变化规律。

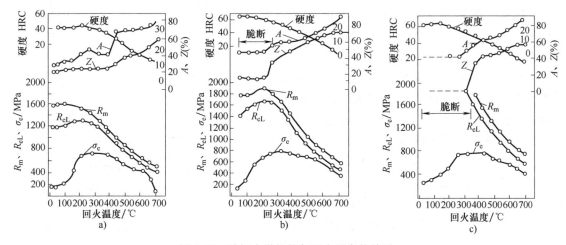

图 9-22　碳钢力学性能与回火温度的关系
a) 低碳钢　b) 中碳钢　c) 高碳钢

（1）硬度　钢的硬度随回火温度升高呈下降趋势。对于低碳钢，低于 250℃ 回火时硬度下

151

降不多，因为此时组织变化不大，无碳化物析出，碳原子仍偏聚在位错线附近；温度超过300℃，升高温度会导致渗碳体析出长大及 α 基体回复、再结晶，使硬度大幅度下降。对于中碳钢，在200℃以下时硬度基本不变或略有降低，因为此时虽有碳化物析出，但析出量少，仅能维持硬度不降低；超过200~250℃后，尽管残留奥氏体转变，但因其含量少而未对硬度产生影响，硬度随回火温度升高不断降低。对于高碳钢，200℃以下时，硬度随回火温度升高不降反升，该趋势随马氏体中碳含量增大而变得更明显。原因在于碳化物的析出引起时效硬化，且碳化物析出后，固溶于 α 中的碳仍保持在 0.25% ~ 0.30%，保留了固溶强化效果；超过200℃，随回火温度升高，碳化物进一步析出，硬度降低。起始降低的幅度小，为较多的残留奥氏体发生转变所致。

（2）强度 强度随回火温度升高总体上也呈下降趋势。对于低碳钢，抗拉强度在200℃以下降低不多，300℃后下降明显。屈服强度大约在300℃内还出现了随温度增大的变化，原因在于低温回火时偏聚于位错的碳原子能够起到钉扎位错的作用，当温度超过300℃，弥散细小的 θ-碳化物在位错缠结处析出，能够更有效地钉扎位错，进一步提高屈服强度，使其在300℃附近达到峰值。对于中碳钢，250℃以下，抗拉强度与屈服强度随温度增大，在 250~300℃ 达到最大值，之后降低。对于高碳钢，300℃以下回火时材料硬而脆，静拉伸时发生脆性断裂，抗拉强度和屈服强度无法测量，超过300℃后二者随温度大幅度降低。

（3）塑性 塑性随回火温度总体上呈升高趋势。对于低、中碳钢，在200℃以下塑性基本不变，在 250~300℃ 范围内其指标并不高，当温度超过300℃后，塑性明显升高。高碳钢的塑性在超过300℃之后随回火温度升高而增大。需指出，低、中、高碳钢的弹性极限在 300~350℃ 附近出现了极大值，这是因为在350℃以下回火时，随回火温度升高，位错密度下降，且残存位错被析出的碳化物钉扎。

（4）韧性 回火温度升高，韧性变化比较复杂，没有单调降低或上升，在一定温度范围内出现了韧性降低（脆性增大）的回火脆性问题。几乎所有工业用钢淬火后在 250~400℃ 回火，都会出现回火脆性（图9-23），称为第一类回火脆性，该脆性不可逆，又称不可逆回火脆性，与回火冷却速度快慢无关，与马氏体分解时渗碳体的初期形核及具有某种临界尺寸碳化物在马氏体晶界和亚晶界形成有关。一般认为低温回火时，马氏体分解时沿马氏体板条或片的界面会析出连续的薄壳状碳化物，降低了晶界的断裂强度，使之成为裂纹扩展的路径；也有观点认为低温脆性与 S、P、Sb、As 等微量元素在晶界、亚晶界、相界的偏聚有关。除上述脆性外，对于含有 Cr、Ni、Mn、Si 等的合金钢，淬火后在 450~650℃ 也可能产生回火脆性（图9-24），即第二类淬火脆性，该脆性可逆，也称为可逆回火脆性。可逆性表现如下：将产生回火脆性的钢件重新加热至 600~650℃ 后，快速冷却，脆性消失；再加热至 450~600℃ 慢、快冷或加热至 600~650℃ 后慢冷，又产生脆性；

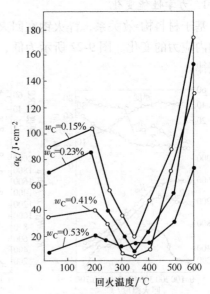

图9-23 碳含量对 Cr-Mn 钢（$w_{Cr} = 1.4\%$，$w_{Mn} = 1.1\%$，$w_{Si} = 0.2\%$，$w_{Ni} = 0.2\%$）第一类回火脆性的影响

若加热至 600℃ 以上快速冷却，脆性再次消失。可逆回火脆性产生的原因有多种说法，一般认为与 P、Sn、Sb、As 等杂质元素在原奥氏体晶界偏聚有关，且 Ni、Cr 等合金元素会加速其在晶界的富集。碳钢一般不出现可逆回火脆性。

目前，没有能有效消除不可逆回火脆性的热处理或合金化方法，应避免在低温脆化温度范围回火。可逆回火脆性的防止或减轻方法较多，例如，采用高温回火后快冷的方法，但这种方法对回火脆性敏感的较大工件不适用；采用在钢中加 Mo、W 等合金元素，通过阻碍杂质元素在晶界上偏聚的方法，抑制可逆回火脆性；采用 $A_1 \sim A_3$ 临界区亚温淬火，使 P 等杂质元素溶入少量残留铁素体中的方法；选择杂质元素极少的优质钢及形变热处理等方法，也能减弱可逆回火脆性。

综上，低碳钢淬火后不经回火（由于低碳钢 Ms 点高，可能进行低温回火前就发生了自回火）或低温回火（常为降低淬火应力而行），可获得良好的综合力学性能；中碳钢经中温或高温回火后具有良好的综合力学性能；高碳钢通常采用不完全淬火，使溶入奥氏体中的碳的质量分数在 0.5% 左右，并在淬火后辅以低温回火，获得高硬度和耐磨性。

2. 内应力变化

回火时温度升高，内应力降低。对碳钢而言，300℃ 回火后，在一个原子集团内处于平衡的第三类内应力消失，因为碳原子已从 α 基体相中析出；温度超过 350℃，在晶粒和亚晶粒范围内处于平衡的第二类内应力开始下降，到 500℃ 基本消除，由 α 相回复所致；经过 500℃ 回火，在零件整体范围内处于平衡的第一类内应力基本消失，因为 α 相会发生再结晶。图 9-25 所示为 30 钢回火时第一类内应力变化，在一定温度下，第一类内应力随回火时间不断降低，起始下降极快，超过 2h 降幅变缓。回火温度越高，内应力下降幅度越大。

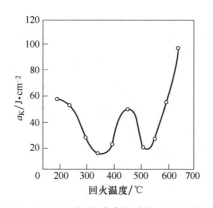

图 9-24　37CrNi3 钢的冲击韧度与回火温度关系

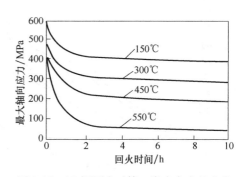

图 9-25　30 钢回火时第一类内应力的变化

9.6.4　回火与合金元素的关联性

合金元素对回火转变及回火后的组织、性能有影响。除了前面论及的合金元素对可逆回火脆性的作用外，它还能提高回火抗力，引起二次硬化。

1. 提高钢的回火抗力

回火抗力又称为回火稳定性或抗回火软化能力，表征了回火温度升高时，钢的强度和硬度下降快慢的程度，常用回火温度-硬度曲线表示，硬度下降幅度小时，回火抗力大。一般情况下，合金元素能提高回火抗力。图 9-26 所示为常见合金元素对 $w_C = 0.2\%$ 的钢回火硬度增量的作用。低温回火时，合金元素对硬度影响很小，其原因在于时效阶段发生的碳原子重新分布与合金元素无关；100~200℃之间回火时，合金元素的影响也很微弱，因为在此温度范围发生的过渡碳化物沉淀不要求碳原子长程扩散。

在316℃回火时，合金元素的影响有所加强，共同作用有二：一是降低碳原子的扩散系数，它对回火抗力的影响是微弱的，因为此温度下碳扩散不是转变过程的速度控制因素；二是合金元素本身的扩散，这是转变过程速度的控制因素。硅在316℃提高回火抗力的作用最显著，因为硅除了有固溶强化作用外，它在该温度附近能强烈阻止过渡碳化物向渗碳体的转变。在427℃回火时，合金元素阻碍渗碳体颗粒粗化效果加强；在538℃回火时，合金元素主要通过阻止碳化物聚集长大和铁素体晶粒等轴化，延缓硬度的下降。应指出，镍、磷引起硬度增量在所有回火温度下相同，这说明它们的作用只是固溶强化，与回火温度无关；铬、锰引起硬度增量随回火温度变化较大，这说明它们对碳化物转变的各个阶段都有一定影响。

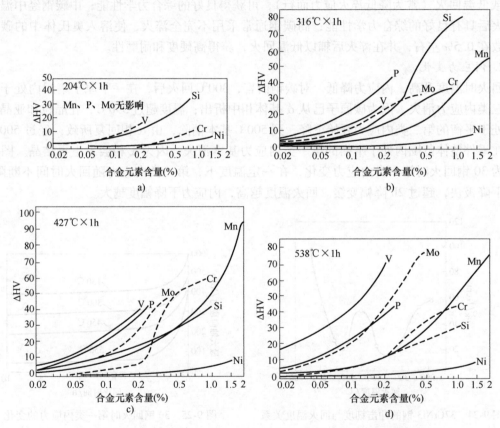

图 9-26　几种合金元素对 $w_C = 0.2\%$ 钢不同温度回火 1h 后引起的硬度增量

a) 204℃　b) 316℃　c) 427℃　d) 538℃

2. 引起二次硬化

二次硬化是指某些淬火合金钢在 500~600℃ 回火后硬度升高，在硬度-回火温度曲线上出现峰值的现象（图9-27）。该现象只在碳化物（特别是强碳化物形成元素 V、Ti、Mo、W、Cr 等）形成元素含量超过一定值时才发生；非碳化物形成元素（如 Ni、Si）和弱碳化物形成元素（如 Mn）都不会引起二次硬化。本质上讲，二次硬化是一种共格析出合金碳化物（如 VC、TiC、Mo₂C 等）的弥散强化，其效果随合金碳化物稳定性的增加和尺寸的减小而增大。二次硬化效应在工业上有重要意义，如工具钢靠它可保持高的热硬性；某些耐热钢靠它可以维持高温强度；某些结构钢和不锈钢靠它可以改善力学性能。

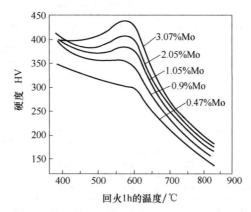

图 9-27　$w_C=0.1\%$ 钼钢回火时出现的二次硬化现象

9.6.5　回火工艺的制定

1. 回火温度

回火温度是决定回火钢组织和性能的最重要因素，是制定回火工艺的首选因素。确定回火温度的基本原则是，保证工件性能及内应力消除程度达到要求。实际中，选择回火温度的常用方法有计算法、查表法和查图法。

（1）计算法　对于碳含量为 0.35%~0.65% 的碳素结构钢，回火温度 T 可按式（9-2）计算：

$$T=300+(57-HRC)\times10-(0.8-w_C)\times150 \tag{9-2}$$

式中，w_C 为钢的碳含量（%）；HRC 为按要求回火后的硬度。

根据常用钢号回火温度基数、实测硬度和技术要求的硬度之间的关系确定回火温度，见式（9-3）：

$$T=T_{基}+(HRC-HRC')\times10 \tag{9-3}$$

式中，$T_{基}$ 为温度基数（℃），碳素工具钢为 200℃，合金工具钢为 220℃；HRC 为淬火后工件实测的硬度；HRC′ 为技术条件中要求的硬度，一般选中间值，中温回火按低硬度计算。

45 钢回火温度 T 可采用式（9-4）简易式计算：

$$T=819-10HRC \tag{9-4}$$

155

（2）查表法　经长期生产经验积累，许多常用钢材的回火温度与硬度对照表已被制定出，可供制定回火工艺选用。根据工件材料及技术条件，可查阅表 9-3 选择适当的回火温度。

表 9-3　常用钢的回火温度

钢号	回火后硬度　HRC							
	25~30	30~35	35~40	40~45	45~50	50~55	55~60	≥60
30	350	300	200	<160				160~200
35	520	460	420	350	290	<170		
45	550	520	450	380	320	300	180	
60	580	540	460	400	360	310	250	180~200
T7	580	530	470	420	370	320	250	160~180

(续)

钢号	回火后硬度 HRC							
	25~30	30~35	35~40	40~45	45~50	50~55	55~60	≥60
T10	580	540	490	430	380	340	250	160~180
12CrNi3					400	370	240	180~200
20CrMnTi							240	180~200
20MnVB								180~200
35CrMnSi	560	520	460	400	350	200		
40Cr	580	510	470	420	340	200-240	<160	
40CrMo	620	580	500	400	300			
50CrV	650	560	500	460~480	360~380	280~320	180~200	180~200
60Si2Mn	620	600	550	520	470	420	380	180
65Mn	660	600	520	440	360~400	300	230	<170
32Cr2W8		730	700	600	540			
5CrNiMo	700	640	550	450	380~400	260~300	200	
9SiCr	670	620	580	520	450	380	280~300	180~200
CrMn				420~440	380~400	320~340	280~300	180~200
Cr12		650~750	620~660	600~620	560~580	480~520	360~380	180~200
W18Cr4V						680	650	560
GCr15	680	580	530	480	420	380	270	<180
12Cr13	580	550	<500					
20Cr13	600	560	520	450	<400			

（3）查图法 根据硬度要求，可从回火温度-硬度关系曲线上查出回火温度加以选用。
图 9-28 所示为共析碳钢（810℃水淬）的回火温度-硬度关系曲线。

2. 回火时间

回火时间确定的基本原则是保证工件热透（被均匀加热）及组织转变充分进行。一般组织转变约需 0.5h，热透时间取决于温度、钢种、工件尺寸形状、装炉量及加热方式等。确定回火时间可按式（9-5）计算，也可通过查表法实现。

（1）计算法

$$\tau = K_n + A_n D \qquad (9-5)$$

式中，τ 为回火保温时间（min）（对盐浴炉，从炉子到达回火温度算起）；K_n 为回火保温时间基数（min）；A_n 为回火保温时间系数（min/mm）；D 为工件有效厚度（mm）。K_n 和 A_n 可由表 9-4 查出。

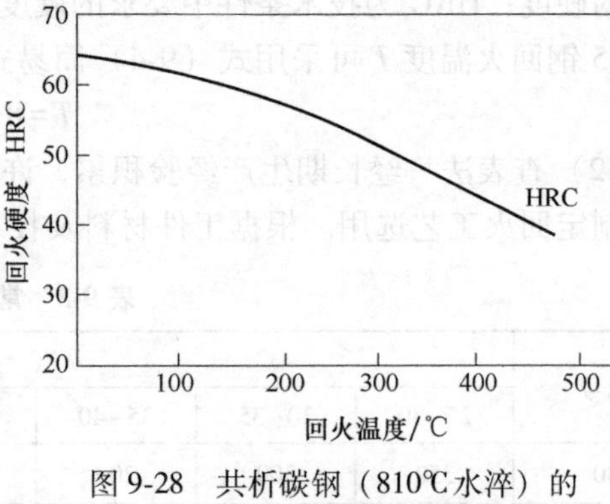

图 9-28　共析碳钢（810℃水淬）的
回火温度-硬度关系曲线

表 9-4　不同回火温度下的 K_n、A_n 值

K_n 值和 A_n 值	<300℃		300~450℃		>450℃	
	电炉	盐浴炉	电炉	盐浴炉	电炉	盐浴炉
$K_n/\min$	120	120	20	15	10	3
$A_n/\min \cdot mm^{-1}$	1	0.4	1	0.4	1	0.4

（2）查表法　空气炉和盐浴炉回火保温时间，可分别按表 9-5 和表 9-6 选择。

表 9-5　空气炉回火保温时间表

有效厚度/mm	≤20	20~40	40~60	60~80	80~100
保温时间/min	30~60	60~90	90~120	120~150	150~180

表 9-6　盐浴炉回火保温时间表

有效厚度/mm	≤20	20~40	40~60	60~80	80~100
保温时间/min	10~20	20~30	30~40	40~50	50~60

3. 回火冷却方式

回火冷却速度对钢的性能影响不大，一般工件出炉后，在空气中冷却即可。对有第二类回火脆性的回火工具钢，需要快速冷却，回火后在油或水中冷却，但应防止变形和开裂。为消除回火快速冷却产生的应力，可进行一次低温补充回火。

9.6.6　回火缺陷与预防

回火冷却方式或工艺如不恰当，则可能产生脆性、硬度偏高等问题。常见回火缺陷、产生原因及控制措施见表 9-7。

表 9-7　常见回火缺陷、产生原因及控制措施

序号	回火缺陷	产生原因	控制措施
1	回火硬度偏高	回火不足（回火温度低，时间不够）	提高回火温度，延长回火时间
2	回火硬度低	① 回火温度过高 ② 淬火组织中有非马氏体	① 降低回火温度 ② 改进淬火工艺，提高淬火硬度
3	回火畸变	由淬火应力回火时松弛引起	加压回火或趁热校直
4	回火硬度不均	回火炉温不均，装炉量过多，炉气循环不良	炉内应有气流循环风扇，减少装炉量
5	回火脆性	① 在回火脆性区回火 ② 回火后未快速冷却引起第二类回火脆性	① 避免在第一类回火脆性区回火 ② 在第二类回火脆性区回火后快速冷却
6	网状裂纹	回火加热速度过快，表层产生多向拉应力	采用缓慢的回火加热速度
7	回火开裂	淬火后未及时回火，形成显微裂纹，在回火时裂纹发展甚至断裂	减小淬火应力，淬火后应及时回火
8	表面腐蚀	带有残盐的零件回火前未及时清洗	回火前及时清洗残盐

9.7　工程案例

1. 车床主轴箱直齿圆柱齿轮的热处理

直齿圆柱齿轮结构如图 9-29 所示。选 45 钢调质后高频淬火，所得强度、韧性及表面硬度

均能满足其性能要求。工艺过程为：下料→锻造→正火→粗加工→调质→精加工（滚齿）→高频淬火→低温回火→拉孔。

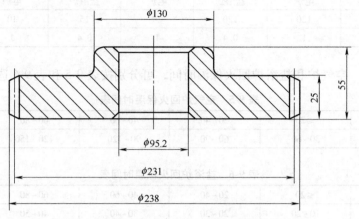

图 9-29　直齿圆柱齿轮结构

热处理技术要求：调质硬度为 200~250HBW；齿面高频淬火硬度为 52~56HRC。

主要热处理工艺及其作用如下：

（1）正火　消除锻件内应力，使组织均匀，使同批坯料获得均匀的硬度，便于切削加工。一般在 840~860℃ 空冷，硬度为 156~217HBW。

（2）调质　获得回火索氏体组织，使齿轮整体获得较高的综合力学性能，提高齿轮心部强度，减小后续淬火畸变。一般在 820~840℃ 水淬，在 520~550℃ 回火，硬度为 200~250HBW。

（3）高频淬火　齿部进行一次加热高频淬火，齿面得到高硬度、高耐磨性，并具有压应力，提高疲劳强度。一般在 860~900℃ 高频感应加热，喷水冷却。

（4）低温回火　在 180~220℃ 回火，消除淬火应力，提高齿轮承受冲击的能力。

2. 磨床砂轮架主轴的热处理

磨床砂轮架主轴结构如图 9-30 所示。选 9Mn2V 钢调质后在轴颈处中频淬火，可满足其弯曲载荷、扭转力矩大，高疲劳强度及轴颈表面高硬度和高耐磨性的要求。工艺过程为：锻造→球化退火→粗车（余量 4mm）→调质→校直去应力→精车（放余量 0.6~0.8mm）→中频淬火→低温回火→粗磨及人工时效（余量 0.15~0.25mm）→精磨、超精磨至所需尺寸。

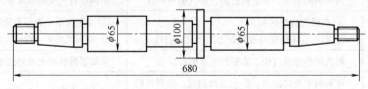

图 9-30　磨床砂轮架主轴结构

热处理技术要求：调质硬度为 250HBW 左右；轴颈处硬度为 58~62HRC（ϕ65mm 处，2 处；ϕ100mm 处，1 处；圆锥面，2 处）。

主要热处理工艺及其作用如下：

（1）球化退火　改善锻造组织（粗晶、片状珠光体和碳化物不均匀组织），使碳化物呈球状，降低硬度，改善可加工性，为下道热处理做组织准备。加热至 760℃ [Ac_1 + (20~30)℃]，保温一定时间后缓慢冷却（冷却速度为 20~30℃/h）至 500℃ 出炉空冷，硬度不大

158

于 229HBW。

（2）调质 获得回火索氏体组织，为中频淬火做组织准备，保证淬硬后的硬度均匀性，并使心部硬度达到 250HBW 左右。一般在 800℃油淬，在 630~650℃回火。

（3）校直去应力 在 600℃左右加热一定时间后炉冷至 300℃，出炉空冷。

（4）中频淬火 中频连续加热淬火（其中 ϕ65mm 处区域），中频一次加热淬火（其中 ϕ100mm 及圆锥面区域），加热温度约为 850℃，喷水或有机聚合物水溶液淬火冷却介质，表面硬度达到 60HRC 左右。

（5）低温回火 在 160℃左右回火，保温 4~8h，获得回火马氏体，硬化层深度为 3~5mm，硬度为 58~60HRC。

（6）时效 在 160℃时效，保温 8h，消除磨削等残余应力，稳定组织。

9.8 淬火-回火技术的发展

随着对材料构效关系认识的深入，人们探索出具有高强韧化效果的新途径，开发出许多新的淬火工艺。

9.8.1 奥氏体晶粒的超细化处理

在把晶粒度细化到 10 级以上的晶粒超细化处理之后，进行淬火，可获得组织细化的马氏体，使钢兼具高屈服强度、高韧性的特点。目前获得超细化晶粒的方法主要有超快速加热法、快速循环加热法、形变热处理法。

1. 超快速加热法

这种方法主要采用具有超快速加热的能源来实现。大功率脉冲感应加热、电子束加热和激光加热等皆属于此类。采用超快速加热法可使钢件表面或局部获得超细奥氏体晶粒，淬火后其硬度和耐磨性可显著提高。

2. 快速循环加热淬火法

快速循环加热，即首先将工件快速加热到 Ac_3 以上，短时间保温后迅速冷却，如此循环多次，使奥氏体晶粒逐渐细化。例如，45 钢在 815℃的铅浴中反复加热 4~5 次，可使奥氏体晶粒由 6 级细化到 12~15 级（图 9-31）。基于此，这种方法可以获得超细组织，达到强化的目的。

一般情况下，原始组织中碳化物越细小，加热速度越快，最高加热温度在合理的限度内越低，晶粒细化效果越好。在 Ac_3 以上的保温时间以匀温所需时间为限，不宜过长。循环次数不宜过多，因为晶粒越细，长大越快，当晶粒细化到一定程度后，晶粒细化将与其自身长大倾向平衡。应指出，要使较大尺寸零件的整体得到快速加热和冷却是困难的。

3. 形变热处理法

形变热处理法把压力加工与热处理相结合，包括高温形变热处理和低温形变热处理，具体分为以下几种方法。

（1）高温形变淬火（图 9-32a） 实施过程中先将钢加热至略高于 Ac_3 的温度进行奥氏体化，随后热轧，使奥氏体发生强烈的形变，接着等温保持适当时间，使形变奥氏体发生起始再结晶，并于晶粒尚未开始长大之前淬火获得马氏体组织。高温形变淬火后，进行适当回火，可获得很高的强韧性。一般在强度提高 10%~30%时，塑性可提高 40%~50%，冲击韧性成倍增加。

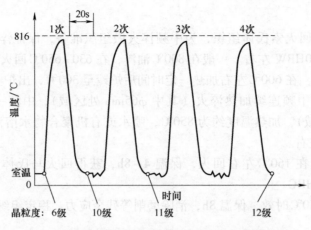

图 9-31　45 钢采用快速循环加热淬火法的工艺过程

（2）高温形变等温淬火（图 9-32b）　采用与高温形变淬火相同的加热和形变条件，随后在下贝氏体区等温获得下贝氏体。这种贝氏体组织比普通贝氏体的性能优越。

（3）低温形变淬火（图 9-32c）　该方法在奥氏体化后快速冷却至亚稳奥氏体区中具有最大转变孕育期的温度进行变形，然后淬火获得马氏体组织。可在保证一定塑性的条件下，大幅度提高强度。如高强度钢的抗拉强度可以由 1800MPa 提高到 2500~2800MPa，适用于强度

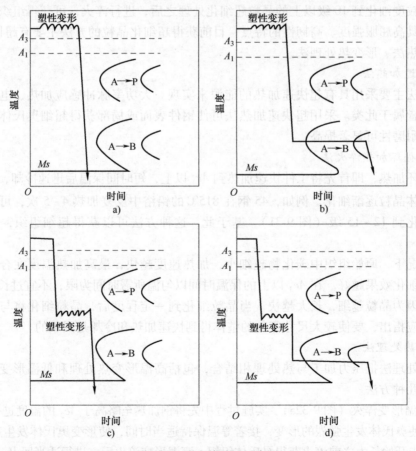

图 9-32　形变热处理示意图

a）高温形变淬火　b）高温形变等温淬火　c）低温形变淬火　d）低温形变等温淬火

要求很高的零件，如火箭壳体、飞机起落架、炮弹壳、模具等。

（4）低温形变等温淬火（图 9-32d） 采用与低温形变淬火相同的加热和形变条件，随后在下贝氏体区等温获得下贝氏体。这种方法可以在比低温形变淬火略低的温度，得到塑性较高的钢，用以制备热作模具及高强钢小件。

9.8.2 碳化物的超细化处理

高碳钢中碳化物质点（直径大于 $1\mu m$）是其在较高应力状态下的裂纹发源地之一，它们的间距是影响材料韧性的因素。当钢中碳含量一定时，其断裂韧性随碳化物质点平均距离减小而增加。细化碳化物并使之均匀分布是改善高碳钢强韧性的有效途径。由于高碳工具钢在最终热处理状态下的碳化物尺寸、形态和分布在很大程度上受原始组织影响，人们往往把使碳化物超细化获得适当原始组织的预备热处理与最终热处理看成一个整体。其中，最终热处理工艺变化不大，多为"淬火+低温回火"；预备热处理工艺变化多样。为使高碳钢中的碳化物细化，首先要使毛坯组织中的碳化物全部溶解。因此，高温固溶加热是预备热处理的第一步，然后再采取不同的工艺方法得到细小的均匀分布的碳化物，主要方法如下。

1. 高温固溶+淬火+高温回火

高温固溶后淬火，抑制碳化物析出，得到马氏体与残留奥氏体的混合组织，后经高温回火可获得弥散分布的球状碳化物。例如，退火态的 GCr15 钢经 1050℃ 加热 30min 后在沸水中淬火，并随即在 740℃ 下高温回火 2h，可使碳化物平均粒度细化到 $0.3\mu m$。

2. 高温固溶+等温处理

该方法避免了高碳钢"高温固溶+淬火"易开裂的缺点，能获得更细的碳化物尺寸。例如，GCr15 钢在 1040℃ 加热 30min 后经 625℃ 等温，得到细片状珠光体，或在 425℃ 等温得到贝氏体，最后采用常规的"淬火+回火"工艺，可使碳化物尺寸细化到 $0.1\mu m$，从而使钢的接触疲劳强度提高 2~3 倍。

9.8.3 控制马氏体、贝氏体组织形态及组织的淬火

利用板条马氏体和下贝氏体的组织特性，是提高钢强韧性的重要途径。

1. 中碳合金钢的超高温回火

与中碳合金钢正常温度淬火相比，提高淬火温度，会获得到较多板条马氏体，减少片状马氏体的数量，对钢的断裂韧性有利。例如，40CrNiMoA 钢经 1200℃ 加热油淬后，与正常温度（870℃）淬火相比，断裂韧性提高约 70%。因为前者得到的几乎都是板条马氏体，且在板条周围存在 10~20μm 厚的稳定残留奥氏体薄膜，它对局部应力集中不敏感，不易产生裂纹。

2. 高碳钢的低温短时加热淬火

快速加热至略高于 Ac_1 的温度并短时保温淬火，可以使高碳钢得到以板条马氏体为主加细小碳化物的组织，因为低温短时加热可以得到较细的晶粒，且奥氏体的碳含量较低，Ms 点较高。上述复合组织能实现钢在保持高硬度的前提下具有良好的韧性。例如，T10A 钢低温（约750℃）短时加热淬火+回火后硬度达 60~61HRC，冲击制度 $a_K = 20J/cm^2$，与常规淬火+回火后的硬度（61~62HRC）相当，a_K 数值却提高了 100%。此外，为保证低温短时加热淬火取得良好的强韧化效果，淬火前的原始组织中碳化物应尽量细小。上述工艺只适用于 $w_C>0.5\%$ 的钢，对于碳的质量分数低于此限的钢，强韧化效果不明显。

161

3. 获得马氏体加贝氏体复合组织的淬火

通过控制等温处理规范或连续冷却时的冷却速度获得适当数量的下贝氏体加马氏体的复合组织，可以使钢具有良好的强韧性。这种方法实施路径在 6.3 节的图 6-33 中已给出。

9.8.4 使钢中保留适当数量塑性第二相的淬火

淬火钢中如存在塑性第二相（铁素体、残留奥氏体），则它们对钢的强韧性会产生有益作用。为此，开发了一些新型热处理工艺。

1. 亚共析钢的亚温淬火（F+A 两相区淬火）

亚共析钢的亚温淬火是指钢在 $Ac_1 \sim Ac_3$ 之间的温度范围加热的淬火。它的淬火温度比正常淬火的温度低，能提高韧性，降低韧脆转化温度，抑制第二类回火脆性。原因主要有以下三点：①细化晶粒和减小杂质偏聚浓度；②杂质元素在奥氏体中的再分配；③减少碳化物沿晶界析出。

需指出，亚温淬火前的原始组织中不应有大块的铁素体存在。为此，亚温淬火前常需对钢件进行常规淬火或调质（有时可正火）处理，得到马氏体、贝氏体、回火索氏体、索氏体之类的组织，作为亚温淬火前的原始组织。

2. 控制残留奥氏体形态、数量和稳定性的热处理

残留奥氏体对钢强韧性的影响，主要与它的形态、分布、数量和稳定性有关。对于一定成分的钢，通过调整淬火加热温度、冷却规范（包括等温处理的温度和时间），以及回火工艺等，可以在很大程度上实现对残留奥氏体的形态、分布、数量和稳定性的控制。例如，中碳合金钢经过超高温淬火后可以得到板条马氏体和在其板条间分布的 $1 \times 10^{-5} \sim 2 \times 10^{-5}$ mm 厚的残留奥氏体薄膜，这大大改善了钢的断裂韧度。

本章小结及思维导图

钢的淬火与回火二者共存，是最终的热处理工艺。淬火时，先将工件加热到适当温度保温形成奥氏体，然后以适当的方式进行冷却得到马氏体或下贝氏体；再在适当温度下对马氏体进行回火。所谓"加热到适当温度"，对低碳钢和中碳钢是在单相奥氏体相区，对高碳钢是在奥氏体加未溶碳化物的两相区；所谓"适当方式冷却"，需根据工件所用材料、形状和尺寸选择合适的冷却方式（单液淬火、双液淬火、分级淬火和等温淬火等）以及冷却介质（水、水溶液和油等）；回火的"适当的温度"，是为了满足力学性能要求，根据材料和性能要求选择回火温度，通常低碳钢和高碳钢采用低温回火，中碳钢采用中温或高温回火。回火减小或消除淬火应力，使马氏体发生组织转变，可在不同温度下形成回火马氏体、回火屈氏体和回火索氏体，在降低硬度的前提下，提升钢的塑性、韧性。本章思维导图如图 9-33 所示。

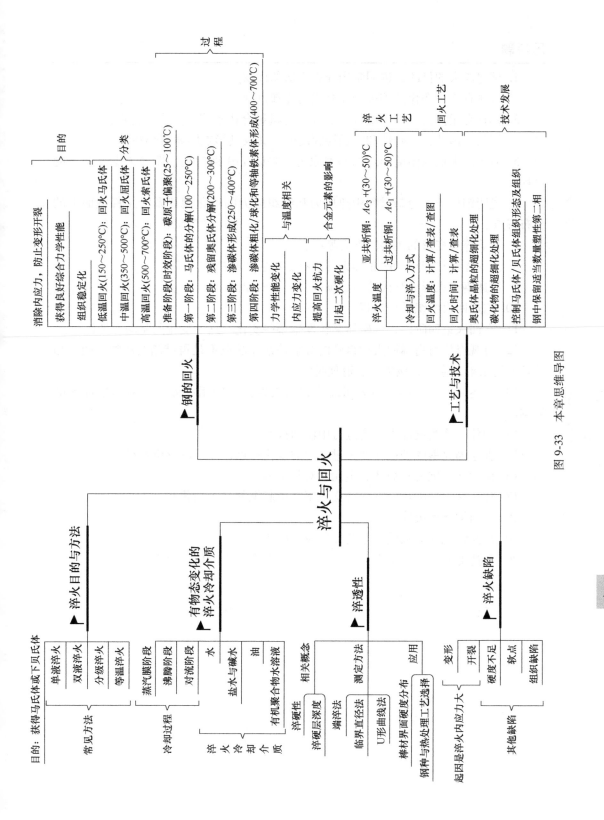

图 9-33　本章思维导图

163

思考题

1. 试述淬火的目的，说明常用淬火方法的优缺点。

2. 试述有物态变化的淬火冷却介质的冷却机理。

3. 几种常用淬火冷却介质（水、油、有机聚合物水溶液）有何特点？

4. 钢的淬透性、淬硬性和淬透层深度的含义及其影响因素有哪些？

5. 简述淬火加热温度确定的基本原则。并以 T10 钢为例说明淬火温度制定的过程。

6. 说明钢件淬火冷却过程中热应力和组织应力的变化规律及沿工件截面上的分布特点。

7. 影响淬火变形的主要因素有哪些？

8. 减少淬火热变形和防止淬火开裂有哪些主要措施？

9. 简述钢淬火形成马氏体后必须进行回火的原因。

10. 综述回火组织转变过程。

11. 在回火第四阶段，渗碳体颗粒发生哪些变化？这一变化的驱动力是什么？

12. 有观点认为高温回火后得到的等轴铁素体晶粒不是再结晶的产物，而是晶粒长大的结果，你认为该观点有道理吗？

13. 试述回火马氏体、回火屈氏体和回火索氏体的组织差异及对力学性能的影响。

14. 为什么弹簧钢淬火后要进行中温回火？

15. 叙述淬火钢的硬度在回火过程中的变化特点，并予以分析解释。

16. 何为回火抗力？简述合金元素对其影响。

17. 什么是二次硬化？哪些合金元素会引起钢的二次硬化？

18. 如何抑制回火脆性？

19. 简述常见回火缺陷产生的原因及预防措施。

20. 简述低温回火、中温回火、高温回火在生产中的应用范围。

第 10 章
钢的表面热处理

除前述整体热处理外，为满足某些机器零件在复杂应力条件下，表面和心部承受不同应力状态和性能的要求，钢的表面热处理技术也得到了发展。它包括表面淬火和化学热处理工艺，前者只改变工件表面层组织，后者既改变表面层组织，又改变表面化学成分。其中，表面淬火是通过零件表层迅速加热到临界点以上（心部温度处于临界点以下），并随之淬冷强化表面的，在表面获得高硬度和高耐磨性时，心部仍保持良好的韧性和塑性。根据热源的不同，表面淬火有多种，例如，感应加热、火焰加热、电接触加热，以及激光加热等表面淬火方法。

10.1 感应淬火

视频 34

感应淬火是目前应用最广的表面热处理方法，主要优点如下：①加热快，每秒可达几百摄氏度甚至几千摄氏度；热损少，热效率高达 60% 以上；②加热用时短，零件无氧化和脱碳，零件心部处于低温状态，强度高，淬火变形小，热处理质量高；③易于实现机械化和自动化，产品质量稳定。

10.1.1 感应加热基本原理

当感应线圈中通过一定的频率交流电时，线圈内外将产生与感应圈频率相同的交变磁场，使置于其中的零件导体产生感应电流。感应电流的频率与线圈中电流的频率相同，方向相反。由于零件本身有阻抗，感应电流沿工件表面形成封闭回路，产生的涡流将电能转变为热能，使工件加热。热量因交流电的趋肤效应分布在工件表面，使之快速加热至奥氏体状态，随后喷水快冷，即可获得马氏体，实现表面淬火工艺，如图 10-1 所示。电流密度在工件横截面上分布遵循式（10-1）的指数递减规律，它分布的不均匀程度随电流频率的增加而增大（图 10-2）。在工程上，把从表面到 $J_x/J_0 = 1/e \approx 0.37$ 处的深度定义为电流的透入深度 $\delta(\text{mm})$，此处深度［由式（10-2）求解］内电流产生的热量约为全部热量的 85%~90%。

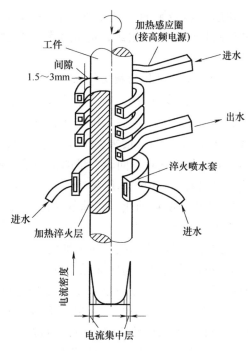

图 10-1 感应淬火示意图

$$J_x = J_0 \exp\left(-\frac{2\pi}{c}\sqrt{\frac{\mu f}{\rho}}x\right) \qquad (10\text{-}1)$$

式中，J_0 为导体表面的电流密度（A/m²）；x 为至表面的距离（mm）；J_x 为距表面 x 处的电流密度（A/m²）；c 为光速（3×10^8 m/s）；μ 为被加热材料的相对磁导率；f 为电流频率（Hz）；ρ 为被加热材料的电阻率（$\Omega\cdot$cm）。

$$x = \delta = 50300\sqrt{\frac{\mu f}{\rho}} \qquad (10\text{-}2)$$

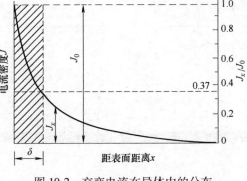

图 10-2　交变电流在导体中的分布

由式（10-2）可知：

1）电流频率越高，电流透入深度越小。据此，应根据零件所要求的淬火层深度来选择频率，从而选定设备。若要求淬火层深度约为 50mm 时，应选用工频（50Hz）感应加热；若淬火层深度为 3.5~20mm，应选用中频（500~8000Hz）感应加热；若淬火层较浅，应选用高频（100~500kHz）感应加热。

2）电阻率越大，磁导率越小，则电流透入深度越大。当钢件从室温加热到 1000℃时，电阻率将增大 10 倍；而当温度超过居里点后，相对磁导率却由 200~600 降到 1，这导致电流透入深度剧增（在 20℃和 1000℃时的电流透入深度分别为 $\dfrac{20}{\sqrt{f}}$ 和 $\dfrac{600}{\sqrt{f}}$），使整个电流透入层中的电流密度迅速下降，降低表层加热速度，使温度沿断面的分布在表层较为平缓。这种温度分布是十分有利的，既保证了零件具有一定的淬硬层深度，又使表层不易过热。

10.1.2　高频感应淬火后的组织与性能

快速加热会影响相变温度、相变动力学和组织，为弄清高频感应淬火组织，应先了解高频感应加热时钢的相变特点。

1. 快速加热时钢的相变特点

1）临界温度（Ac_1、Ac_3）升高，转变在较宽的范围内完成。升温速度越快，相变开始温度 Ac_1 和完成温度 Ac_3 越高。其中 Ac_3 增幅大于 Ac_1 的增幅，图 10-3 所示为不同加热速度对不同碳含量的钢的临界温度 Ac_3 的影响，可以看出，加热速度越快，Ac_3 越高。

2）奥氏体晶粒细化。快速加热时，过热度大，使奥氏体形核率增大；加之，奥氏体晶粒也来不及充分长大，这导致奥氏体晶粒被显著细化。

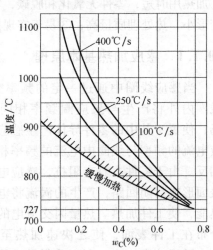

图 10-3　加热速度对不同碳含量的钢的临界温度（Ac_3）的影响

3）奥氏体成分均匀性降低，有时组织中残存一些第二相。在快速加热时，虽然温度高，但时间短，扩散过程往往是来不及充分进行的，奥氏体成分（主要指碳）不易达到均匀化，并导致淬火后马氏体中的碳分布不均匀。对于亚共析钢，淬硬层内可能有铁素体存在，应当避免。为此，在高频感应淬火前，通常需对工件进行适当的预备热处理（如调质处理、正火等），以获得尽可能均匀的原始组织。

2. 高频感应淬火后的组织

以 45 钢为例，正常感应加热条件下，沿钢件断面上的温度分布及淬火后的组织、硬度分布规律如图 10-4 所示。由图 10-4 可知，整个加热层分为三个区域。

（1）Ⅰ区 Ⅰ区为加热温度超过 Ac_3（快速加热时的临界温度）的一层。淬火后为完全马氏体组织，靠近表面的马氏体组织粗大，呈现条状或针状；靠里层的马氏体较细，带有隐晶状特征。

（2）Ⅱ区 Ⅱ区为过渡层，是加热温度处于 $Ac_1 \sim Ac_3$ 之间的一层。淬火后是马氏体和铁素体的混合组织，其中铁素体数量随远离表面而增多。由于加热时间短，高温下与铁素体接壤的奥氏体中碳含量很低，其淬透性很低，以致淬火后在铁素体周围易于形成少量的屈氏体（黑色）。

（3）Ⅲ区 Ⅲ区为温度低于 Ac_1 的一层。该层因加热时未得到奥氏体，冷却时不会发生马氏体转变而基本保留原始组织。若高频感应淬火前

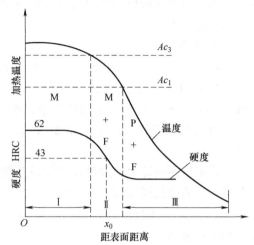

图 10-4 45 钢高频感应淬火后的组织和硬度

零件为调质状态，那么该区内温度高于调质回火温度的部分，将进一步回火使硬度降低。

对于过共析钢，高频感应淬火后，一般表层组织为"马氏体+碳化物+一定量残留奥氏体"；过渡层组织为"马氏体+碳化物+少量屈氏体（索氏体）"；心部组织为"珠光体+碳化物"。

3. 高频感应淬火后零件的力学性能

（1）硬度 高频感应淬火比普通淬火工件的硬度高 2~3HRC，主要是因为前者获得的细晶组织及不均匀成分会降低过冷奥氏体稳定性，进而促进马氏体的形成，减少残留奥氏体的数量。

（2）疲劳强度 高频感应淬火能有效提高零件的弯曲、扭转疲劳强度，小零件可提高 2~3 倍，大零件可提高 20%~30%。原因在于淬硬层中马氏体的比体积比原始组织的大，使得表层中形成了很大的残余压应力。

（3）耐磨性 感应淬火比普通淬火工件的磨损量小，耐磨性高。因为前者的表面硬度高，且表层具有高度残余压应力，这些都会提高工件抗咬合磨损和抗疲劳磨损性能。

10.1.3 感应淬火工艺

1. 电流频率的选择

电流频率是感应加热的主要工艺参数，它的选择需根据要求的硬化层深度（x）来确定。对于外轮廓不太复杂的零件，δ 与 x 之间满足如下经验关系式：

视频 35

$$\frac{\delta}{4} < x < \delta \tag{10-3}$$

将式（10-2）代入式（10-3），得：

$$\frac{15000}{x^2} < f < \frac{250000}{x^2} \tag{10-4}$$

在上述关系中，$x = (0.4 \sim 0.5)\delta$ 时最合适，频率为 $\dfrac{60000}{x^2}$，据此选定设备。如果设备的电流频率太低，则电流透入深度太大，不能实现表面加热的目的；如果频率太高，则电流透入深度太浅，须靠热传导加热内层以达到所要求的淬硬层深度，这使表面易于过热，过渡层较宽，热损失较大。

2. 比功率的确定

比功率（ΔP）是指被加热工件单位面积上接受的功率，通过调节电源的有效功率获得。比功率对感应加热过程影响很大，直接决定工件表面加热速度的快慢，$\Delta P = 0.3 \sim 1.5 \text{kW/cm}^2$ 时较为合适。如 ΔP 过小，所需加热时间则过长，这会降低生产率，增大热损失，又可能导致淬硬层过深；如 ΔP 过大，则加热速度过大，加热时间过短，这会增大操控难度。

比功率是感应淬火时最难确定的最关键的参数，它由工件尺寸、电流频率、设备输出功率及所要求的硬化层深度等因素决定。工件上的比功率 $\Delta P_\text{工}$（kW/cm^2）可用设备的比功率 $\Delta P_\text{设}$（kW/cm^2）来反应，后者与设备输出功率 $P_\text{设}$（kW）满足式（10-5），进而 $\Delta P_\text{工}$ 可用式（10-6）表示：

$$\Delta P_\text{设} \leqslant \frac{P_\text{设}}{A} \tag{10-5}$$

$$\Delta P_\text{工} = \frac{P_\text{设}\eta}{A} \tag{10-6}$$

式中，A 为工件加热表面积（cm^2）；η 为设备总效率。

3. 加热温度和加热方法的选择

感应加热温度是指零件表面的温度，应根据钢种、原始组织及在相变区间的加热速度来确定。通常原始组织越不均匀、越粗大，加热速度越大，加热温度越高。此外，在一定的加热速度下，理想的组织及最高硬度会出现在某一个温度范围内加热淬火后，因此加热温度应选在该温度范围内。

加热方法包括同时加热法和连续加热法，它们的选择要考虑工件形状、尺寸、技术条件、设备的功率及生产方式。通常，同时加热法适用于工件的硬化面积小于设备允许最大加热面积的情况，常用于小型工件或尺寸较大但加热面积较小的工件，如曲轴、凸轮轴等；批量生产时，在设备功率允许的前提下，尽量选用该方法。连续加热法主要应用于工件的硬化面积较大，设备功率不足的情况，如细长类工件、轴类及尺寸较大的平面，常为单件、小批量生产所用。

4. 冷却方式及介质的选择

大多数情况下采用喷射冷却法，把淬火冷却介质从装在零件周围的喷射器小孔中喷向零件，使之快速冷却。冷却速度通过调节水压、水温及喷射时间加以控制。为避免变形和开裂，表面淬火的工件一般都不冷却到室温，喷水冷却时间一般为加热时间的 1/3 ~ 1/2。

感应淬火常用的冷却介质包括水、油及水溶性介质等，其中最常用的是水。水用于碳钢及铸铁件；感应淬火所用淬火油与一般热处理淬火油通用，喷油量一定要大到保证淬火工件不产生燃烧火焰；感应淬火常用的水溶性介质是聚乙烯醇水溶液（常用浓度为 0.05% ~ 0.30%，液温为 20 ~ 45℃），主要适用于碳素结构钢、工具钢、低碳合金结构钢和轴承钢。

10.1.4　感应淬火件的回火

感应加热淬火件一般进行低温回火，以保证表面较高的硬度和残余压应力，降低工件脆性，提高韧性，提高工件的尺寸稳定性。回火方式除了与普通淬火范围无异的炉中回火外，还有感应加热回火及自回火。

1. 感应加热回火

感应加热回火是指工件感应加热淬火后，接着在回火感应器中进行回火加热。特点是回火时间短，回火温度较高，所得组织弥散性好，回火后工件耐磨性比炉中回火的高，冲击韧性大。回火一般采用中频或工频加热。

2. 自回火

自回火是指感应淬火时，通过控制喷射冷却时间，使工件硬化层以外的热量传递到硬化层，将其再次加热，达到回火目的的方法。自回火是利用感应淬火冷却后余热的一种短时回火，其温度高于获得相同硬度所需的炉中回火温度（见表 10-1）。该方法节能，适用于形状简单或大批量工件，能及时消除淬火应力和提高基体韧性，解决高碳钢及某些合金钢零件不易在炉中回火消除淬火裂纹的问题；但自回火工艺不易掌握，消除淬火应力的效果不如炉中回火好。

表 10-1　达到相同硬度的自回火温度与炉中回火温度的比较
（淬火后硬度为 63.5~65HRC，炉中回火时间为 1.5h）

平均硬度 HRC	回火温度/℃		平均硬度 HRC	回火温度/℃	
	炉中回火	自回火		炉中回火	自回火
62	130	185	50	305	390
60	150	230	45	365	465
55	235	310	40	425	550

10.2　其他高能密度加热表面淬火

除电磁感应加热之外，火焰、激光、电子束等高能密度热源也可用于表面淬火，下面简单介绍火焰淬火和激光淬火。

10.2.1　火焰淬火

用火焰加热零件表面上某些部位，使零件表面迅速被加热到淬火温度（奥氏体状态），并将冷却介质喷射到表面或浸入冷却介质的热处理工艺称为火焰淬火。它是一种局部淬火方法，通常利用氧乙炔焰或混合气体通过喷嘴使其燃烧，对零件进行加热和冷却，可获得预期的硬度和淬硬层，深度一般为 1~12mm，加热钢的碳含量为 0.3%~0.7%。

1. 火焰淬火的特点

（1）优点　①耐磨性好，具有较高的接触和弯曲疲劳强度，耐冲击和振动性好；②操作简单灵活，可用于大件、小件、异形件局部及沟槽个别部位淬火；③设备结构简单，使用方便，费用低；④淬火后表面清洁，基本无氧化和脱碳，变形小。

（2）缺点　①加热温度不易测量，淬硬层难以控制，需要根据经验来判断；②淬火硬度不稳定，表面容易过热；③仅适用于小批量生产。

2. 火焰淬火方法

（1）固定零件火焰淬火法　工件与喷嘴固定不动，工件被加热到淬火温度后喷水冷却或放入淬火槽中冷却（图10-5a）。此法适用于处理淬火部位不大的工件（如导轨接头、小扳手的孔或槽等）。

（2）旋转火焰淬火法　工件绕自轴旋转（75~150r/min），一个或多个喷嘴固定不动来加热工件，然后喷水冷却（图10-5b）。此法适用于宽度和直径不大、淬火层较深的圆柱体（如小型曲轴轴径）等。

（3）推进火焰淬火法　火焰喷嘴和冷却嘴一前一后以一定的速度沿着工件表面均匀推移，先加热后冷却（图10-5c）。此法多用于处理淬硬长度大的工件（如长轴、机床导轨、蜗杆及大齿轮）。

（4）联合火焰淬火法（旋转推进火焰淬火法）　用一个或数个喷嘴和冷却装置，以一定的速度对旋转的工件一边加热一边冷却（图10-5d）。此法由于工件旋转使工件表面加热均匀，适用于直径和长度较大的圆柱体工件（如冷轧辊）表面淬火。

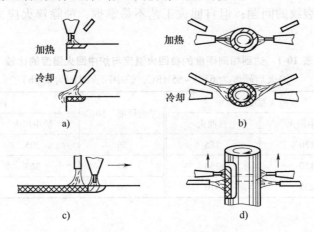

图 10-5　火焰淬火法示意图

a）固定零件火焰淬火法　b）旋转火焰淬火法　c）推进火焰淬火法　d）旋转推进火焰淬火法

3. 火焰淬火工艺

（1）加热温度及控制　不同材料的火焰加热温度比普通淬火温度高20~30℃。一些钢种的火焰淬火温度，见表10-2。对于固定法及旋转法火焰表面加热，工件表面温度通过加热时间加以控制，加热温度随加热时间延长而增加，图10-6所示为固定法加热摇臂杆及旋转法加热圆柱体时表面温度与加热时间之间的关系。

表 10-2　一些钢种的加热温度

钢　号	加热温度/℃	钢　号	加热温度/℃
35、ZG270-500、40	900~1020	42CrMo、40CrMnMo、35CrMnSi	900~1020
45、ZG310-570、50、ZG340-640	880~1000	T8A、T10A	860~980
50Mn、65Mn	860~980	9SiCr、GCr15、9Cr2	900~1020
40Cr、35CrMo	900~1020	2Cr13、30Cr13、4Cr13	1100~1200

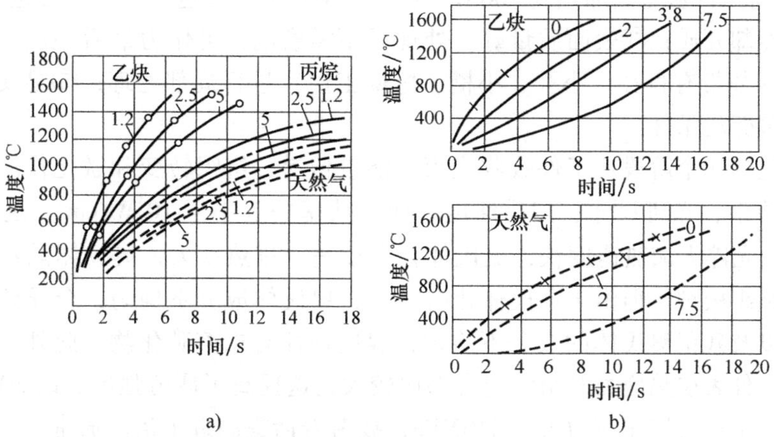

图 10-6　不同加热方式加热时表面温度与加热时间的关系［图中数字为距表面的距离（mm）］

a）固定零件火焰淬火法加热　b）旋转火焰淬火法加热

（2）淬火冷却介质及冷却方式　淬火冷却介质的冷却速度应设法调节，除了调节淬火冷却介质的流量、压力与温度外，可选用不同淬火冷却介质。不同钢经火焰加热后采用不同冷却介质淬火后的硬度见表 10-3。

表 10-3　不同钢经火焰淬火后的硬度（HTST）

材　　料		受冷却介质影响的典型硬度/HRC		
		空气	油	水
碳钢	1055～1075	50～60	58～62	60～63
	1080～1095	55～62	58～62	62～65
	1125～1137	—	—	45～55
	1138～1144	45～55	52～57	55～62
	1146～1151	50～55	55～60	58～64
合金钢	1340～1345	45～55	52～57	55～62
	3140～3145	50～60	55～60	60～64
	4140～4145	52～56	52～56	55～60
	5210	55～60	55～60	62～64
	8642～8660	55～63	55～63	62～64
马氏体不锈钢	410 和 416	41～44	41～44	—
	414 和 431	42～47	42～47	—
	420	49～56	49～56	—
	440	55～59	55～59	—

10.2.2　激光淬火

激光淬火是利用高能密度（功率密度大于 $10^3 W/cm^2$）激光束对金属工件表层迅速加热和随后激冷，使表面发生固态相变而达到表面强化的一种淬火工艺。该方法是 20 世纪 70 年代发展起来的新技术，与常规表面淬火相比，具有以下优点：①加热速度极快（>10000℃/s），可以在 0.5s 内将工件从室温加热到 760℃，热变形小；②冷却速度极快，可达 17000℃/s，可自淬火，无需冷却介质；③表面质量好，处理后不需磨削，可作为最后一道工序；④适合对形状复杂工件（如带有盲孔、小孔、小槽、薄壁工件）进行局部处理；⑤易实现自动化，可节约能量和改善劳动条件。

激光淬火包括四个阶段：工件吸收光束、能量传递、组织转变和激光作用后的冷却。主要工艺参数有功率、光斑尺寸、扫描速度，加热功率一般小于 $10^4 W/cm^2$，通常采用 1000～6000W/cm^2。激光淬火加热速度快，奥氏体化温度高，过热度大，奥氏体晶粒极细，使得淬火后的马氏体组织极细。但由于奥氏体化时间短，奥氏体成分不均匀，会导致淬火马氏体和其他相组成物以及残留奥氏体的成分不均匀，表层往往有未溶碳化物。此外，激光淬火由于激热、激冷，工件表层热应力及组织应力都比较大，这提高了疲劳强度。以 30CrMnSiNi2A 钢激光淬火为例，工件表层压应力可达 410MPa，疲劳寿命提高近 1 倍。通常，工件表面被激光淬火后，硬度、耐磨性和耐蚀性都非常优越，使用寿命得到大幅度提高。以 GCr15 钢锭杆激光淬火为例，锭杆尖部形成冠状硬化区，硬度达 900HV，硬化层的轴向深度大于 0.5mm，使用寿命比常规热处理的高 1 倍以上。

10.3 化学热处理

化学热处理是将表面合金化与热处理相结合的方法，在热处理技术中占相当大的比重，是工程修复技术的重要组成。该方法可以改变材料表层的物理、化学性质，提高零部件的抗氧化性、耐蚀性，提高材料的表面硬度、强度和耐磨性等，广泛用于机械制造、化工、交通运输、航空航天等领域。

10.3.1 概述

化学热处理是指将金属工件置于一定温度的活性介质中保温，使一种或几种元素渗入工件表层，配以后续热处理，改变表层化学成分和组织并获得与心部不同性能的热处理工艺。它分为表面扩散渗入和表面涂覆两大类，前者根据渗入元素又可分为渗入非金属元素和金属元素；根据介质的物理状态可分为：固体法、液体法和气体法；按渗入元素对工件表面性能的作用划分，可分为提高表面硬度、强度和耐磨性，提高抗氧化、耐高温性，提高抗咬合、减摩性，提高耐蚀性。常用的化学热处理方法与作用见表 10-4。

表 10-4　常用化学热处理方法与作用

方　　法	渗入元素	作　　用	主要应用范围
渗碳或碳氮共渗	C 或 C、N	提高工件的硬度、耐磨性及疲劳极限	汽车、拖拉机齿轮、风动工具零件、大型机械轴承及其他耐磨损零件
渗氮	N	提高工件的硬度、耐磨性、抗咬合能力及耐蚀性	飞机、精密机床的传动齿轮，轴，丝杠及汽车齿轮等零件，工模具、铸铁件等对表面耐磨及尺寸精度要求高的其他零件
渗硫	S	提高减摩性及抗咬合能力	齿轮、内燃机零件及工模具等

（续）

方　法	渗入元素	作　用	主要应用范围
硫氮共渗及硫氮碳共渗	S、N 或 S、N、C	提高工件耐磨性、减摩性及抗疲劳、抗咬合能力	内燃机零件及工模具、曲轴等在较大载荷、高速度、长时间工况下工作的零件
渗硼	B	提高工件表面硬度、耐磨能力及热硬性	缸套、活塞杆等在腐蚀条件下耐磨损的零件，也用于模具
渗硅	Si	提高工件表面硬度、耐蚀性，抗氧化能力	水泵轴、管道及其配件等化工及石油行业要求耐酸蚀的钢件、铸件，也用于低碳钢工件提高电磁性能
渗铝	Al	提高工件抗高温氧化及含硫介质中的耐腐蚀能力	叶片、喷嘴、化工管道等在高温或高温加腐蚀环境下工作的零件，加热炉中的耐热件等
渗锌	Zn	提高工件抗大气腐蚀能力	薄板、螺钉、螺母、铁基粉末冶金件
渗铬	Cr	提高工件抗高温氧化能力，耐磨及耐蚀性	代替不锈钢件耐磨蚀和抗高温氧化的零件
渗钒	V	提高工件表面硬度，耐磨及抗咬合能力	冷作模具
硼铝共渗	B、Al	提高工件耐磨、耐腐蚀及抗高温氧化能力，抗剥落能力优于渗硼性能	热挤压模具
铬铝共渗	Cr、Al	比铬、铝单渗具有更优的耐热性	高碳钢、耐热钢、耐热合金、难熔金属及合金
铬铝硅共渗	Cr、Al、Si	提高工件的高温性能	3Cr2W8V 等压铸模具

　　渗入法化学热处理可分为三个相互衔接而又同时进行的阶段，即分解、吸收和扩散。

　　1. 分解过程

　　分解是指在一定温度下零件周围介质分解出含有被渗元素的"活性原子"（初生的原子态的原子）的过程。例如，$CH_4 \rightleftharpoons 2H_2+[C]$，$2NH_3 \rightleftharpoons 3H_2+2[N]$，其中 [C]、[N] 分别为活性的碳、氮原子，能溶于钢中，可作为钢表面渗碳、渗氮的碳、氮原子来源。应指出，不是所有被渗元素的物质都可以作为渗剂，如 N_2 在普通渗氮温度下不能分解出活性氮原子；有时为了加速被渗物质的分解，或直接产生被渗物质的活性原子，需要添加一些催渗剂，如固体渗碳时，加入碳酸钠和碳酸钡可起到催渗的作用。

　　2. 吸收过程

　　吸收是指具有高能状态的活性原子进入金属晶格表面原子引力场范围之内，被表面晶格捕获并溶解的过程。该过程包括活性原子的吸附和向固溶体中溶解。一般固体表面对气相的吸附分为物理吸附和化学吸附两种。前者是固体表面对气体分子的凝聚作用，大多为多分子层，固体晶格与气体分子之间没有电子转移和化学键形成；化学吸附过程中，固体晶格与活性原子之间的结合类似化学键力，有明显选择性。化学吸附只能是单分子层，发生吸附需要一定的活化能。吸附速度随温度升高而增大，吸附能力与金属（钢件）的表面活性有关，通常表面粗糙度值大时，表面活性大，有利于促进化学热处理。此外，活性原子的溶入方式因元素类型而异，一般金属元素多以置换方式溶入，碳、氮、硼等小原子半径的非金属元素则以间隙原子方式溶入。

3. 扩散过程

扩散是指金属（钢件）表面吸收并溶解被渗元素活性原子后，在表面和心部形成被渗元素的浓度差，进而导致被渗元素原子从高浓度表面向内部迁移的现象。扩散的结果是形成一定深度的扩散层。扩散速度与扩散系数正向相关，扩散系数 D 遵循下式：

$$D = Ae^{\frac{Q}{RT}} \tag{10-7}$$

式中，A 为方程式参数；e 为自然对数之底；T 为热力学温度；R 为气体常数；Q 为扩散激活能。可以看出，温度越高，扩散系数越大，扩散越快。提高温度能提高化学热处理的生产效率，但实际中温度却不能任意提高，否则会引起渗层和心部组织粗化，设备使用寿命缩短等问题。各种化学热处理都须在适宜的温度范围内进行，当温度一定时扩散层厚度 δ 随加热时间 τ 的延长而增厚，它们与扩散系数 D 服从如下关系式：

$$\delta = 2\sqrt{D\tau} \tag{10-8}$$

上述三个阶段的协调是成功实施化学热处理的关键。鉴于篇幅，本节仅介绍钢的渗碳、渗氮、碳氮共渗、渗硼和渗铝工艺。

10.3.2 钢的渗碳

渗碳是将钢件放入具有足够碳势的渗碳介质中加热到奥氏体状态并保温（900~950℃），使钢表面形成富碳层的热处理工艺。渗碳后经淬火和低温回火，钢表面能够达到高硬度、高耐磨性和高疲劳强度，心部保持足够强度和韧性的目标。因此，渗碳可使同一种材料制作的零件兼具高碳钢和低碳钢

视频 36

的性能。钢的渗碳是一种应用最广泛的化学热处理，根据渗剂的差异，渗碳包括固体渗碳、气体渗碳和液体渗碳。其中，固体渗碳加热时间长，生产率低，劳动条件差，渗碳质量不易控制，目前已很少使用；液体渗碳成本高，渗碳盐浴有毒，盐浴成分不易调整，碳势不易精确控制，易腐蚀零件，劳动条件较差，故该方法已基本停用；气体渗碳具有碳势可控、生产效率高、劳动条件好、便于直接淬火等优点，应用最广泛。以下仅讨论气体渗碳的情况。

1. 渗碳原理（以气体渗碳为例）

（1）渗碳反应及过程

1）渗碳反应。渗剂的主要渗碳组分为 CO 和 CH_4，它们产生活性碳原子 [C] 的反应遵循式（10-9）~式（10-12）。

$$2CO \xrightleftharpoons[]{Fe} [C] + CO_2 \tag{10-9}$$

$$CO \xrightleftharpoons[]{Fe} [C] + \frac{1}{2}O_2 \tag{10-10}$$

$$CO + H_2 \xrightleftharpoons[]{Fe} [C] + H_2O \tag{10-11}$$

$$CH_4 \xrightleftharpoons[]{Fe} [C] + 2H_2 \tag{10-12}$$

2）渗碳过程。①渗剂中形成 CO、CH_4 等渗碳组分；②供碳组分传递到钢铁表面，在工件表面吸附、反应、产生活性碳原子渗入工件表面，反应产生的 CO_2、H_2O 离开工件表面；

③渗入工件表面的碳原子向内部扩散,形成一定浓度梯度的渗碳层。

3)渗碳的重要参量。

① 碳势 C_p:碳势表征了含碳气氛在一定温度下与工件表面处于平衡时,工件表面达到的碳含量。

② 碳活度 α_c:碳活度是渗碳过程中,钢奥氏体中碳的饱和蒸气压 p_c 与相同温度下以石墨为标准态的碳的饱和蒸气压 p_c^0 之比,即 $\alpha_c = p_c/p_c^0$。α_c 物理意义是奥氏体中碳的有效浓度,与奥氏体中碳含量有关,$\alpha_c = f_c w_C$。其中 f_c 为活度系数,它与渗碳温度、合金元素种类及含量有关。

③ 碳传递系数 β:碳传递系数也称为碳的传输系数(单位为 cm/s),物理意义:单位时间(s)内气氛传递到工件表面单位面积的碳量(碳通量 J')与气氛碳势和工件表面碳含量之间的差值($w_p - w_s$)之比,即 $\beta = J'/(w_p - w_s)$。β 数值与渗碳温度、渗碳介质及气氛有关。

④ 碳扩散系数 D:碳扩散系数与渗碳温度、奥氏体中碳浓度、合金元素的种类和数量有关。常用渗碳钢的碳含量及合金元素含量不高,它们的影响可不予考虑。D 与温度 $T(K)$ 的关系可用式(10-13)近似表达:

$$D = 0.162\exp(-16575/T) \tag{10-13}$$

(2)工艺参数对渗碳深度的影响 渗碳深度 d 可用式(10-14)表示:

$$d = k\sqrt{\tau} - \frac{D}{\beta} \tag{10-14}$$

式中,k 为渗碳速度因子;τ 为渗碳时间;D 为扩散系数;β 为碳传递系数。其中 k 与渗碳温度、碳势成正比,与心部碳含量成反比,与合金元素种类及含量有关。

1)温度的影响。由式(10-13)可知,渗碳温度升高,碳在钢中扩散系数呈指数增加,渗碳速度加快。但温度不宜过高,否则会造成晶粒长大,工件畸变增大,降低设备的使用寿命。通常渗碳温度控制在 900~950℃。

2)时间的影响。由式(10-14)可知,渗碳时间与深度呈平方根关系。时间越短,生产效率越高,能耗越低。但浅层渗碳时,若时间太短,渗碳层深度难以准确控制,应通过调整温度、碳势来延长渗碳时间,以便精准控制渗碳层深度。

3)碳势的影响。碳势越高,渗碳速度越快,但渗碳层碳浓度梯度越陡。如碳势过高,工件表面会出现积碳。

2. 气体渗碳技术与工艺

(1)渗碳方法 气体渗碳是将工件放在气体介质中加热并进行渗碳的工艺,主要分为滴注法和通气法两大类,其中滴注式气体渗碳法在我国应用最广,因为滴入的液体具有产气量大、碳势高、杂质少,不易形成炭黑等优点。

1)滴注式气体渗碳。该方法的液体渗剂有煤油、苯、甲苯、甲醇、乙醇、异丙醇、乙醚、丙酮、乙酸乙酯等,这些碳氢、碳氢氧化物经过加热分解,形成含 CH_4、CO、H_2 及少量 CO_2、H_2O、O_2 的气氛。近年来使用较多的是具有一定碳氧比(一个分子中碳原子数与氧原子数之比)和碳当量(产生 1mol 碳所需的物质质量)的有机溶剂。通常碳氧比越大,液态渗剂分解后形成的活性碳原子越多,渗碳能力越强;而碳当量越大,渗碳能力越弱。常用有机溶剂的碳氧比和碳当量见表 10-5。在实际中,一般采用两种有机溶剂同时滴入炉内,一种是渗碳能力强的,能形成渗碳气体(富化气);另一种是渗碳能力弱的,形成稀释气体。这样可得到炭黑少、渗速快、碳势易调节、渗碳质量高的良好效果。

表 10-5 常用有机溶剂的碳氧比和碳当量

名称	高温下的热分解反应式	碳氧比	碳当量	用途
甲醇	$CH_3OH \longrightarrow CO+2H_2$	1	0	稀释剂
乙醇	$C_2H_5OH \longrightarrow (C)+CO+3H_2$	2	46	渗碳剂
乙酸乙酯	$CH_3COOC_2H_5 \longrightarrow 2(C)+2CO+4H_2$	2	44	渗碳剂
异丙酮	$C_3H_7OH \longrightarrow 2(C)+CO+4H_2$	3	30	强渗剂
丙酮	$CH_3COCH_3 \longrightarrow 2(C)+CO+3H_2$	3	29	强渗剂
乙醚	$C_2H_5OC_2H_5 \longrightarrow 3(C)+CO+5H_2$	4	24.7	强渗剂

　　滴注式气体渗碳工艺过程包括：升温排气、渗碳（强渗和扩散）、降温，典型的工艺如图 10-7 所示。在零件装炉过程中，大量空气、二氧化碳与氧气等会被带进炉内，大幅度降低炉温，一般要降到 780~830℃。因此气体渗碳时，首先要升温排气，防止零件氧化。若排气前期采用煤油，易出现炭黑，这是因为炉温较低会使煤油分解不完全，炭黑的出现对渗碳有妨碍作用。若采用甲醇，基本可避免炭黑的产生，且能使

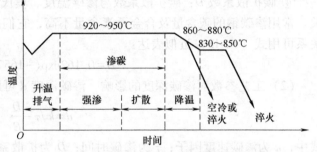

图 10-7 井式炉滴注式气体渗碳工艺曲线

CO_2 和 O_2 的含量迅速下降，达到符合渗碳要求的成分。当炉温升到 900℃ 以上，滴入适量的煤油，滴量大小根据炉子的容积确定，排气阶段的时间，通常在炉子达到渗碳温度后再延续 30~60min，以便完全清除炉内的 CO_2、H_2O、O_2 等氧化性气体。

　　渗碳阶段实现碳原子渗入工件表层，期间炉温保持不变，炉内压力控制在 150~200Pa，渗剂滴量控制分为一段法和两段法。一段法的滴量始终保持不变，目前已不再为气体渗碳所用，这是因为尽管该方法操作简单，但渗碳速度低或渗碳层的碳含量及组织分布不能满足性能要求。两段法是前段采用大滴量，维持炉内高碳势（1.3%~1.5%），工件表面吸收大量的活性碳原子，形成高浓度梯度，能实现强烈渗碳；后段采用小滴量，此时工件表面已经有一定渗碳层，炉内的气体中 CO_2 和 O_2 的含量很低，不会影响渗碳结果。后段为扩散阶段，滴量为强渗阶段的一半左右，适当降低炉内碳势，使表层过剩的碳向内侧扩散或向炉气中逸散，并最终获得所要求的表面碳含量和渗碳深度。两段法气体渗碳渗速快，渗碳层质量好，是目前采用的方法。在两段渗碳工艺过程中，强渗时间主要取决于渗碳深度，可按 0.15~0.2mm/h 估算，当自检试样的渗碳层深度达到所要求深度的 2/3 左右时，便可转入扩散阶段。渗碳时炉气气氛可采用碳势测量装置或观察废气燃烧火苗情况来判断，正常火苗呈浅黄色，无黑烟及白亮火束（或火星），火苗长 100~200mm，炉压为 200~300Pa。若火苗中有火星，则炉内炭黑过多；若火苗过长且尖端外缘呈亮白色，则渗碳剂供给量过大；若火苗过短且呈浅蓝色、有透明感，则渗碳剂供给量不足或炉罐漏气。

　　经过强烈渗碳，工件表面碳含量将高于规定的碳含量。为获得碳含量梯度平稳的符合技术要求的渗碳层，扩散阶段的渗剂滴量必须适当减少，扩散阶段结束时间常根据自检试样渗

碳层深度（有条件的还应测量表面碳含量）确定。当渗碳层深度到达要求时，可结束扩散过程，开始降温。对需要重新加热淬火的零件，随炉冷却至 860～880℃，然后出炉转入能防止氧化脱碳的冷却室冷却至室温；对直接进行淬火的零件，随炉冷却至 830～850℃，匀温 30～60min，然后进行淬火。需指出，在降温或匀温过程中，应向炉内滴注适量的甲醇或煤油，炉压控制在 49～98Pa，防止零件的氧化脱碳。随炉降温及保温过程期间仍然发生扩散，随炉缓冷会使渗碳层析出部分碳化物，减少奥氏体中碳含量，从而减少淬火后残留奥氏体的数量，达到增加表面硬度的目的；保温则使工件心部与表层温度趋于一致，减少畸变。保温温度及时间由工艺试验确定。井式炉气体渗碳典型工艺见表 10-6。

表 10-6　井式炉气体渗碳典型工艺

材　料	渗剂组成	渗层/mm	渗碳工艺参数	适用零件
20CrMnTi	甲醇+煤油	0.8～1.3	930℃强渗 75min，扩散 90～150min，随后炉冷至 850℃，保温 30～40min 后，油淬	汽车、拖拉机用齿轮
20CrMnMo			930℃强渗 240min，扩散 90min，随后炉冷至 850℃空冷	各种齿轮
12Cr2Ni4	吸热式气氛+丙烷		930℃强渗 60min，扩散 240min，随后炉冷至 840～860℃，保温 30min 后，油淬	各种弧齿锥齿轮
20Cr 20CrMo 20CrMnTi 20CrMnMo 20MnVb	煤油	1.2～1.6	930～940℃渗碳 3.5h，随炉冷却至 880℃空冷	汽车、拖拉机轴，杆件等
			930～940℃渗碳，强渗时间按 0.2～0.3mm/h 计算，扩散 60～90min，随后炉冷至 880℃空冷，或炉冷至 830～840℃，保温 45min 后，油淬	转向车轴、十字轴
10、20、20Cr	甲醇+煤油	1.0～1.2	930℃红外仪自动控制渗碳 240min，空冷或降温淬火	顶杆、十字轴
10、15、20	吸热式气氛+丙烷	1.1～1.5	930℃渗碳 6～7h，炉冷至 870℃放入冷却井中	销、球头碗接头
	煤油		930～940℃渗碳，强渗时间按 0.16mm/h 计算，扩散时间为 60～90min，随炉冷却至 880℃空冷	气门挺杆、垫片

　　2）通气式气体渗碳。该渗碳方法介质由富化气与稀释（载流）气组成，富化气常用天然气、液化石油气、城市煤气及有机溶剂（丙酮、异丙酮、醋酸乙酯、甘油等）的裂解气，稀释气常用吸热式可控气氛或甲醇、甲酸等的裂解气。富化气与稀释气的比例为 1/8～1/30 时，可避免出现过多的炭黑或焦油，如这一混合气中加入 2%～5%（体积分数）的氨气，可阻止炭黑的析出并加快渗碳过程。通气式分段气体渗碳经常在密封式炉或连续炉中进行，工艺曲线如图 10-8 所示（炉膛容积为 10m³）。由图可知，连续炉中的气体渗碳，常用各炉区碳势及温度不相同的方法来实现分段渗碳。在强渗碳区通入保护气及工业丙烷或液化石油气，而在扩散区只通入维持表面碳势的保护气。

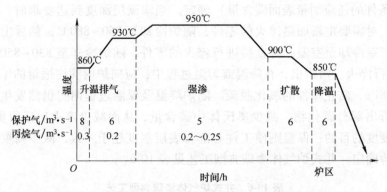

图 10-8 通气式分段气体渗碳工艺曲线

（2）渗碳工艺规范

1）渗碳剂消耗量。滴注式可控气氛渗碳时，首先调节滴注渗剂总量使炉气达到所需碳势，然后在渗碳过程中根据炉气碳势的测定结果，微调稀释剂（如甲醇）与渗碳剂（如丙酮）的相对含量；吸热式可控气氛渗碳时，吸热式气体作为载体，一般载体（稀释）气体应充满整个炉膛，使炉内气压比大气压高 10mm 水柱（98Pa），使炉内废气顺利排出即可。

2）渗碳温度。渗碳温度是极为重要的参数，对渗碳速度有很大影响。首先，温度影响分解反应的平衡，如果气氛中 CO_2 含量不变，温度每降低 10℃，气氛碳势的增幅大约为 0.08%；其次，温度升高使碳在奥氏体中的扩散系数及溶解度增大，在同样的渗碳时间内，渗碳温度增加 100℃，几乎可使总渗碳层的深度增加 1.7 倍；再次，温度影响钢中组织转变，温度过高会导致晶粒粗化。目前生产中广泛使用的温度是 920~930℃。对于薄层渗碳，为便于控制渗碳层深度，温度可降低到 880~900℃；对于大于 5mm 的渗层渗碳，为缩短渗碳时间，温度往往要提高到 980~1000℃。

3）渗碳时间。渗碳时间主要影响渗碳层深度，在一定程度上影响碳的浓度梯度。渗碳层深度 d（mm）与时间 τ（h）的关系如下：

$$d = \frac{802.6\sqrt{\tau}}{10^{(3720/T)}} \tag{10-15}$$

式中，T 为渗碳温度（K）。一般来说，对渗碳时间的控制精度要求不高，因为扩散是一个缓慢的过程。在时间方面，主要控制的是高碳势渗入段和扩散段的时间，升温阶段和淬火前预冷阶段的影响是有限的。

4）工艺参数的综合选择。由于各工艺参数相互影响较大，渗碳过程中各参数需要综合调节。典型做法是将渗碳过程分为升温排气、强渗、扩散和降温四个阶段（图 10-7）。升温时采用较低的碳势；强渗时采用高于表面所需碳含量的碳势，时间较长；扩散时工件降低到或维持在正常渗碳温度，碳势降低到表面所需碳含量，时间较短；降温使温度降低到淬火温度。这种分段安排可使整个渗碳时间比一段法的渗碳时间缩短 20%~60%，获得理想渗碳层。

（3）工艺操作技术（以滴注式气体渗碳为例）

1）渗碳前的准备。

①工件检查。如工件有油污、水迹，应进行清洗或干燥，清洗常用四氯化碳、汽油、热碱水等；如工件生锈，可用砂纸或喷砂等予以去除；有碰伤、裂纹时，应剔除。

② 试样准备。试样取自同批工件，试样表面不得有锈蚀和油污，中间试样一般为 φ10 的 10 号钢试棒。

③ 设备准备。保证炉盖升降机构、风扇、电气系统、各仪表工作正常，渗剂供给管路、滴油嘴、阀门能正常工作；密封系统良好，炉罐干净无积炭；定期清理炭黑，每次渗碳后检查滴注阀门是否关紧，防止渗剂低温下滴入炉内引起爆炸；准备好所用工夹具。

④ 炉罐预渗碳。按工艺文件规定，进行炉罐渗碳，对旧罐一般要预渗 0.5~2h，具体视停炉时间长短和炉罐脱碳轻重而定；新炉罐预渗 4h 左右。

2）装炉。

① 将材质相同、渗碳层技术要求相同、渗碳后热处理方式相同的工件，放在同一炉中处理，试样放在料框或夹具的有代表性的位置。装炉量和装料高度应小于设备规定的最大值。

② 工件间隙应大于 5mm，以保证炉内渗碳气氛的循环畅通，使渗碳层均匀。

③ 料框装入炉内时，要垂直摆放，整齐不得有间隙，同时放入中间试样。

④ 工件入炉后，将炉盖盖紧，不得有漏气现象，滴入渗剂后炉内压力应保持在 196~490Pa；严禁在 750℃ 以下向炉内滴注任何有机溶液；起动风扇，打开排气孔，将废气点燃。

3）渗碳。

① 根据材质及渗碳层显微组织的要求，按有关工艺文件规定的渗碳工艺曲线进行操作，渗碳关键工艺参数选择见上文。

② 工件装炉后每 30min 检查一次渗碳温度、渗剂量及炉内压力。不同工艺阶段的炉内压力可根据具体生产条件规定。

③ 对于不同工艺阶段取废气做 1~2 次分析，渗碳阶段的气体成分要符合工艺规定，可参考表 10-7。

表 10-7　渗碳阶段的气体成分（体积分数）　（%）

C_nH_{2n+2}	C_nH_{2n}	CO	H_2	CO_2	O_2	N_2
5~15	≤0.5	15~25	40~60	≤0.5	≤0.5	余

④ 在渗碳阶段取中间试样，当渗碳层深度达到技术要求的中限偏上即可开始扩散阶段（对于不需要扩散的工件可开始降温）。在扩散阶段取中间试样，当渗碳层深度稍低于技术要求的上限即可开始降温。降温温度按有关工艺文件规定。渗碳完毕，必须关紧滴注器阀门，严防低温下滴入有机溶剂。

4）工件降温至规定温度后出炉。按工艺要求进行直接淬火或空气中冷却。

3. 渗碳后热处理

钢件渗碳后表面碳含量高，心部碳含量低，在渗碳过程中可能存在晶粒粗化问题，需要进行适宜的热处理工艺，以提高渗碳层表面的强度、硬度和耐磨性，提高心部的强度和韧性，细化晶粒，消除网状渗碳体和减少残留奥氏体量。根据工件材质及性能要求，渗碳后通常采用直接淬火加低温回火、一次淬火加低温回火等热处理工艺。

（1）直接淬火+低温回火　直接淬火加低温回火是工件渗碳后随炉降温或出炉预冷至高于 Ar_1 或 Ar_3 温度（760~860℃）直接淬火，然后在（160~200）℃±20℃ 回火 2~3h 的热处理工艺，工艺曲线如图 10-9 所示。此法减少一道淬火加热工序，操作简单，成本低廉，适用于气体渗碳和液体渗碳。淬火前先预冷可以减少变形，稍微降低渗碳层中残留奥氏体的数量，提

179

高表面硬度，广泛用于细晶粒钢（如 20CrMnTi、20MnVB 等）；对于变形和承受载荷不大的零件，可不预冷直接淬火。

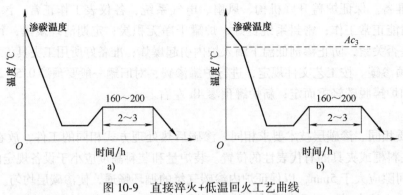

图 10-9 直接淬火+低温回火工艺曲线
a）未预冷 b）预冷

（2）一次淬火+低温回火 一次淬火加低温回火是将工件渗碳后直接出炉或降温至 860~880℃，在缓冷坑（或缓冷室）中冷却或空冷至室温，然后重新加热再进行淬火，最后低温回火的热处理工艺，工艺曲线如图 10-10 所示。此法适用于固体渗碳后的碳钢和低合金钢工件，

气、液体渗碳的粗晶粒钢，某些渗碳后不宜直接淬火的工件，以及渗碳后需机械加工的零件。对于合金渗碳钢，一般采用稍高于心部 Ac_3 温度淬火，使心部的强度较高；对于碳素渗碳钢，一般采用 Ac_1 和 Ac_3 之间的温度进行淬火，若温度过高，则表面的奥氏体长大，淬火后出现粗大的马氏体和残留奥氏体，使得工件的韧性降低；对渗碳时易过热的 20、20Mn2 等钢种，渗碳后先正火消除晶粒粗大的过热组织，然后进行淬火和低温回火。

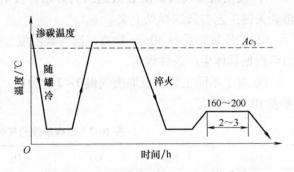

图 10-10 一次淬火+低温回火工艺曲线

（3）两次淬火+低温回火 两次淬火加低温回火是渗碳后进行两次淬火，再进行 160~200℃低温回火的热处理工艺。第一次淬火可以消除渗碳层网状碳化物及细化心部组织，加热温度在 Ac_3 以上，合金钢为 850~870℃，碳钢为 880~900℃；第二次淬火主要改善渗碳层组织，在工件渗碳层获得细针状马氏体和细颗粒状的碳化物，减少残留奥氏体的数量，以保证渗碳层的高强度、高耐磨性。加热温度范围为 $Ac_1+(40~60)$℃，心部硬度要求高的工件为

810~830℃，工艺曲线如图 10-11 所示。此法主要用于对力学性能要求很高的重要渗碳工件，尤其适用于粗晶粒钢；适用于高强度合金渗碳钢，如 12CrNi3A、12Cr2Ni4A、18Cr2Ni4W、20Cr2Ni4A 等。对于这类渗碳钢而言，采用两次淬火可以减少残留奥氏体。但工艺过于复杂，可采用其他方法来减少残留奥氏体的数量，例如，冷却至室温立即进行一

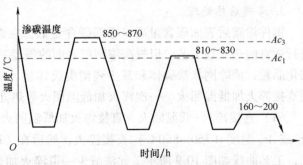

图 10-11 两次淬火+低温回火工艺曲线

次水冷处理，使残留奥氏体继续转变为马氏体，此时工件变形较小，不易氧化脱碳；或者采用一次淬火后对工件进行表面喷丸处理，促进残留奥氏体转变为马氏体；或者渗碳后进行一次高温回火，再进行淬火加低温回火。

应指出，两次淬火加低温回火工艺复杂，工件易氧化、脱碳、变形，成本高，目前已少用。除非渗碳后的不正常组织无法用直接淬火或一次淬火消除时，才予以考虑。

（4）高温回火+一次淬火+低温回火　该方法是在进行一次淬火+低温回火之前先进行一次或多次高温回火（650~800℃），工艺曲线如图10-12所示。高温回火的目的是使渗碳层中碳和合金元素以碳化物的形式析出，降低奥氏体中的合金元素和碳含量，进而导致淬火残留奥氏体数量降低，也便于切削加工。高温回火+一次淬火+低温回火工艺主要用于Cr-Ni合金工件的渗碳后热处理。

4. 渗碳层（件）的组织与性能

（1）渗碳层的组织与性能　渗碳后缓慢冷却的组织由表及里依次为过共析层、共析层和亚共析层（图10-13）。过共析层中出现的组织是珠光体和细网状渗碳体，共析层是珠光体，亚共析层中铁素体量随深度增加而增多，离开表面一定距离之后过渡到心部原始组织。渗碳后经淬火和低温回火后，渗碳层组织如图10-14所示。通常，最表面的组织是细针状回火马氏体、残留奥氏体和少量粒状渗碳体的混合组织；渗碳体和残留奥氏体的数量随渗碳层深度的增加而减小，先后消失，渗碳层中马氏体的形貌也发生改变，随深度增加由高碳的针状马氏体逐渐向中、低碳的板条马氏体转变。

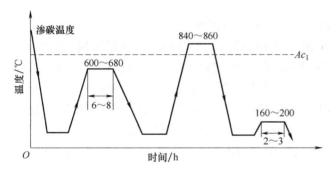

图10-12　高温回火+一次淬火+低温回火工艺曲线

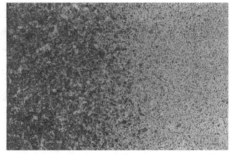

图10-13　15钢910℃渗碳3h后缓冷的渗碳层全貌（125×，4%硝酸酒精腐蚀）

渗碳层的硬度基本上随着与表面距离的增加而逐渐下降，渗碳层的性能取决于渗碳层表面碳含量及其分布梯度和淬火+低温回火后的组织。一般表面碳质量分数应控制在0.9%左右且碳浓度平缓，残留奥氏体含量小于15%。应指出，残留奥氏体较软，塑性好，能借助微区域的塑性变形，弛豫局部应力，延缓裂纹扩展，渗碳层中如有25%~30%的残留奥氏体，反而有利于接触疲劳强度的提高。表面粒状碳化物适量增加，可提高表面耐磨性及接触疲劳强度。但过量碳化物，特别是呈粗大网状或条块状时，将使冲击韧性、疲劳强度等性能变坏，容易造成磨削裂纹，应加以限制。

（2）渗碳件的组织与性能　上述渗碳层组织特征使得渗碳件通常具有如下力学性能特点：①渗碳层具有高硬度和耐磨性，硬度达58~63HRC；②疲劳强度高。其原因一方面在于渗碳层较高的强度增大了疲劳裂纹形成和扩展的阻力，另一方面在于渗碳层中较高的残余压应力，能抵消部分承载时的拉应力，进而减轻工件表层实际受到的拉应力；③接触疲劳强度高，这是由于渗碳件的强度较高且渗碳层较厚所致。

除了渗碳层之外，心部组织对渗碳件的性能也有重要影响。合适的心部组织应为板条马氏体或板条马氏体+屈氏体/索氏体；不允许有大块状或过量的铁素体，如其出现，会导致渗碳件心部硬度偏低，此时承载，易出现心部屈服强度低和渗碳层剥落。通常汽车、拖拉机渗碳齿轮的心部硬度为33~48HRC才算合格。此外，心部硬度还影响渗碳件的静载强度、弯曲疲劳强度和表面残余应力的分布。在渗碳层深度一定时，增高的心部硬度会降低表面残余压应力，且心部硬度过高，会降低渗碳件的冲击韧性。

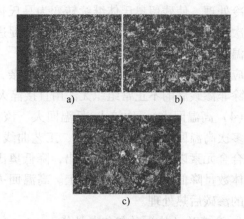

图 10-14　20CrMnTi 钢 930℃渗碳淬火回火（180℃）后的渗碳层显微组织（500×，4%硝酸酒精腐蚀）
a）表层　b）过渡层　c）心部

5. 渗碳后的质量检验

（1）硬度检验　一般在淬火+回火后检验表面硬度，有时也检验心部和非渗碳区的硬度，渗碳件硬度应符合技术要求。如硬度不合格，应加倍抽检，仍不合格，则应视情况进行返修或予以报废。

（2）渗碳层深度检验　渗碳层深度测量方法包括以下四种。

① 硬度测量。此法在国际上被普遍采用，用于渗碳件的最终检验，测量依据《钢件渗碳淬火硬化层深度的测定和校核》（GB/T 9450—2005）。它规定了"有效渗碳层深"，即渗碳工件经淬火、回火后，自表面到硬度为550HV处的垂直距离，试验力采用 9.807N（1kgf）。

② 断口目测或侵蚀。此法用于中间试样的炉前检查。将渗碳工件淬火后打断，观察断口形貌，渗碳层呈白瓷状，中心呈灰色纤维状断口（交界处碳含量约为 0.4%）；有时为清晰地观察渗碳层深度，需将试样磨平、抛光并用 4%硝酸酒精溶液侵蚀，借助放大镜加以观察。

③ 金相法。此法也用于中间检验。将渗碳缓冷后的试样磨制、腐蚀后，在显微镜下测定，碳钢的渗碳层深度从表面垂直量至1/2 过渡区（该处碳含量约为 0.4%），渗碳层深度等于过共析层深度+共析层深度+1/2 过渡区（共析区内侧至心部外侧组织之间的区域），要求过共析与共析区的深度占总渗碳层深的 75%以上；合金钢渗碳层深度从表面垂直至心部原始组织之间的距离，包括过共析层、共析层和过渡区全部，过共析与共析区之和占总渗碳层深的 50%以上。

④ 剥层化学法。此法虽然取样和分析麻烦，但精确可靠，一般适用于新钢种或新的渗碳工艺。先将 φ20mm×120mm 圆柱试样渗碳后缓冷，后由表及里逐层车削，进行化学分析，绘出碳含量梯度分布曲线，据此确定渗碳层深度及表面碳含量。

（3）金相组织检验　在淬火+回火后，按照行业标准进行金相组织检验。检验的项目一般包括：马氏体针的粗细、碳化物的数量和大小及分布、残留奥氏体量及心部游离铁素体。其中，马氏体、碳化物及残留奥氏体根据组织特征及数量，分别可划分为 6 个等级，见表 10-8。

表 10-8　马氏体、残留奥氏体、碳化物的级别评定

级别	特征说明			
	马氏体	残留奥氏体（体积分数）	碳化物	
			网系	粒块系
1级	隐晶及细针马氏体，针长小于等于3μm	含量≤5%	无或极少量细颗粒状碳化物	
2级	细针马氏体，针长大于3~5μm	含量>5%~10%	细颗粒状碳化物加趋网状分布的细小碳化物	细颗粒状碳化物加稍粗的粒状碳化物
3级	细针马氏体，针长大于5~8μm	含量>10%~18%	细颗粒状碳化物加呈断续网状分布的小块状碳化物	细颗粒状碳化物加较粗的碳化物
4级	针状马氏体，针长大于8~13μm	含量>18%~25%	细颗粒状碳化物加呈断续网状分布的块状碳化物	细颗粒状碳化物加粗块状碳化物
5级	针状马氏体，针长大于13~20μm	含量>25%~30%	细颗粒状碳化物加网状分布的细条状、块状碳化物	细颗粒状碳化物加角块状碳化物
6级	粗针马氏体，针长大于20~30μm	含量>30%~40%	颗粒状碳化物加网状分布的条块状碳化物	颗粒状碳化物加大量粗大角块状碳化物

6. 常见缺陷及预防消除措施

渗碳件常见缺陷及预防、消除措施见表10-9。

表 10-9　渗碳件常见缺陷及预防、消除措施

缺陷形式	形成原因	预防及返修方法
表层大块或网状碳化物	渗碳剂活性太高或渗碳保温时间太长	① 降低渗剂活性，当渗碳层要求较深时，保温后期适当降低渗剂活性 ② 在降低气氛碳势下，延长保温时间，重新淬火 ③ 高温加热扩散退火后再淬火
表层大量残留奥氏体	淬火温度过高，奥氏体中碳及合金元素含量高	① 降低渗剂活性 ② 降低淬火温度 ③ 冷处理 ④ 高温回火后，重新加热淬火
表面脱碳	渗碳后期渗剂活性过低，炉子漏气，液体渗碳时碳酸盐含量过高，淬火、冷却时保护不当，高温出炉时在空气中停留时间长	① 防止漏气，保证渗碳后期气氛碳势 ② 在合适的活性介质中修补 ③ 喷丸处理（适用于脱碳层小于等于0.02mm时）
表层深度不够	炉温低，渗碳层活性低，渗碳时间不足，炉子漏气，装炉量过多	① 调整渗碳温度和时间 ② 保证炉子的密封性 ③ 渗碳前清理工件表面 ④ 补渗

（续）

缺陷形式	形成原因	预防及返修方法
表层深度不均匀	炉温不均匀，炉内气氛循环不良，炭黑在工件表面沉积，工件表面氧化皮等没有清理干净，催渗剂分布不均匀，渗碳前有带状组织	① 保持炉温、炉气均匀 ② 减少炭黑沉积 ③ 渗碳前进行表面清理，消除带状组织 ④ 保证催渗剂均匀分布 ⑤ 报废或降级使用
表面屈氏体组织	渗碳介质中氧向钢内扩散，在晶界上形成 Cr、Mn 等的氧化物，该处合金元素贫化，淬透性降低，淬火后出现黑色网状屈氏体	① 控制炉内介质成分，降低氧含量 ② 重新加热淬火，提高冷却速度 ③ 喷丸处理（渗碳层深度小于等于 0.02mm）
表面硬度低	表面碳含量低，表面脱碳，残留奥氏体量过多，表面形成屈氏体网	① 选择适当的渗碳温度、碳势及淬火温度 ② 碳含量低者可补渗 ③ 残留奥氏体多采用高温回火或淬火后补充一次冷处理予以消除 ④ 表面有屈氏体者可重新加热淬火，增大淬火冷却速度
心部铁素体过多	淬火温度低，重新加热淬火保温时间不够	① 调整淬火温度、保温时间及冷却速度 ② 按正常工艺重新加热淬火
表面腐蚀和氧化	催渗剂在工件表面熔化，工件涂硼砂重新加热淬火等引起腐蚀，工件高温出炉不当均会引起氧化	① 及时清理或清洗工件表面 ② 报废
畸变过大	夹具及装炉方法不当，工件自重产生畸变，工件厚薄不均，渗碳或淬火温度过高，淬火冷却介质或冷却方法不当	① 合理吊装工件，对易变形工件采用压床淬火或采用热校 ② 对渗碳或淬火温度、介质、冷却方法进行调整
开裂	渗碳后慢冷使组织转变不均匀	① 加速冷却 ② 报废

7. 工程案例

组合式滚轮、滚轮刀轴结构如图 10-15 所示。材料为 20CrNiMo，具体成分见表 10-10。热处理工艺过程为：锻造→正火→机械加工→表面渗碳→机械加工→淬火+回火→机械加工→装配→焊接。

表 10-10　20CrNiMo 钢的化学成分（质量分数）　　　　　　　（%）

C	Si	Mn	Cr	Ni	Mo	P	S
0.17~0.23	0.17~0.37	0.60~0.95	0.40~0.70	0.34~0.75	0.20~0.30	≤0.035	≤0.035

主要热处理工艺如下：

（1）正火　正火温度 930℃±10℃，时间 2h，散开空冷。

（2）表面渗碳

1）涂防渗涂料。刷涂要求：①刷涂前将工件清洗干净，并烘干；②三次刷涂，每次刷涂间隔时间大于 1h；③均匀刷涂，不起泡，不漏刷。

2）装炉摆放。要求：①滚轮型腔口向上均匀摆放；②滚轮刀轴圆柱体底平面与料盘接触，竖向摆放；③工件单层摆放，用料盘分隔，切勿挤压。

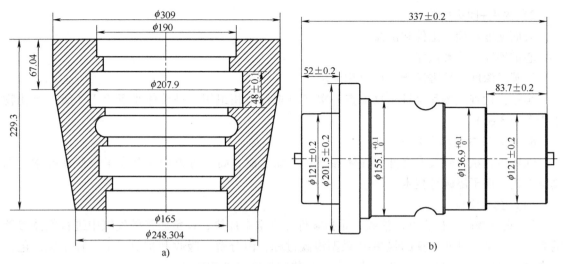

图 10-15   滚轮及其刀轴结构

a）滚轮   b）滚轮刀轴

3）渗碳。渗碳按表 10-11 中的工艺参数进行，可以满足要求：①渗层深度为 1.4~1.8mm；②表面碳浓度为 0.85%~1.05%。

表 10-11   20CrNiMo 钢的渗碳工艺参数

工艺阶段	温度/℃	时间/min	碳势（%）	备　　注
预热	400	1×60		箱式回火炉
升温	920	1.5×60	恢复碳势	箱式多用炉
强渗	920	18×60	1.2%~1.3%	箱式多用炉
扩散	920	1.5×60	0.8%~0.9%	箱式多用炉
缓冷	前室风冷	1×60	氮气保护	箱式多用炉

（3）试样放置与检查　每一炉沿料盘前、中、后放置同一批次材料的试棒 1、2 和 3。

1）试棒 1 用于检查表面碳浓度。检查方法采用剥层化学法，距表面共剥 6 层，每 0.1mm 为一层，距表面 0.2~0.6mm 共 5 层为碳浓度的检查依据。

2）试棒 2 用于后序淬火+回火后的表面/心部硬度和渗碳层深度检查，硬度检查采用洛氏硬度，渗碳层深度检查采用硬度梯度法。

3）试棒 3 用于后序淬火+回火后的金相组织检查。

（4）淬火+回火

1）工艺参数。渗碳后的淬火与回火工艺参数见表 10-12，可获得表面硬度 58~62HRC，心部硬度 30~35HRC，满足技术要求。

表 10-12   20CrNiMo 钢渗碳后的淬火与回火工艺参数

工艺阶段	温度/℃	时间/min	碳势（%）	备　　注
淬火加热	820	2×60	0.8%	箱式多用炉
淬火冷却	60~80			快速淬火油
清洗	80~90	0.5×60		清洗机
回火	170	5×60		箱式回火炉

2）淬火+回火检验。

表面硬度：检查工件和试棒。

心部硬度：检查试棒。

渗碳层深度：检查试棒（硬度梯度法）。

金相：检查试棒和每批实物检查一次（要求：金相组织，马氏体小于等于 4 级，碳化物小于等于 3 级）。

8. 气体渗碳技术新发展

除可控气氛渗碳技术之外，气体渗碳在环保节能、高效等方面也开发了一些新技术。如真空渗碳、离子渗碳等技术。

（1）真空渗碳

1）真空渗碳也称为低压渗碳，是指零件在真空中加热、在负压渗碳气氛中进行气体渗碳的方法。它是一种非平衡的强渗-扩散型渗碳过程，由分解、吸收和扩散三个过程组成，包括一次真空渗碳工艺和真空脉冲渗碳工艺，与传统气体渗碳相比具有以下优点：

① 产品无内氧化，显著提高零件表面疲劳性能、可靠性和使用寿命。

② 产品热处理畸变小，甚至可替代压床淬火，减小后期的加工量，节省加工成本。

③ 渗碳层控制精度高，计算机模拟控制精度可达±0.05mm。真空渗碳表面碳含量不必通过碳势控制，通过控制渗碳压力和渗碳气流量即可实现表面碳含量的精确控制。热处理工件具有良好的重复性，质量稳定。

④ 处理后产品表面不氧化、不脱碳，质量好，保持金属本色，节省清洗、喷丸工序。

⑤ 在低压和高温状态下，渗碳过程可大大缩短，生产率高。渗碳温度范围跨度大，从低温到最高渗碳温度可达到 1050℃。高温渗碳可大幅度缩短生产周期，节约能源成本。

⑥ 深层渗碳可大幅度节省工艺时间，有利于完成特殊钢种的渗碳工艺。

⑦ 减少环境污染和改善劳动条件，适应面广、灵活性大，可实现在线生产（真空渗碳+高压气淬）。

真空渗碳已在工业上得到应用和发展，有逐渐替代可控气氛渗碳的趋势，尤其适用于特定领域，如盲孔类零件的长型喷油嘴针阀体、销轴类零件的薄层渗碳、要求无内氧化渗碳、高合金钢和不锈钢渗碳等。真空渗碳也有缺点：设备费用高；碳势控制较困难；工件表面的位置和方向不同，表面的碳含量和渗碳层深度可能有差异。因此，真空渗碳时必须有良好的气体循环，才能保证均匀性。

真空渗碳一般过程是：零件清洗→零件装料、进炉→抽真空→升温及保温→渗碳、扩散→淬火热处理。零件入炉后抽真空至要求的真空条件（≤10Pa，基本达到无氧化条件）进行加热、升温、预热和保温。真空下可去除工件表面氧化物及油脂污物，使工件表面活化，有利于渗碳。当工件达到渗碳温度并均匀一致后，通入渗碳气体（甲烷、丙烷或乙炔等）进行渗碳。一般渗碳时气压为 300~2000Pa（常用 400~800Pa），然后扩散，抽走渗碳气体（或充入 N_2，维持炉压不变），使炉内达到工作真空度，再渗碳、扩散。这样脉冲式渗碳-扩散交替进行数次，直到达到所要求的渗碳层深度为止。渗碳结束后降温至淬火温度并保温，调整气压进行油淬或实施高压气淬。

2）工程实例

① 技术要求：材料 20CrMoH，脉冲式渗碳，渗碳层深度 0.8mm，硬度 58~62HRC。

② 设计工艺过程：预清洗→真空渗碳→油淬→清洗→深冷处理→回火。

③ 可行性工艺方案：采用真空脉冲式渗碳，按工艺曲线（图 10-16），(920±5)℃渗碳，生产过程总工艺时间约 380min，其中渗碳淬火时间约 240min，"强渗→扩散→强渗→扩散……"模式由 10~12 个脉冲完成，脉冲式渗碳介质流量如图 10-17 所示。

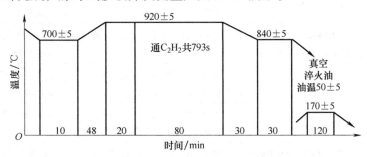

图 10-16　真空脉冲式渗碳工艺曲线

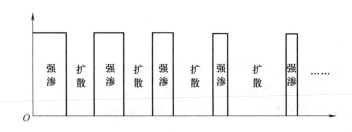

图 10-17　脉冲式渗碳介质流量

（2）离子渗碳　离子渗碳是指将工件放入真空室，抽真空使室内真空度低于 0.1MPa，并通入甲烷或丙烷气体，同时在工件和阳极之间施加直流高压，激发气体，引起辉光放电，用产生的碳等离子体高速轰击工件表面进行渗碳的方法。离子渗碳时，离子态的碳活性很高，加之离子轰击在工件表面形成大量微观缺陷，使得工件表面碳浓度在几分钟内就可达到饱和，渗碳速度大幅度提升。离子渗碳的温度通常为 900~960℃。离子渗碳的优点：①渗碳速度快，比普通气体渗碳提高 35% 至几倍；②渗碳层均匀；③避免晶界内氧化；④畸变小；⑤成本低，节能无污染。

1）离子渗碳工艺参数。

① 炉气成分及炉压。炉气由离子渗碳的供碳剂与稀释气体组成，供碳剂主要采用 CH_4 和 C_3H_8，稀释气体为氢气和氮气，渗碳剂与稀释气体之比约为 1：10。工作时炉压应控制在 133~532Pa。

② 离子渗碳温度与时间。离子渗碳过程主要受碳扩散控制，渗碳时间与渗碳层深度之间符合抛物线规律。与时间相比，温度对渗速影响更大。鉴于真空条件下加热，工件的变形量较小，离子渗碳可在较高的温度下进行，即可缩短渗碳周期。

③ 强渗碳与扩散时间之比。离子渗碳时，工件表面极易建立起较高的碳浓度，一般须采用强渗碳与扩散交替的方式进行。强渗碳与扩散时间之比（渗扩比）对渗碳层组织与浓度有较大影响。渗扩比要适当（如 2：1 或 1：1），才能获得理想的渗碳层组织和保证渗碳层深度。若渗扩比过高，则表层易形成块状碳化物，并阻碍碳进一步向内扩散，降低总渗碳层深度；渗扩比过低，则表面供碳不足，会影响渗碳层深及表层组织。

2）离子渗碳的应用。离子渗碳的部分应用实例见表 10-13。

表 10-13 离子渗碳的部分应用实例

工件名称	材 料	离子渗碳工艺	渗碳效果
喷油嘴针阀体	18Cr2Ni4WA	（895±5）℃×1.5h 离子渗碳，淬火及低温回火	表面硬度大于等于 58HRC，渗碳层深度 0.9mm
推土机履带销套	20CrMo，ϕ71.2mm×165mm（内孔 ϕ48mm）	1050℃×5h 离子渗碳，中频感应淬火	表面硬度 62~63HRC，有效硬化层深度 3.3mm
搓丝板	12CrNi2	910℃ 离子渗碳，强渗 30min+扩散 45min，淬火及低温回火	表面硬度 830HV，有效硬化层深度 0.68mm
齿轮套	30CrMo	910℃ 离子渗碳，强渗 30min+扩散 60min，淬火及低温回火	表面硬度 780HV，有效硬化层深度 0.86mm
减速机齿轮	20CrMnMo，ϕ817mm×180mm	（960±10）℃×1.5h 离子渗碳，强渗 3h+扩散 1.5h	渗碳层厚度 1.9mm，表面 w_C=0.82%

10.3.3 钢的渗氮

渗氮是在一定温度下使活性氮原子渗入到工件表面的化学热处理工艺。按加热方式和渗氮机理，渗氮包括普通渗氮及离子渗氮两类，前者又分为气体渗氮、离子渗氮、液体渗氮和固体渗氮。本节主要介绍气体渗氮和离子渗氮。

视频 37

1. 气体渗氮原理

（1）Fe-N 相图 图 10-18 所示为 Fe-N 相图，它是研究氮化层组织、相结构及渗氮层氮浓度分布的重要依据。图中有两个共析反应和五个单相，具体如下：

1）α 相：氮在 α-Fe 中的间隙固溶体，氮原子居于八面体间隙，最大溶解度出现在 590℃，约为 0.1%，室温时不超过 0.001%。

2）γ 相：氮在 γ-Fe 中的间隙固溶体，即含氮奥氏体，存在于 590℃ 以上，590℃ 时在 w_N=2.35%处发生共析反应 γ——→α+Fe₄N（γ'）；650℃ 时溶解度（w_N=2.8%）最大，氮原子居于八面体间隙。

3）γ' 相：一种成分可变的间隙相，450℃ 时氮的质量分数为 5.7%~6.1%，氮原子有序地占据由铁原子组成的面心立方晶格的位置，在 w_N=5.9%处，其成分符合 Fe₄N。γ' 相在 680℃ 以上发生分解，溶于 ε 相中。

4）ε 相：一种成分可变的氮化物（w_N=4.55%~11.0%），是以 Fe₂₋₃N 为基的固溶体，具有密排六方结构，氮原子居于间隙位置；650℃ 时在 w_N=4.55%处，ε 发生共析反应 ε——→γ+γ'。

5）ξ 相：以 Fe₂N 为基的固溶体，斜方点阵，w_N=11.00%~11.35%，ξ 相在 500℃ 以上转变为 ε 相。

钢中加入合金元素能改变氮在 α 相中的溶解度。强氮化物形成元素 W、Mo、Cr、Ti 和 V 可提高氮在 α 相中的溶解度。例如，合金钢 38CrMoAl、35CrMo、18Cr2Ni4WA 等渗氮时，氮在 α 相中的溶解度为 0.2%~0.5%，而在工业纯铁中仅为 0.1%。合金钢渗氮时，部分合金元素原子在 γ' 相和 ε 相中能置换铁原子，有些合金元素（如 Al、Si、Ti）在 γ' 相中溶解度较大，能扩大 γ' 相区。合金元素的溶入提高了 ε 相的硬度和耐磨性。

（2）氮原子的吸收与扩散 气体渗氮一般使用无水氨气（或氨+氢、氨+氮）作为供氮介质。氮化过程分为以下三个阶段：氨的分解、氮原子吸收和扩散。

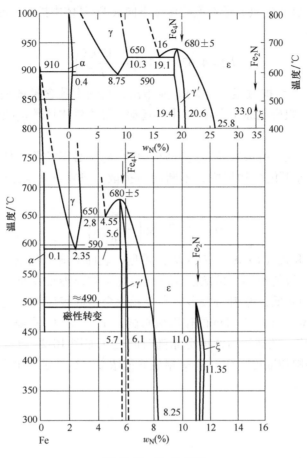

图 10-18　Fe-N 相图

1）氨的分解和氮原子的吸收。氨在钢件表面的分解和氮原子被吸收的示意图如图 10-19 所示。当通入炉中的氨气被加热到一定温度时，发生分解，反应遵循式（10-16）和式（10-17）。其中，按式（10-16）分解形成的活性氮原子只有一部分能立即被钢件表面吸收，多数活性氮原子会很快相互结合成氮分子而逸去。

$$NH_3 \rightleftharpoons [N] + \frac{3}{2}H_2 \qquad (10\text{-}16)$$

$$Fe + NH_3 \rightleftharpoons Fe(N) + \frac{3}{2}H_2 \qquad (10\text{-}17)$$

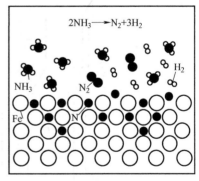

图 10-19　氨在钢表面分解及氮原子被吸收的示意图

工件对活性氮原子的吸收能力与氨的分解率和渗氮温度有关。氨分解率为 15%～40%时，钢铁的吸氮能力最佳。当氨的分解率一定时，工件吸收氮原子的能力随温度升高而增大，但温度过高或过低时工件的吸氮能力都比较小，钢铁件在 550～600℃渗氮时具有较好的吸氮能力。此外，钢的吸氮能力与其化学成分、组织结构与表面状态等因素有关。例如，钢中的 Cr、Mo、Al 等元素可以提高钢的吸氮能力，但 Cr 的含量不能超过一定值，否则，吸氮能力下降；钢的表面如有氧化、铁锈、油脂等，都会影响钢对活性氮的吸收。

2）氮的扩散。被吸收的氮原子在氮化温度下向 α-Fe 基体中扩散，形成氮化层。氮在 α-Fe 中的扩散系数可以为：

$$D_{\mathrm{N}}^{\alpha} = 4.67 \times 10^{-4} \exp\left(-\frac{17950}{RT}\right) \qquad (10\text{-}18)$$

式中，R 为气体常数；T 为扩散温度（K）。应指出，当钢中碳含量增加，更多的碳原子占据铁素体中间隙位置，会阻碍氮原子在 α-Fe 中的运动，加之铁素体数量减少，氮在 α-Fe 中扩散系数降低。

在气体渗氮时，气氛氮势很容易超过生成 ε 化合物所必需的值，使得钢表面极易生成一层 ε 化合物，氮原子溶于化合物层中，不断向内扩散。氮在 ε 氮化物中的扩散系数可以表示为：

$$D_{\mathrm{N}}^{\varepsilon} = 0.277 \exp\left(-\frac{35250}{RT}\right) \qquad (10\text{-}19)$$

比较式（10-18）和式（10-19），$D_{\mathrm{N}}^{\varepsilon} < D_{\mathrm{N}}^{\alpha}$。可见，表面形成氮化物之后，渗氮层厚度的增加受到氮在氮化物中扩散的控制，扩散层深度随氮化物层增厚而降低。此外，渗氮层深度因钢中合金元素的存在而降低，原因为大多数合金元素会不同程度地提高扩散激活能而使氮的扩散系数降低，其中 W、Ti、Ni、Mo 的作用最明显，Si、Mn、Cr 影响较小。

（3）渗氮层的形成　纯铁渗氮浓度分布随时间变化如图 10-20 所示。图中 $C^{\alpha\text{-}\gamma'}$ 是在渗氮温度下氮在 α-Fe 中的饱和浓度，$C^{\gamma'\text{-}\alpha}$ 是 γ′ 相最低氮浓度，$C^{\gamma'\text{-}\varepsilon}$ 是 γ′ 相饱和氮浓度，$C^{\varepsilon\text{-}\gamma'}$ 是 ε 相最低氮浓度。

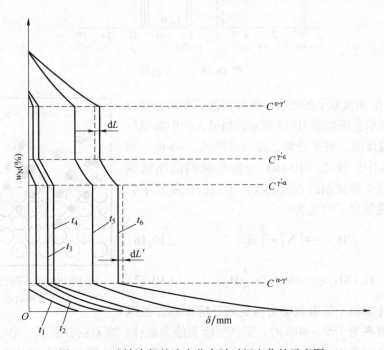

图 10-20　纯铁渗氮的浓度分布随时间变化的示意图

渗氮层形成过程属于典型的反应扩散，界面推移数学关系如下：设在 dt 时间间隔内 ε 相向 γ′ 相推移的距离为 dL。由于两侧氮浓度不同，相界推移后在相应体积范围内氮的增量应等于从 ε 相扩散到界面的氮量与在 γ′ 相一侧扩散离开界面的氮量之差，即：

$$\Delta C_{N}=(C^{\varepsilon-\gamma'}-C^{\gamma'-\varepsilon})dL=D_{\varepsilon}\left(\frac{dC}{dx}\right)_{\varepsilon}dt-D_{\gamma'}\left(\frac{dC}{dx}\right)_{\gamma'}dt \qquad (10\text{-}20)$$

所以，ε-γ'界面的推移速度为：

$$v_{1}=\left(\frac{dL}{dt}\right)_{\varepsilon-\gamma'}=\frac{D_{\varepsilon}\left(\frac{dC}{dx}\right)_{\varepsilon}-D_{\gamma'}\left(\frac{dC}{dx}\right)_{\gamma'}}{C^{\varepsilon-\gamma'}-C^{\gamma'-\varepsilon}} \qquad (10\text{-}21)$$

同理，γ'-α 界面推移速度为：

$$v_{2}=\frac{D_{\gamma'}\left(\frac{dC}{dx}\right)_{\gamma'}-D_{\alpha}\left(\frac{dC}{dx}\right)_{\alpha}}{C^{\gamma'-\alpha}-C^{\alpha-\gamma'}} \qquad (10\text{-}22)$$

v_{1} 和 v_{2} 相互制约。若 $v_{1}>v_{2}$，则 γ'层厚度逐渐减小，使$\left(\frac{dC}{dx}\right)_{\gamma'}$ 逐渐增大，导致 v_{1} 下降，v_{2} 增大，直至 $v_{1}=v_{2}$ 为止。反之，$v_{1}<v_{2}$，则 γ'层厚度逐渐增加，使$\left(\frac{dC}{dx}\right)_{\gamma'}$ 逐渐减小，导致 v_{1} 增大，v_{2} 下降，直至 $v_{1}=v_{2}$ 为止。这解释了经过一段时间的渗氮过程，γ'层厚度基本不变的原因。

显微组织结果表明：渗氮初期有大量的 ε 相晶核形成，此时的 ε 相晶粒很细，呈多面体形貌，各个方向的生长速度不同，一旦彼此接触，则横向生长受到限制。由于 ε 相是密排六方点阵，扩散的各向异性比较明显，因此，进一步生长时占有有利条件的晶粒，只可能是生长最快的、方向与渗入原子的扩散流方向（垂直于表面的方向）一致的 ε 相晶粒。于是随着渗氮层继续增厚，ε 相呈现柱状晶结构。然而，长得较慢的晶粒前沿逐渐被毗邻的成长快的晶粒所封闭，得以继续长大的晶粒越来越少，ε 相晶粒逐渐粗化。同时，随着化合物层增厚，表面疏松不断发展（图 10-21）。继续渗氮，化合物中出现裂纹，进而导致 ε 层自行破碎。

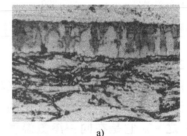

a)

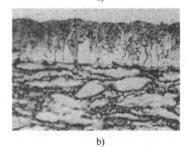

b)

图 10-21　纯氨渗氮不同时间的渗氮层组织
a）4h　b）8h

2. 气体渗氮工艺

渗氮在渗氮过程中完成，是一种时效强化，氮化后不需要再进行热处理。渗氮零件的心部性能由氮化前的热处理决定，一般采用调质处理。通常调质温度低，心部硬度高，且渗氮后渗氮层硬度也较高，有效渗氮层深度有所提高。渗氮深度和表面硬度是渗氮的重要技术要求，为满足其指标要求，渗氮应选择合理的工艺参数与方法。

（1）渗氮工艺参数的选择

1）渗氮温度和时间。温度是渗氮的关键参数之一，对表面硬度、渗氮层深度和变形量均有影响。通常，随渗氮温度升高，氮原子扩散速度增大，渗氮层深度增加（图 10-22），渗件的畸变也增大。渗氮温度常选择在 480～560℃，形状复杂、表面硬度要求高的零件选下限；要求渗氮层厚而表面要

视频38

191

求不高的选上限。从图 10-22 中还可看出,当渗氮温度一定时,延长渗氮时间会增大渗氮层深度,但其增幅逐渐减小,渗氮层深度与时间之间符合抛物线规律。

2) 氨的分解率。氨分解率是指在某一温度下分解的氮氢混合气体占炉气总体积的百分比,取决于渗氮温度、氨气流量、炉内压力、零件表面状况及有无催化剂等因素,可通过氨流量加以调节,增大氨流量可得较高的氨分解率。一般情况下,分解率在 20%~40% 时,对钢件吸氮最有利,氨分解率的适宜范围与温度有关,见表 10-14。应指出,若氨分解率太低,则氮势过高,渗氮能力太强,易导致渗氮件上形成较厚的白亮层,增大脆性;若分解率太高,则氮势偏低,造成表面氮含量不足、渗氮层偏薄、硬度不足。

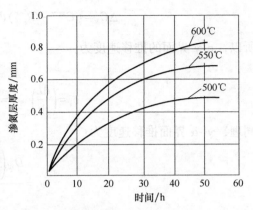

图 10-22 38CrMoAl 钢的渗氮层深度与
渗氮温度和时间的关系

表 10-14   不同温度下氨分解率的适宜范围

渗氮温度/℃	500	510	525	540	600
氨分解率(%)	15~25	20~30	25~35	35~50	45~60

(2) 常规渗氮工艺方法

1) 等温渗氮。等温渗氮工艺又称"一段渗氮法",是生产中最常用的渗氮工艺之一。它是在同一渗氮温度下长时间保温的渗氮方法,工艺曲线如图 10-23 所示。选择渗氮温度时,应着重考虑以下两点:①渗氮速度随温度升高而加快,提高渗氮温度可以缩短渗氮时间;②渗氮过程中"等活度时效"的沉淀物尺寸随温度升高而增大,会导致渗氮层硬度降低,该现象出现在高于 510℃ 渗氮的情况下。等温渗氮温度通常在 490~510℃ 之间。等温渗氮时间通常很长,具体时间可以根据渗氮层深度确定。

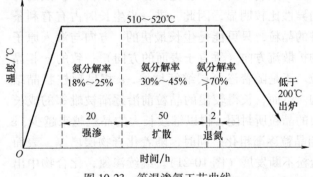

图 10-23   等温渗氮工艺曲线

等温渗氮的优点:渗氮温度低,表面硬度高,畸变小;缺点:生产周期长,设备利用率低,氨气消耗大。

2) 二段渗氮法。二段渗氮工艺曲线如图 10-24 所示。先在 500℃ 左右渗氮一段时间,形成细小弥散的氮化物,然后升温至 550℃ 左右继续渗氮,此时,氨的分解率升高,氮在工件中的扩散速度加快,渗氮时间缩短;另外,前期较低温度下形

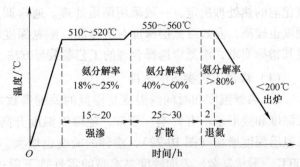

图 10-24   二段渗氮工艺曲线

成的氮化物不会明显长大，硬度下降不多。因此，与一段渗氮法相比，二段渗氮法在保证工件较高硬度的前提下缩短了氮化时间，平缓了硬度梯度，减薄了表面的白亮脆性化合物层，但却增加了工件变形量。二段渗氮法适用于渗氮深度较大的工件，如磨床主轴、镗床刀杆等。

3）三段渗氮法。三段渗氮工艺曲线如图 10-25 所示。它是在二段渗氮法基础上发展起来的，第二阶段温度一般为 560～580℃，比二段渗氮法的高一些，这提高了渗氮层深度。当渗氮层深度达到一定值后，又将温度降到与第一段温度相当或稍高的温度继续氮化，第三阶段的氨分解率与第一阶段的相同，以减少工件表面的氮浓度，降低渗氮层的脆性。三段渗氮工艺的优点为生产周期短、设备利用率高、成本低；缺点为工件表面硬度和畸变不易控制。因此，该法在生产中受到一定限制。

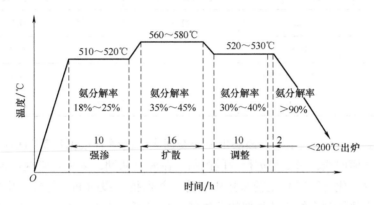

图 10-25　三段渗氮工艺曲线

应指出，上述常规渗氮的缺点还在于：使用的氨分解率偏低（氮势过高），范围太宽，常形成较厚的化合物层（图 10-26a）及大量脉状氮化物（图 10-26b），脆性较大。

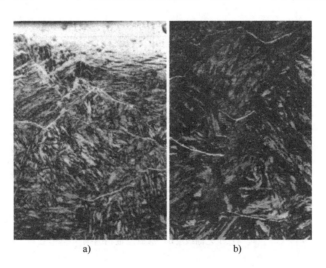

a)　　　　　　　　　b)

图 10-26　常规渗氮显微组织（38CrMoAl 钢，硝酸酒精腐蚀，800×）

a）表层　b）次表层

（3）可控渗氮工艺　自 20 世纪 70 年代起，先后出现了氮势定值和分段控制的可控渗氮方法。该法基于正确控制渗氮层的氮含量，改善渗氮层脆性。

1）氮势定值控制的渗氮工艺。此法由 Bell 提出并用于生产，在整个渗氮过程中控制氮势使其不变，氮势控制值依据氮势门槛值（对应于一定的渗氮时间形成化合物层所需要的最低氮势）加以选用。控制值能够正确地控制表面化合物的厚度或获得恰好无化合物层的渗氮层。例如，En-19 钢 500℃渗氮 50h 的氮势门槛值为 0.42（见表 10-15）。该法实现了控制表面相组成和降低渗氮层脆性的目的，但其渗氮速度慢，渗氮层浅。此外，Bell 没说明影响氮势门槛值的因素，没有给出氮势门槛值曲线的变化规律，以致在可控渗氮推广中出现重现性不好的问题。

表 10-15　氮势控制值与渗氮层厚度之间的关系

序　　号	氮势控制值	化合物厚度/μm	按 550HV 计算的有效硬化层深度/mm
A	12.0	22.5	0.25
B	0.54	2.5	0.21
C	0.42（门槛值）	0	0.17
D	0.36	0	0.03

2）氮势分段控制的渗氮工艺。该法由上海交通大学的学者根据氮势门槛值曲线理论提出，他们通过测定门槛值曲线，对氮势进行分段控制。在渗氮初期，采用与常规渗氮相同的高碳势，在即将出现白层（ε 化合物层）之前采用中氮势，并保持一段时间，待到又出现白层之前再把氮势降至与氮势定值控制渗氮工艺相似的低氮势。分段可控渗氮工艺曲线如图 10-27a 所示，经此处理的无白层渗氮层光学显微组织如图 10-27b 所示。与氮势定值控制相比，氮势分段控制的渗氮工艺保证了生产中的重现性，且调控方便、易于控制，在一定程度上克服了有效硬化层深度浅的缺点。

图 10-27　无白层分段可控渗氮工艺
a）工艺曲线　b）渗氮层金相组织

3. 离子渗氮

离子渗碳是指在低于 $1×10^5$Pa 的含氮气氛中，利用工件（阴极）和阳极之间产生的辉光放电现象进行渗氮的工艺。此法优点如下：①渗氮速度快，处理温度范围宽，可在较低温度下获得渗氮层；②节能、省气、环保，化合物层结构易于控制；③自动去除钝化膜，不锈钢、耐热钢等无须进行预先去钝化膜处理；④采用机械屏蔽隔断辉光，易实现非渗氮部位的防渗。

因此，离子渗氮工艺发展迅速，值得推广。

（1）离子渗氮原理　离子渗氮原理如图 10-28 所示。炉内工件为阴极，渗氮炉（真空容器）为阳极，二者距离一般为 30~80mm。工件放入后将炉内抽真空至 1.33~13.3Pa，并充入少量氨气（或氮、氢混合气体），当炉内压力达到 70Pa 左右时，阴、阳极间通入 400~800V 的直流电，使炉内气体发生电离。在电场作用下氨气部分分解为 N^+、H^+ 和电子，正离子向阴极运动，电子向阳极运动，运动时它们会碰撞其他气体分子，使其激发和电离。当正离子到达阴极附近时，被电场突然加速轰击工件表面，在阴极表面形成一层厚度为 4~8mm 的紫色或紫红色辉光，高能正离子的动能转化为热能加热工件。同时，N^+ 会获得电子，还原成原子，被工件表面吸收，并向内扩散。氮离子轰击工件表面还能产生阴极溅射效应，溅射出铁离子，它们在

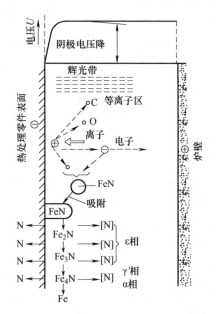

图 10-28　离子渗氮过程中工件表面反应模型

等离子区域与氮离子及电子结合成 FeN，FeN 被吸附到工件表面上。在高温及离子轰击作用下，FeN 又分解为 Fe_2N、Fe_3N 等，并释放出向工件内部扩散的活性氮原子 [N]，进而在工件表面形成渗氮层，该层深度随时间延长而加深。

（2）离子渗氮工艺参数

1）炉气成分及炉压。离子渗氮介质主要有 N_2+H_2、氨及其分解气体（25% N_2+75% H_2），它们对化合物层及厚度影响明显。用干燥的氨气作为炉气时，使用方便，但氨气在炉内不同部位的分解率不够均匀，化合物层为脆性较大的 ε+γ′，该介质适用于要求不高的工件。氨分解气体作为炉气时，解决了氨气介质的上述问题，简单易行，值得推广。N_2+H_2 作为炉气时，H_2 为调节氮势的稀释剂，能实现可控渗氮。

离子渗氮炉气压高时辉光集中，化合物层中 ε 相含量高；气压低时辉光发散，易获得 γ′相。实际操作中，炉内气压在 133~1066Pa 范围内调整，处理机械零件采用 266~532Pa，高速钢刀具采用 133Pa 低气压。

2）渗氮温度。渗氮温度是重要的离子渗氮参数，温度不宜过高或过低。温度太低，硬化层太薄，强化效果弱；温度太高，有利于渗氮层厚度的增加，但会出现含氮奥氏体而降低渗速，增大畸变。一般情况下，不锈钢和耐热钢的渗氮温度为 540~600℃，渗氮钢的渗氮温度为 510~560℃。

3）渗氮时间。渗氮时间取决于温度和渗氮层深度，与扩散层深度之间符合抛物线关系，变化规律与气体渗氮相似。渗氮层深度在 0.5mm 以下时，渗氮时间一般为几十分钟到十几个小时；渗氮层深度超过 0.5mm 时，渗氮速度主要取决于氮原子的扩散速度，此时的离子渗氮速度与气体渗氮相差不大，离子渗氮已无优势。

（3）离子渗氮工艺及应用　常用结构钢离子渗氮工艺及渗氮层深度和表面硬度见表 10-16。离子渗氮的典型应用见表 10-17。

表 10-16　常用结构钢离子渗氮工艺、渗氮层深度和表面硬度

钢　号	渗氮规范 温度/℃	时间/h	渗氮层深度/mm	表面硬度 HV
38CrMoAlA	520	8	0.32	1164
	540	8	0.32	998~1006
	560	8	0.35	968~988
	580	8	0.35	896~914
18Cr2Ni4WA	450	5~6	0.2~0.25	
	490	16	0.32	670~726
35CrMo	480	12	0.3~0.35	
25Cr2MoVA	550	5	0.32	705
40CrNiMoA	480	10	0.25~0.45	
12CrNi3A	490	6~7	0.15~0.25	
30CrMnSiA	430	3	0.15	
45 钢	520	8		260~280
30Cr3WA	480	15	0.25	
18CrMnTi	420	2.5	0.10	730
	460	3	0.15	738
	500	2	0.09	689
20Cr	500~520	2	0.25	566~666
	520~560	10	0.40	524~633
40Cr	480	8	0.35	613~633
	500	8	0.35~0.40	566~593
	520	8	0.35~0.40	613~633
	560	8	0.40~0.45	566

表 10-17　离子渗氮的典型应用

零件名称	工作条件	原材料、热处理工艺及存在问题	离子渗氮应用情况 材料及预处理	渗氮工艺	表面硬度	渗氮层深度/mm	应用效果
柴油机连杆铰刀	—	W18Cr4V 淬火、回火	W18Cr4V 淬火、回火	500~520℃，≤30min	870~1090HV	0.01~0.03	寿命提高5倍
冷冻机阀片	承受冲击疲劳载荷，720次/min	30CrMnSi 淬火、回火，46~54HRC，寿命低于5000h	30CrMnSi，基体硬度37~41HRC	380~420℃，100~120min	61~65HRC	0.10~0.12	寿命提高3倍以上

（续）

零件名称	工作条件	原材料、热处理工艺及存在问题	离子渗氮应用情况				
			材料及预处理	渗氮工艺	表面硬度	渗氮层深度 /mm	应用效果
大齿轮（ϕ455mm×25mm）	精密传动	18CrMnTi 渗碳淬火发生翘曲变形报废；改用 38CrMnAl 气体渗氮，周期太长	20CrMnTi	550℃，6h	830HV	0.4	变形符合要求，生产周期缩短
高速锤精压叶片模	挤压叶片，叶片材料 2Cr13	3Cr2W8V 淬火、回火，使用寿命低	3Cr2W8V 淬火、回火，硬度 48～52HRC	540℃，12h	66～68HRC	0.4	脱模容易，叶片光洁，寿命提高数倍

4. 渗氮层组织与性能

（1）渗氮层组织　渗氮过程是反应扩散过程，渗氮层组织与渗氮温度、冷却方式和渗氮层深度有关。依据 Fe-N 相图，可得到不同温度下缓慢冷却后渗氮层中相的形成顺序及各层的构成相（表 10-18）。在低于共析温度 590℃对纯铁进行渗氮时，当表面的 α 相的氮浓度饱和时，转变为 γ′ 相，当 γ′ 相氮饱和后会形成 ε 相；在随后缓冷时，将从 $w_N < 8.25\%$ 的 ε 相层中析出 γ′ 相，从饱和的 α 相层中析出 γ′ 相，图 10-29 所示为在 590℃以下渗氮时渗氮层组织和氮含量分布。

表 10-18　渗氮层中相形成顺序及平衡状态下各层的构成相

温度/℃	相形成顺序	渗氮层缓慢冷却后由表及里的构成相
<590	α —→ $α_N$ —→ γ′ —→ ε	ε —→ ε+γ′ —→ γ′ —→ $α_N$+γ′（过剩）—→ α
590～680	α —→ $α_N$ —→ γ —→ γ′ —→ ε	ε —→ ε+γ′ —→ γ′ —→ $α_N$+γ′ 共析组织 —→ $α_N$+γ′（过剩）—→ α
>680	α —→ $α_N$ —→ γ —→ ε	ε —→ ε+γ′ —→ $α_N$+γ′ 共析组织 —→ $α_N$+γ′（过剩）—→ α

（2）渗氮层性能　氮化物的形成决定了渗氮能够显著提高工件的表面硬度、耐磨性、疲劳强度和耐蚀性。加之渗氮的温度较低，热变形小，渗氮被广泛应用于刀具、工模具、磨床主轴、镗床的镗杆、精密机械零件、发动机曲轴、气缸套、塑料机械中的挤压螺杆等零件。钢材渗氮后的主要性能特点如下：

1）高硬度和耐磨性。含 Al、Cr、Mo 的钢（如 38CrMoAl）氮化后，硬度可达 1000～1200HV（约相当于 70～72HRC），明显高于渗碳淬火后的硬度（60～62HRC），氮化层的高硬度可以保持到 500℃左右。高的硬度使得渗氮钢也具有良好的耐磨性。

2）高的疲劳强度。渗氮层内的残余压应力比

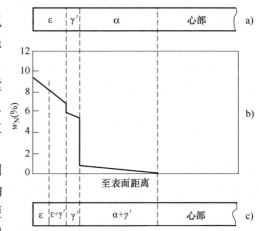

图 10-29　在 590℃以下渗氮时渗氮层组织和氮含量分布示意图
a）渗氮温度下的组织　b）氮含量分布曲线
c）缓慢冷却到室温的组织

渗碳层的大，前者可获得较高的疲劳强度。缺口试样渗氮后的疲劳强度可与光滑试样渗氮后的相媲美。

3）较高的抗"咬卡"性能。氮化层的高硬度和高温硬度，使其具有较高的抗咬卡性能（"咬卡"是由于短时缺乏润滑导致过热，在相对运动的两表面之间产生的卡死、擦伤或焊合现象）。

4）较高的耐蚀性能。这种性能源于渗氮层表面化学稳定性高而致密的 ε 化合物层。应指出，抑制 ε 化合物层不利于耐蚀性，但有利于降低渗氮层的脆性。

5）变形小且规律性强。渗氮温度低，且氮化过程中零件心部无相变，氮化后不进行任何热处理，故渗氮件变形小；引起氮化件变形的基本原因是氮化层的体积膨胀，故变形具有较强的规律性。

5. 渗氮层（件）质量检验

目前，渗氮层检验依据为《钢件渗氮层深度测定和金相检验》（GB/T 11354—2005），渗氮件的质量检验内容主要包括：层深、渗氮层脆性、疏松状况及渗氮层中氮化物的形态。

（1）渗氮层深度检验

1）硬度法。采用维氏硬度测量，试验力为 2.94N（0.3kgf），按规定从试样表面测至比基体维氏硬度高 50HV 处的垂直距离为渗氮层深度。基体硬度值是指在距离表面三倍渗氮层处的硬度值的实测值。对于硬度梯度平缓的工件（如碳素钢、低碳合金钢等），渗氮层深度是指测至比基体硬度高 30HV 的垂直距离；对于渗氮层深度与压痕尺寸不合适的工件，采用 1.96N（0.2kgf）~19.6N（2kgf）范围内的试验力，并在 HV 后标明，如 HV0.2 表示采用 1.96N（0.2kgf）试验力。硬度法可用于仲裁。

2）金相法。先将渗氮试样制成金相样品，腐蚀后在金相显微镜下（100 倍或 200 倍）观察和测量渗氮层深度，渗氮层深度为从表面沿垂直方向测至基体组织有明显分界处的距离，如图 10-30 所示。

（2）渗氮层脆性检验　渗氮层脆性采用维氏硬度压痕边角碎裂程度来计量，脆性级别分为五个等级。压痕边角完整无缺为 1 级；压痕一边或一角碎裂为 2 级；压痕两边或两角碎裂为 3 级；压痕三边或三角碎裂为 4 级；压痕四边或四角碎裂为 5 级。一般零件 1~3 级，重要零件 1~2 级为合格。测量应在工件工作

图 10-30　38CrMoAl 钢气体渗氮
（4%硝酸酒精溶液腐蚀，100×）

部位或随炉试样表面检测渗氮层脆性，对于渗氮后有磨损余量的零件，也可在磨去加工余量后的表面上测量。测量时，试验力为 98.07N（10kgf），加载在 5~9s 内缓慢施加，加载停留 5~10s 后去载。

（3）渗氮层疏松检验　按照渗氮件表面化合物内微孔的形状、数量、密集程度，渗氮层疏松级别分为五个等级。1 级渗氮层化合物致密，表面无微孔；2 级渗氮层化合物较致密，表面有少量细点状微孔；3 级渗氮层化合物微孔密集，孔隙致密，由表及里逐渐减少；4 级渗氮层微孔占化合物层 2/3 以上厚度，部分微孔聚集分布；5 级渗氮层微孔占

化合物层 3/4 以上厚度，部分呈孔洞密集分布。按规定，一般零件 1~3 级、重要零件 1~2 级为合格。

（4）渗层中氮化物的检验　按照渗氮层氮化物的形态、数量和分布情况，渗氮层氮化物级别分为五个等级。1 级渗氮层中有极少量脉状氮化物；2 级渗氮层中有少量脉状氮化物；3 级渗氮层中有较多脉状氮化物；4 级渗氮层中有较严重脉状和少量断续网状分布的氮化物；5 级渗氮层中有连续网状分布的氮化物。按规定，一般零件 1~3 级、重要零件 1~2 级为合格。

6. 工程案例

单体泵是柴油机尾气达标排放放电供油系统，泵体结构如图 10-31 所示，材料为 40CrMnMoA 或 42CrMoA 钢。单体泵泵体加工过程为：下料→锻造→预备热处理→车削加工→淬火→回火→喷砂及铰孔→清洗→渗氮→加工与冲孔（注：预备热处理采用正火+退火或等温球化退火，见第 8 章）。

主要热处理工艺如下：

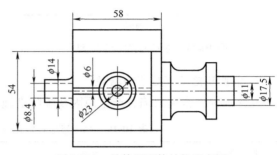

图 10-31　单体泵泵体结构示意图

（1）淬火+回火　淬火和回火工艺参数分别如图 10-32a、b 所示。淬火后组织为马氏体+微量铁素体（不许有软点），工件表面及心部的硬度为 54~59HRC；回火后，工件外观呈蓝黑色，组织为回火索氏体，硬度为 340~360HV。

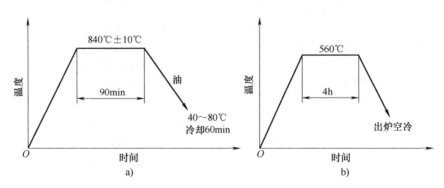

图 10-32　工艺曲线示意图
a）淬火　b）回火

（2）渗氮　技术要求：渗氮层深度为 0.3~0.45mm，表层组织为 α(FeN)+γ′(Fe₄N)+ε(Fe₃N)。渗氮工艺如图 10-33 所示。

1）抽真空至 1×10^{-1}Pa，并回充氮气真空加热。

2）充气时起动风机，每 7~10min 通 5L NH₃，反复进行。炉内压力维持范围为 0.02~0.365MPa。渗氮结束后，以 1~1.5L/min 的速度通入氮气。

（3）检查　对渗氮件进行检测，检测遵循《钢铁零件-渗氮深度测定和金相组织检验》（GB/T 11354—2005）。试样试剂为 4% 硝酸酒精，硬度测试采用 HVS-30P 型数显维氏硬度计，载荷 200g，时间 10s，每次测试距离取三点平均值。硬度要求为：在 0.15mm 处不低于 680HV，在 0.45mm 处不低于 450HV。韧性测试通过观察压痕（如图 10-34 所示，载荷 10kg，时间 10s）形状是否有边角裂纹来评估。

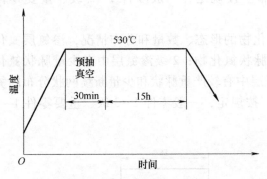

图 10-33 渗氮工艺曲线示意图

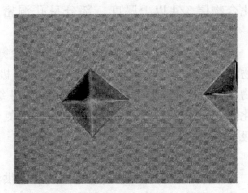

图 10-34 压痕图

7. 常见缺陷及预防消除措施

气体渗氮件常见缺陷、产生原因及预防措施见表 10-19。

表 10-19 气体渗氮件常见缺陷及产生原因及预防措施

缺陷类型	产 生 原 因	预 防 措 施
渗氮层硬度低	① 温度过高 ② 分段渗氮时第一阶段温度太高，氨分解率过高或中断供氨 ③ 密封不良 ④ 工件表面油污、锈迹未清除	① 调整温度，检验仪表 ② 降低第一阶段温度，稳定各阶段的氨分解率 ③ 更换石棉、石墨垫，保证渗氮罐密封性 ④ 渗前除油、除锈
表面硬度不匀	① 工件表面有油污 ② 材料组织不均匀 ③ 装炉量大，吊挂不当 ④ 炉温、炉气不均匀	① 清洗去污 ② 提高预处理质量 ③ 合理装炉 ④ 降低罐内温差，强化炉气循环
渗氮层太浅	① 温度（尤其是第二阶段）偏低 ② 保温时间短 ③ 氨分解率不稳定 ④ 装炉不当，气流循环不畅	① 适当提高温度，校正仪表及热电偶 ② 酌情延长保温时间 ③ 按工艺规范调整氨分解率 ④ 合理装炉，调整工件之间的间隙
渗氮层脆性大	① 表面氮含量过高 ② 渗氮时表面脱碳 ③ 预先调质处理不当	① 提高氨分解率，减少工件尖角、锐边和粗糙表面 ② 提高渗氮罐密封性，降低氨中含水量 ③ 提高预处理质量
渗氮层中有网状及脉状氮化物	① 渗氮温度太高，氨中含水量大，原始组织粗大 ② 渗氮件表面粗糙，有尖角、棱边 ③ 气氛氮势过高	① 严控渗氮温度和氨中含水量，渗氮前调质处理并酌情降低淬火温度 ② 提高工件质量，减少非平滑过渡 ③ 严控氨分解率

（续）

缺陷类型	产生原因	预防措施
化合物层不致密	① 氮含量低，化合物层薄 ② 冷却速度太慢，氮化物分解 ③ 工件锈斑未除尽	① 氨分解率不宜过高 ② 调整冷却速度 ③ 严格消除锈斑
表面有氧化色	① 冷却时供氮不足，罐内出现负压或漏气，压力不正常 ② 出炉温度过高 ③ 干燥剂失效 ④ 氨中含水量过高，管道中存积水	① 适当增加氨流量，经常检查炉压，保证罐内正压和压力正常 ② 200℃ 以下出炉 ③ 经常更换干燥剂 ④ 做好炉前检查，清除积水

10.3.4　钢的碳氮共渗

碳氮共渗是指以渗碳为主，渗氮为辅，将碳和氮同时渗入钢件表面的化学热处理工艺。它兼具渗碳和渗氮工艺的长处，有替代渗碳的趋势，发展前景好。主要优点为：①比渗碳温度低，晶粒不会长大，适于直接淬火；②共渗速度快，效率高；③淬火变形和开裂倾向小；④耐磨，疲劳强度高，脆性低。按渗剂种类不同，碳氮共渗分为气体碳氮共渗、液体碳氮共渗和固体碳氮共渗三种类型，目前气体碳氮共渗常用，温度在 800~880℃，碳氮共渗对象为奥氏体，一般情况下碳氮共渗就是指高温奥氏体碳氮共渗。

1. 碳氮共渗原理

碳氮共渗气氛为渗碳气（载体气+富化气）+氨气，其中氨气体积分数占比常为 1%~10%，它们除了遵循前述渗碳、渗氮机理，按一般渗碳、渗氮反应之外，氨气在渗碳气氛中还起到稀释作用，与其他组分发生如下反应：

$$NH_3+CO \Longleftrightarrow HCN+H_2O \tag{10-23}$$

$$NH_3+CH_4 \Longleftrightarrow HCN+3H_2 \tag{10-24}$$

产物氰化氢会发生如下分解：

$$HCN \Longleftrightarrow \frac{1}{2}H_2+[C]+[N] \tag{10-25}$$

分解产生的活性 [C]、[N] 原子可促进渗入过程。

2. 碳氮共渗工艺

（1）碳氮共渗温度与时间　碳氮共渗温度直接影响共渗介质的活性和碳、碳原子的扩散系数，进而显著影响渗层的碳氮浓度、深度和组织性能。正确选择温度，对提升渗层质量和渗速具有重要意义。一般碳氮共渗温度选在 Ac_3 点以上，接近 Ac_3 点的温度。如温度过高，则渗层中氮含量会急剧降低，渗层与渗碳时相近，工件变形增大，失去碳氮共渗的意义。生产中碳氮共渗的温度范围多在 820~870℃。若温度高于上限，则零件变形大，易过热，影响碳氮共渗效果；若温度过低，则渗速慢，表面渗层脆性增加，降低使用性。

碳氮共渗温度确定后，时间影响渗层厚度，它们之间遵循式（10-8）所示的抛物线规律。随碳氮共渗保温时间的延长，渗层的碳氮浓度梯度变缓，有利于提高工件表面的承载能力。但时间不宜过长，否则表面过高的碳氮浓度会引起表面脆性。

（2）碳氮共渗工艺规范　气体碳氮共渗与渗碳相似，经过升温排气阶段，进行保温，使渗层深度达到要求后，出炉直接淬火或冷却至室温后重新加热淬火。碳氮共渗分为一段法和两段法，一段法用于处理易变形的薄件和小件，两段法用于处理大型零件。

（3）碳氮共渗后的热处理　碳氮共渗比渗碳温度低，一般碳氮共渗后采用直接淬火+低温回火热处理。此外，氮的渗入提高了过冷奥氏体的稳定性，在考虑心部材料淬透性的前提下，可采用冷却能力较弱的淬火冷却介质。

3. 渗层组织与性能

碳氮共渗过程中，渗层的最外层为含碳氮的奥氏体，其中碳氮含量最高，越接近心部它们的含量逐渐降低。

热处理后，共渗层的组织大体分为：碳氮化合物层和扩散层。前者由含氮渗碳体 $Fe_3(C,N)$ 和含碳 ε 相 $Fe_{2-3}(N,C)$ 或合金元素与碳、氮形成的化合物组成，基体为隐晶马氏体+残留奥氏体；后者紧挨碳氮化合物层，由碳氮奥氏体的转变产物组成，组织主要是含碳氮的细针状马氏体及小块状残留奥氏体。残留奥氏体由表及里增多，至一定深度后又依次减少，并过渡到全部为马氏体组织。再往里为屈氏体+马氏体区或根据淬透性不同而得到的不同组织。

渗层中碳氮化合物的形态对力学性能影响很大。化合物团聚或呈粗网状分布时，力学性能差，在承受冲击载荷时容易碎裂；小颗粒状的化合物弥散分布时力学性能好，因为此时的碳氮化合物对渗层产生弥散强化与晶界强化作用，加之 C、N 及合金元素的固溶强化作用，共渗后表面残存的压应力及残留奥氏体的应力松弛效应，使碳氮共渗层比单纯渗碳层具有更好的耐磨性，更高的抗弯曲疲劳性能和接触疲劳强度。

10.3.5　钢的氮碳共渗

氮碳共渗是指钢在含氮和碳的活性介质中加热，完成渗氮的同时还有少量碳原子渗入的化学热处理工艺。该方法以渗氮为主，是在硬氮化基础上发展起来的，与单纯渗氮工艺相比，渗层硬度低，脆性小。氮碳共渗分为气体氮碳共渗、液体氮碳共渗和固体氮碳共渗三类，其中气体氮碳共渗目前使用广泛。

1. 氮碳共渗介质

（1）氨加渗碳气　以氨气为主添加渗碳气体，氨气为供氮气体，渗碳气可以是吸热型气体，也可以是放热型气体及甲醇、乙醇的分解气。采用氨气与吸热型渗碳气比例为 $1:1$ 的混合气作为共渗剂，能得到高质量的渗层，也容易实现自动化，但设备复杂，仅适用于连续作业的批量生产。采用甲醇热分解气为渗碳气的通氨气滴醇法（甲醇与氨的体积比按 $2:8$），可实现氮碳比率的宽范围调控，该法所用设备简单，适应性强，对环境污染较小。

（2）尿素分解气　尿素加热易分解，在较低温度下生成氨气、缩二脲和缩三脲，在氮碳共渗温度下生成的缩二脲和缩三脲是固体物质，不易进一步分解，故要求尿素应在 500℃ 以上入炉。此时反应如下：

$$(NH_2)_2CO \longrightarrow CO+2[N]+2H_2 \tag{10-26}$$

$$2CO \longrightarrow [C]+2CO_2 \tag{10-27}$$

（3）有机溶剂分解气　甲酰胺、三乙醇胺等有机溶剂可以滴注式送入炉内，产生活性氮、碳。甲酰胺是黏度较小的液体，滴量易于控制，在生产中得到广泛应用，在 400~700℃ 内热分解如下：

$$2HCONH_2 \longrightarrow 2H_2+H_2O+CO+2[N]+[C] \tag{10-28}$$

甲酰胺热分解温度低，在氮碳共渗温度范围内分解比较完全，分解气比尿素分解气的活性小，不产生炭黑。如需增加活性，可将尿素溶入甲酰胺获得共渗剂。

2. 氮碳共渗温度和时间

由 Fe-C-N 三元相图可知，Fe-C-N 三元合金的共析温度为 565℃（共析点的 $w_C = 0.35\%$，$w_N = 1.8\%$）。此温度下，尽管碳在 α-Fe 中溶解度很小（0.006%），但是氮的溶解度最大（0.1%），扩散系数也大，这有利于氮的吸收与扩散。鉴于氮碳共渗以渗氮为主，氮碳共渗的合适温度在 570℃左右。实际中，氮碳共渗多在 520～570℃内选用。如温度过低，氮在 α-Fe 中溶解度和扩散能力较低，渗速慢；如温度过高，化合物层会显著增厚，渗层表面容易产生疏松层，导致硬度下降，脆性增大。应指出，温度越高，疏松层越厚，疏松程度越严重。原因在于氮碳共渗温度的升高，加剧了铁原子扩散和氮原子的分子化过程；铁原子向外扩散，导致在 γ 相内产生铁原子空位，空位在晶界或缺陷处的堆积，即为空孔。

氮碳共渗时间也是重要工艺参数，影响着渗层深度。深度和时间之间遵循抛物线规律，即共渗初期，渗层深度增加较快，后期增速减慢。这与氮碳化合物层增厚及碳在化合物层内的含量增加有关，因为这些因素阻碍了氮继续向金属内部的扩散。可见，通过延长时间来增加渗层厚度是有局限性的。氮碳共渗时间一般应控制在 2～4h。

3. 氮碳共渗组织与性能

钢在 570℃左右氮碳共渗的组织对象为铁素体，氮碳共渗后渗层由化合物层和扩散层组成。前者厚约 6～20μm，包括 ε 相 $Fe_{2\sim3}(N,C)$ 和 γ' 相 Fe_4N，它们在光学显微镜下难以分辨，只能看见"白亮层"。其中含碳 ε 相是主要的，该相比不含碳 ε 相的硬度高、韧性好；扩散层厚约 0.1～1.0mm，光学组织呈暗黑色，是氮的扩散层，其组织与氮碳共渗后冷速及钢的成分有关。氮碳共渗后急冷，碳钢的扩散层主要是含氮过饱和固溶体，对于含 Cr、Mo、V、Al、Ti 等的合金钢，扩散层中还有许多弥散分布的合金氮化物存在，这有利于提高硬度。氮碳共渗后缓冷，α 固溶体中有针状 γ' 相析出。

氮碳共渗层的力学性能特点为：①共渗层硬度较高，略低于或与渗氮层的相当，其硬度值与材料成分相关，合金钢高于碳钢的硬度；②共渗层比渗氮层的韧性好，与碳原子溶入 ε 相中有关；③氮碳共渗的耐磨性和抗咬卡性好，合金元素含量高的高速钢及高合金模具钢共渗后，耐磨性可提高 2～5 倍；④疲劳强度高，这与氮化层具有残余应力及氮原子的渗入阻碍了位错的运动，进而阻碍了疲劳裂纹扩展有关；⑤氮碳共渗后工件表面形成的白亮层化学稳定性高，有良好的耐蚀性，使氮碳共渗件的耐大气、雨水能力与发蓝、镀锌件的相当，耐海水腐蚀的能力与镀镉件的相当。

10.3.6 钢的渗硼

渗硼是指将工件置于渗硼介质中加热、保温，使硼原子渗入材料表层形成硼化物的热处理工艺。按渗硼介质状态，渗硼方法包括：固体渗硼、液体渗硼和气体渗硼。其中，气体渗硼因渗剂乙硼烷气体不稳定、易爆炸，三氯化硼气体有毒、易水解而极少用或不使用；生产中使用较多的是固体渗硼和液体渗硼，本节仅介绍后两者的相关知识。

1. 渗硼原理

（1）Fe-B 相图　图 10-35 所示是 Fe-B 相图。图中 Fe_2B、FeB 都是稳定的化合物，Fe_2B 的 $w_B = 8.83\%$，熔点为 1389℃。该化合物具有正方点阵，膨胀系数在 200～600℃时为 $2.9 \times 10^{-8} K^{-1}$，理论密度为 7.43g/cm³；FeB 的 $w_B = 16.23\%$，熔点为 1550℃。该化合物具有正交点阵，膨胀系数在 200～600℃时为 $8.4 \times 10^{-8} K^{-1}$（纯铁的膨胀系数在同温度范围内为 $5.7 \times 10^{-8} K^{-1}$），理论

密度为 $6.75g/cm^3$。

(2) 渗剂反应　对固体渗硼，渗剂反应如下：

$$12MgCl + B_4C \longrightarrow 2B_2Cl_6 + 12Mg + C \quad (10\text{-}29)$$

$$B_2Cl_6 + 4Fe \longrightarrow 2BCl_3 + 4Fe \longrightarrow 2Fe_2B + 3Cl_2 \quad (10\text{-}30)$$

$$B_2Cl_6 + 2Fe \longrightarrow 2BCl_3 + 2Fe \longrightarrow 2FeB + 3Cl_2 \quad (10\text{-}31)$$

对液体渗硼，渗剂反应如下：

$$Na_2B_4O_7 \longrightarrow Na_2O + 2B_2O_3 \quad (10\text{-}32)$$

$$2B_2O_3 + 2SiC \longrightarrow 2CO + 2SiO_2 + 4[B] \quad (10\text{-}33)$$

$$2B_2O_3 + 3B_3C \longrightarrow 3CO_2 + 16[B] \quad (10\text{-}34)$$

即：

$$Na_2B_4O_7 + 2SiC \longrightarrow 2CO + Na_2O \cdot SiO_2 + SiO_2 + 4[B] \quad (10\text{-}35)$$

或：

$$Na_2B_4O_7 + 3B_4C \longrightarrow Na_2O + 2CO_2 + 16[B] \quad (10\text{-}36)$$

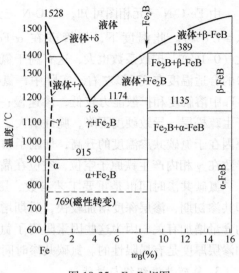

图 10-35　Fe-B 相图

2. 固体、液体渗硼方法与工艺

(1) 固体渗硼　固体渗硼是把工件埋入装有粉末状或粒状渗硼剂中，或将涂有膏、糊状渗硼剂的工件装箱密封（或不密封），然后加热、保温进行渗硼的方法。根据渗剂形态，又可分为粉末渗硼和膏剂渗硼。

1) 粉末渗硼。该方法优点是工艺简便、易操作、设备简单、清理方便、质量稳定，应用广泛；缺点是工件装箱和出箱时，粉尘大、工作环境差、劳动强度高，且难以实现工件的局部渗硼。粉末渗硼剂一般由供硼剂、活化剂和填充剂组成。供硼剂可采用硼铁、碳化硼、脱水硼砂或硼酐等；活化剂一般采用氟硼酸钾、氟硅酸钠、氟铝酸钠、碳酸氢铵、氟化钠或氟化钙等；填充剂可采用碳化硅、氧化铝、活性炭、木炭等。

渗硼时温度和时间是关键工艺参数，影响渗层厚度（图 10-36）。通常渗硼温度可以在 $750 \sim 950\,℃$ 之间选择，生产中常用的温度为 $850 \sim 950\,℃$。若温度过低，则渗速太慢；适当提高温度可缩短保温时间，但超过 $1000\,℃$ 后会导致渗硼层组织疏松，导致晶粒长大，降低基体强度。温度确定后，延长保温时间会增加渗硼层厚度，但超过 5h 后渗硼层厚度增速缓慢，生产中保温时间一般选用 $3 \sim 5h$。

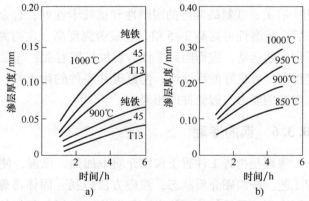

图 10-36　温度和时间对渗层厚度的影响
a) 97%硼铁+3%氯化铵　b) 60%$Na_2B_4O_7$+40%B_4C

2) 膏剂渗硼。膏剂渗硼是在粉末渗硼基础上发展起来的。此法用黏结剂将粉末渗剂调成膏状，然后涂在工件表面上并压实贴紧工件，涂层厚度一般为 $2 \sim 3mm$，经自然干燥或烘干后加热保温进行渗硼。工件无须渗硼的部位可以用水玻璃将三氧化二铬调成糊状涂在上面加以保护。加热方式一般为装箱（用木炭或三氧化二铝作为填充剂）密封后在空气中加热，或不装箱在保护气氛中加热，也可在感应器中加热。

黏结剂常用的有桃胶水溶液、羧甲基纤维素水溶液，它们不与工件和渗剂反应，可提高渗剂的高温强度，使渗剂在使用时不结块，不粘工件，改善了劳动条件。

（2）液体渗硼 液体渗硼是将工件置于熔融盐浴中的渗硼方法。与固体渗硼相比，具有设备简单、操作方便、渗层组织容易控制、加热均匀且速度快、渗后可直接淬火等优点，在生产中应用较多。此法主要缺点是渗硼后粘附在工件表面的盐不易清理，熔盐对坩埚的腐蚀比较严重。液体渗硼有熔盐法和电解法两种。

1）熔盐法。按盐浴成分熔盐法可分为：硼砂盐浴渗硼和渗硼剂-中性盐盐浴渗硼。

硼砂熔盐渗硼的盐浴由供硼剂（硼砂）、还原剂（铝粉、碳化硅等）、促进剂和添加剂（氟化钠、氟硅酸钠、氯化钠等）组成，其中添加剂可改善盐浴流动性和渗后残盐清洗。盐浴各物质之间发生反应，产生活性硼原子，用以渗硼。此法成本低、生产效率高、处理加工稳定，兼具渗层致密稳定、缺陷少、质量好等优点；但残盐难以清洗。一般用于处理形状比较简单的工件。

渗硼剂-中性盐盐浴是用盐浴作为载体，另加入渗硼剂，使之悬浮于盐浴中，利用盐浴的热运动使渗剂与工件表面接触，实现渗硼。常用的配方由碳化硼或硼砂+还原剂组成的渗硼剂和中性盐（如氯化钠、氯化钡等）组成。中性盐的加入极大地改善了盐浴流动性和工件渗硼后的残盐清洗状况。

液体渗硼时，升高温度会加快渗速，增加渗层厚度，可缩短保温时间。渗硼温度为 930~950℃，不能超过 1000℃。也不宜太低，若低于 900℃，盐浴流动性差、活性降低、渗速过慢，并且工件粘盐严重，盐浴消耗量增加。保温时间自工件入炉后达到预定温度开始计算，一般选为 4~6h。

2）电解法。先将熔盐加热融化，放入阴极保护电极，到达温度后放入工件并接阴极，保温相应时间后，切断电源，把工件从盐浴中取出淬火或空冷。熔盐多以硼砂为基。此法生产效率高，处理过程稳定，渗层质量好，适合大规模生产。但坩埚或夹具的使用寿命短，夹具的装卸工作量大，形状复杂的工件难以获得均匀的渗层。

3. 渗层组织与性能

渗硼过程中，硼原子渗入工件表面，很快达到固溶体的饱和溶解度，并形成 Fe_2B。该硼化物随着硼原子的不断渗入而长大，逐渐形成致密的硼化物层，在其表面出现 FeB。同时把钢件表面大部分碳和合金元素从渗层中挤出，导致渗层内侧出现一个比硼化物层深度大好多倍的碳和合金元素富集区域，即为过渡区（扩散层）。因此，渗硼工件由表及里的金相组织依次为：$FeB \rightarrow Fe_2B \rightarrow$ 扩散层 $\rightarrow$ 心部基体。35CrMo 渗硼层组织如图 10-37 所示。

渗层的硼化物具有高硬度，可达 1400~

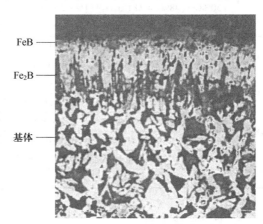

图 10-37 35CrMo 钢固体渗硼层组织

2300HV，在冲击不大的情况下，耐磨性也优于渗碳和渗氮；此外，渗硼件表面具有良好的热硬性（硬度值可保持到温度接近 800℃）和抗氧化性，在硫酸、盐酸、磷酸、盐水和强碱水溶液中具有良好的耐蚀性。渗层的缺点是脆性较大，原因在于：①FeB 和 Fe_2B 是硬而脆的化合物；②硼化物层很薄，与基体的结合方式主要是机械契合，不太牢固；③硼化物与基体的膨胀系数不同，在受力与温度变化时有残余应力产生。上述特点决定了渗硼件多用于石油化工机械、纺织机械、工模具等方面。

10.3.7 渗金属

渗金属是指将金属元素渗入工件表面，使零件具有某些特定物理化学性质的化学热处理方法，包括渗入金属的介质分解、吸收及金属原子的扩散。金属元素可以单独渗，也可以共渗。生产中常见的被渗金属包括铬、钛、钒、铌、铝、锌等，常见的渗法有两种：固体法和液体法，后者又分为盐浴法和电解法，其中盐浴法常用。

1. 固体法渗金属

固体法根据使用热处理设备的差异，分为粉末法、粒状法和膏剂法。目前最常用的是粉末包埋法，即把工件、粉末状渗剂、催渗剂和填充剂共同装箱，密封后进行加热扩散。此法操作简单，无需特殊设备。以固体渗铬为例，将钢件埋入装有金属铬粉或铬铁粉、氯化铵、三氧化二铝或三氧化二硅的密封渗罐中，在高温下渗铬。其高温反应如下：

$$Cr+2NH_4Cl \longrightarrow CrCl_2+2NH_3+H_2 \tag{10-37}$$

$$CrCl_2+Fe \longrightarrow FeCl_2+[Cr] \tag{10-38}$$

分解出的活性铬原子渗入钢件表面。鉴于铬等金属原子在钢中的扩散速度比碳、氮等原子慢得多，渗金属需要在更高的温度和更长的保温时间下进行。渗金属的温度一般为 $950 \sim 1100 ℃$，时间一般以 $3 \sim 6h$ 为宜。此外，合金元素对渗铬层的影响也很大，合金元素的含量越高则渗层越浅，因此渗铬零件的合金元素含量不宜过高。

渗金属时，温度、时间等关键工艺参数因渗剂构成而存在差异，常见固体法渗金属的渗剂成分和工艺参数见表 10-20。

表 10-20　常见固体法渗金属的渗剂成分和工艺参数

方法	渗剂成分（质量分数）	温度/℃	时间/h	渗层深度/mm	基体
渗铬	50%Cr+(48%～49%)Al_2O_3+(1%～2%)NH_4Cl	980～1100	6～10	0.05～0.15	低碳钢
	73.5%Cr+23%Al_2O_3+2% NH_4Cl+1% NaF+0.5% KHF_2	1000～1100	4～8	0.05	低碳钢
渗钒	60%铁矾合金（含钒30%）+40% Al_2O_3	1100	10	0.012～0.016	碳钢
	98%铁矾合金（含钒30%）+2% NH_4Cl	1050	3	0.012～0.016	碳钢
渗铌	60%铌铁粉（含铌51%）+35% Al_2O_3+5% NH_4Cl	960	4	0.025	碳钢
	15% Nb+10% Na_3AlF_6+1% Al+硼砂余量，醇酸清漆	1000	4	0.020	GCr15
渗钛	50% Ti-Fe 粉+5% NH_4Cl+5%过氯乙烯+40% Al_2O_3	1100	8	0.007	碳钢
	49% TiO_2+29% Al_2O_3+20% Al+2% NH_4Cl	1000	6	0.01	碳钢
渗锌	(97%～100%)Zn（工业锌粉）+(0～3%)NH_4Cl	390±10	2～6	0.02～0.08	碳钢
	50% Zn 粉+ 30% Al_2O_3+20% ZnO	380～440	2～6	0.02～0.07	碳钢

2. 盐浴法渗金属

盐浴法渗金属分为：硼砂盐浴渗金属法和中性盐浴渗金属法。前者渗剂为金属（或金属粉末），或金属预渗元素的金属化合物加还原剂，其中金属是与氧的亲和力小于硼的物质（如 Cr、V、Nb 等），还原剂是与氧的亲和力大于硼的物质（如 Al 粉等）。此法设备简单，操作方便，成本低，可获得比其他渗金属熔盐更均匀的渗层，且熔融硼砂能够清洁和活化工件表面，有利于金属原子的吸收和扩散。缺点是粘附在工件表面的残盐较难清洗。

采用中性盐浴渗金属时，中性盐的流动性好，粘盐少，但渗剂容易分层，会造成盐浴上、下部的工件渗层不均匀。常见盐浴法渗金属的渗剂成分和工艺参数见表 10-21。

表 10-21　常见盐浴法渗金属的渗剂成分和工艺参数

方法	渗剂成分（质量分数）	温度/℃	时间/h	渗层深度/μm	基体
渗铬	10% Cr 粉+90% $Na_2B_4O_7$	1000	5.5	17.5	T12
	12% Cr_2O_3+5% Al 粉+83% $Na_2B_4O_7$	900~1050	4~6	15~20	T12
渗钒	10% V 粉+90% $Na_2B_4O_7$	1000	5.5	22~24.5	T12
	10% V-Fe 粉+90% $Na_2B_4O_7$	1000	5.5	22	T12
渗铌	10% Nb 粉+90% $Na_2B_4O_7$	1000	5.5	20	T12
	15% Nb_2O_5+5% Al 粉+80% $Na_2B_4O_7$	1000	5.5	17	T12
渗钛	10% Ti 粉+90% $Na_2B_4O_7$	1000	5.5	17	T12
	10% TiO_2+90% NaCl，Ar	950	4	75	08F

3. 渗层组织与性能

渗层组织与渗入金属的浓度分布及基体成分有关，钢的渗层组织和渗入金属浓度分布受碳含量影响最大。低碳及低碳合金钢渗金属后，在表面形成固溶体和游离分布的碳化物，渗入金属浓度由表及里减小；中、高碳（合金）钢渗金属，表面形成碳化物型渗层，渗层几乎不含基体金属，基体与渗层界面处的渗入金属浓度陡降。钢的金属碳化物覆层特点是硬度高、耐磨、耐腐蚀。不同金属渗层组织的性能见表 10-22。

表 10-22　不同金属渗层组织的性能

渗金属种类	渗层组织	渗层深度/μm	表面硬度HV	耐磨性	耐蚀性	抗热黏着性	抗高温氧化性
渗 Cr	$(Cr,Fe)_{23}C_6+(Cr,Fe)_7C_6+(Cr,Fe)_7C_3$	10~20	1520~1800	较高	较高	较高	较高
渗 V	VC 或 $VC+V_2C$	5~15	2500~2800	高	高	高	差
渗 Nb	NbC	5~24	约3000	高	高	—	差
渗 Ti	TiC 或 $TiC+Fe_2Ti$	5~15	3200	高	高	高	差
渗 Al	Fe_2Al_5 或 $FeAl_2$	10~40	500~680	—	高	—	较好
渗 Zn	$FeZn_{17}$	12~100	250	—	高	—

本章小结及思维导图

表面淬火和化学热处理是重要的表面热处理技术，前者改变工件表面层组织，后者改变表面层组织和表面化学成分。表面淬火先把零件表层迅速加热到临界点以上，然后使之淬冷强化表面。表面淬火方法中常用感应淬火，该方法具有热效率高的优点，适合于批量大和形状简单的零件，易于实现自动化。化学热处理与其他热处理工艺结合，能在同一材料工件的心部和表面获得不同的组织，使表面获得高硬度、高耐磨性，而心部保持良好的韧性和塑性。化学热处理种类繁多，包括渗碳、渗氮、碳氮共渗和氮碳共渗、渗硼和渗金属等，在工艺方法上有固体渗、液体渗和气体渗。其中，渗碳应用最广泛，常用于齿轮、轴类钢件和耐磨件。本章思维导图如图 10-38 和图 10-39 所示。

207

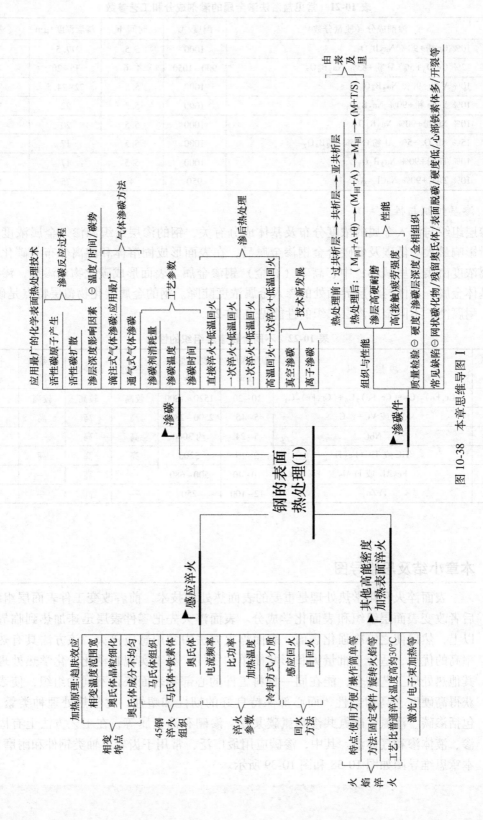

图 10-38　本章思维导图 I

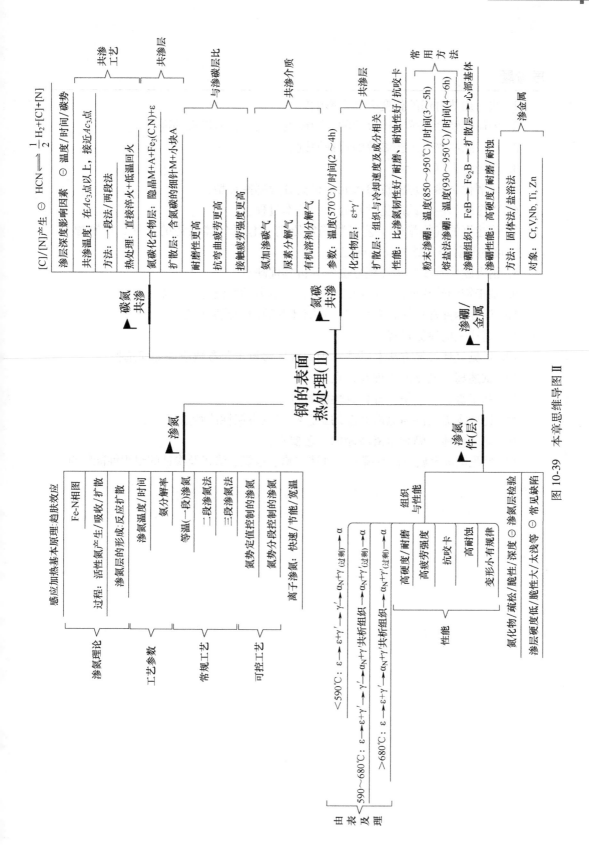

图 10-39　本章思维导图 II

209

思考题

1. 快速加热对钢的相变有什么影响？

2. 为何钢经高频感应淬火后的表面硬度一般比普通淬火的高？

3. 试述感应淬火工艺参数的选择原则。

4. 激光淬火有何特点？

5. 何谓化学热处理？按渗入元素种类分为哪些类型？

6. 以渗碳为例，试述化学热处理的基本过程。

7. 简述钢的气体渗碳工艺参数确定原则（包括气体碳势的选择、控制原理、渗碳温度的选择及渗碳时间的确定）。

8. 钢渗碳后有哪些热处理方法？分析其优缺点。

9. 基于钢渗碳热处理后的组织变化，分析力学性能有何变化？

10. 渗碳钢件常见缺陷有哪些？并简述其原因及预防措施。

11. 简述钢的渗氮过程。

12. 常见气体渗氮方法有哪些？钢的气体渗氮工艺参数应该如何选择？

13. 试述离子氮化的原理及特点。

14. 基于渗氮层组织，分析其性能特点。

15. 比较碳氮共渗与氮碳共渗的工艺特点及渗层性能特点。

16. 简述固体渗硼和盐浴渗硼的工艺要点。

17. 常见的渗金属方法有哪些？试述渗铬、渗铌、渗钒及渗钛的组织性能特点。

视频 39

第 11 章

有色金属的热处理

有色金属材料比黑色金属材料产量低、价格高，具有某些特殊性能，广泛用于机械制造、化工、冶金、航空航天及国防等领域。有色金属种类多，铝及铝合金、铜及铜合金、钛及钛合金、镁及镁合金等在工业上常用。本章主要介绍这四种有色金属的热处理知识。

11.1　铝合金的热处理

根据合金元素和加工工艺特性，铝合金分为变形铝合金和铸造铝合金。前者分为防锈铝、硬铝、超硬铝和锻铝，其中防锈铝是不能热处理强化的铝合金；铸造铝合金分为 Al-Si 系、Al-Cu 系、Al-Mg 系、Al-Zn 系。铝合金的基本热处理形式是退火和淬火时效，退火的目的是获得稳定组织和良好的工艺塑性；淬火时效是为了提高合金的强度。本节从 Al-Cu 系（特别是 Al-4Cu 合金）入手，阐明铝合金时效理论的基本规律，讨论相应热处理工艺参数的主要确定原则，并在此基础上，分别介绍变形和铸造铝合金的热处理。

11.1.1　铝合金热处理原理

1. 富 Al 部分 Al-Cu 合金二元相图

图 11-1 所示为 Al-Cu 合金二元相图富 Al 部分。由图可知，Cu 在 α 相中的极限固溶度为 5.65%（548℃ 时），固溶度随温度急剧下降，在室温下降至 0.05%；在 548℃时发生共晶转变：L ⟶α+θ(CuAl₂)。θ 相名义组成为 CuAl₂，属于正方晶格（$a = 0.6066nm$, $c = 0.4874nm$），θ 相理论上铜含量为 54.08%，但 Cu 的实际含量为 52.5% ~ 53.9%，即只有在部分 Cu 原子被 Al 原子置换的条件下，θ 相才稳定存在。

2. 过饱和固溶体的性质

Al-4Cu 合金缓慢冷却时的组织是（α+θ）相，其铸造状态的抗拉强度约为 150MPa。如进行固溶处理（先将该合金加热到固溶度线以上，保温一段时间后迅速淬入−78℃的干冰中），抗拉强度增至 200MPa。强度的增加与合金中含铜 4%的过饱和固溶体的形成

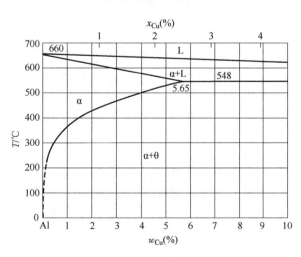

图 11-1　Al-Cu 合金二元相图的富 Al 部分

有关。这种固溶体对溶质原子过饱和，对空位晶体缺陷也过饱和，处于双重过饱和状态。固溶体中的空位浓度及空位与溶质原子间的交互作用性质，对 Al-Cu 合金沉淀动力学产生重要影响，因为沉淀过程是原子扩散过程，而空位的存在是原子扩散的必备条件。

空位的形成与原子热运动直接相关，空位浓度随金属温度升高而增加。例如，300K 时纯铝的空位浓度为 $10^{-12} \sim 10^{-11}$，温度升至 933K 时，空位浓度可升至 $(1 \sim 2) \times 10^{-3}$。过饱和空位在淬火态纯铝或铝合金中极不稳定，容易向晶界或其他缺陷处迁移，空位之间产生聚集，形成位错环、位错螺旋线等晶格缺陷。但对于 Al-Cu 合金，Cu 原子与空位之间存在一定的结合能，它们会结合在一起，这使空位不易迁移和消失，能够较稳定地存在于固溶体中。携带空位的 Cu 原子在形成新相时的扩散过程，比没有空位时容易得多，它在淬火后将以很高的速度聚集，该现象即为偏聚或丛聚。丛聚速度随温度升高而加快，携带空位的 Cu 原子丛聚时，不能立即形成稳定的相，要经过几个中间阶段逐步过渡到最终的平衡组织。

3. Al-4Cu 合金时效及组织演变

处于过饱和状态的 Al-4Cu 合金在室温或 100℃以上放置，出现硬度及强度升高（图 11-2）的现象称为时效。时效过程是第二相从过饱和固溶体中沉淀的过程，新相以形核和长大方式完成转变。Al-Cu 合金时效过程：先形成与母相结构相同并保持共格关系的富铜区（G.P.区）；随后过渡到与 CuAl$_2$ 相近的成分与结构，共格关系被逐渐破坏的 θ″相和 θ′相；最后形成非共格的 θ 相。上述组织演变过程通过形核、长大进行，驱动力是两相自由能（焓）差。从热力学的角度看，在过饱和的 α 固溶体中直接析出平衡的 θ 相最有利，因为此时能量差最大（图 11-3）；但二者的成分及晶体结构差别较大，新相形核和长大需要克服很大的能量势垒，这在较低的时效温度下难以完成，而先后形成 G.P. 区、θ″相、θ′相所需的激活能较低，从相变动力学讲是有利的。时效过程大致分为以下几个阶段。

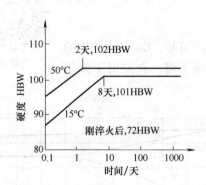

图 11-2 Al-4Cu 合金自然时效时的硬度变化

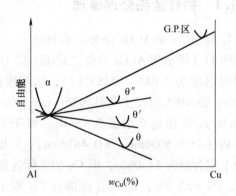

图 11-3 Al-Cu 合金中不同沉淀产物相应的体积自由能与成分的关系曲线

（1）G.P. 区的形成 在时效初期阶段，过饱和 α 固溶体发生 Cu 原子在母相 {100} 晶面上的富集，形成了脱溶区，或称 G.P. 区，如图 11-4 所示。G.P. 区没有独立的晶体结构，与母相共格，完全保持母相的晶格，只因 Cu 原子的半径比 Al 原子的小，G.P. 区产生一定的弹性收缩，如图 11-5 所示。

G.P. 区呈薄圆片状，厚度只有几个原子，直径随时效温度变化，一般不超过 10nm。室温时效时，G.P. 区很小，直径约 5nm，密度为每立方毫米 $10^{14} \sim 10^{15}$ 个原子，G.P. 区之间的距离为 2 ~ 4nm；130℃ 时效 15h，G.P. 区直径长大到 9nm，厚约 0.4 ~ 0.6nm；温度再高，G.P. 区数目开始减少，200℃ 即不再生成 G.P. 区。应指出，G.P. 区界面能很低，形核功很小，在母相各处皆可生核，这与部分共格的过渡相不同。

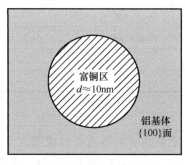

图 11-4　G.P. 区示意图

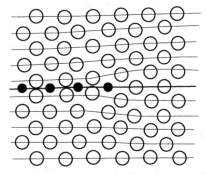

图 11-5　Al-Cu 合金中 G.P. 区的共格应变图

（2）θ″相的形成　随着时效过程的继续或在较高温度下进行时效，Cu 原子在 G.P. 区基础上富集，G.P. 区长大并发生有序化，溶质和溶剂原子逐渐按照一定的规则排列，形成正方有序化结构。这种结构的 X、Y 轴晶格常数相等（$a = b = 0.404nm$），Z 轴的晶格常数为 0.768nm，一般称为 θ″相（或 G.P. Ⅱ区）。θ″相是在 {100} 面上形成的圆片状组织，厚度为 0.8 ~ 2nm，直径为 15 ~ 40nm，它与基体完全共格；但在 Z 轴方向的晶格常数比基体晶格常数的两倍小一些（$2c_{Al} = 0.808nm$），产生约 4% 的错配度。因此，在 θ″相附近会形成一个弹性共格应变场，或晶格畸变区。若增加时效时间，θ″相密度不断提高，使基体内产生大量畸变区，从而对位错运动的阻碍作用不断增强，使合金的硬度、强度，尤其是屈服强度显著增加。

（3）θ′相的形成　θ″相形成以后，继续增加时效时间或提高时效温度，Cu 原子在 G.P. Ⅱ区进一步富集，当 r_{Cu} 与 r_{Al} 之比等于 1：2 时，即形成过渡相 θ′。θ′相具有正方晶格（$a = b = 0.404nm$，$c = 0.580nm$），与 $CuAl_2$ 化学成分相当，它的晶体取向关系为：$(001)_{\theta'} // (001)_{Al}$，$[110]_{\theta'} // [110]_{Al}$。

θ′相的尺寸取决于时效温度和时间，直径约为 10 ~ 600nm，厚度为 10 ~ 15nm，密度为每立方毫米 10^8 个原子。由于在 Z 轴方向的错配度过大（约 30%），造成（010）和（100）面上的共格关系遭到部分破坏，在 θ′相与基体之间的界面上存在位错环，从而形成了半共格界面。局部共格的失去，必然使界面处的应力场减小，使应变能减小。这意味着晶格畸变的减轻，合金硬度、强度的降低，开始进入过时效阶段。

（4）θ 相的形成　进一步提高温度或延长时间，θ′相与基体相共格关系被破坏，完全从母相脱溶，形成稳定的 θ 相和平衡的 α 固溶体。θ 相属于体心正方有序化结构，它与基体完全失去共格关系，弹性畸变消失，合金的硬度和强度显著下降。

综上，Al-4Cu 合金在时效过程中，过饱和固溶体的沉淀过程可概括为：$\alpha_{过饱和}$ ——→ G.P. 区 ——→ $\theta''_{过渡相}$ ——→ $\theta'_{过渡相}$ ——→ $\theta(CuAl_2)_{稳定相}$。需指出，沉淀过程与合金成分和时效参数有关，上述脱溶过程的四个阶段并不是截然分开的，由于时效温度和时间不同，几个阶段可以相互重叠、交叉进行，往往有一种以上的中间过渡相同时存在（见表 11-1），在一定温度和时间内，以某一阶段为主。

表 11-1　Al-Cu 合金沉淀产物与时效温度的关系

温度/℃	$w_{Cu}=2\%$	$w_{Cu}=3\%$	$w_{Cu}=4\%$	$w_{Cu}=4.5\%$
110	G. P.	G. P.	G. P.	G. P.
130	G. P. $+\theta''$	G. P.	G. P.	G. P.
165	—	少量 $\theta''+\theta'$	G. P. $+\theta''$	G. P.
190	θ''	极少量 $\theta''+\theta'$	少量 $\theta''+\theta'$	G. P. $+\theta''$
220	θ'	—	θ'	θ'
240	—	—	θ'	θ'

4. 其他铝合金系的时效过程

时效过程与合金系的性质密切相关，下面对常用铝合金系的时效特点予以说明。

（1）Al-Mg 合金　对于该合金，淬火后几秒钟内在晶界、位错处形成 G. P. 区，其直径为 1.0~1.5nm，周围的绝大多数过饱和空位以气团形式存在，应变能低甚至没有应变，不会引起明显时效硬化。在室温下时效几年，G. P. 区仅长大到 10nm。生成 G. P. 区的临界温度为 47~67℃，高于此温度，则直接形成与基体不存在共格关系的过渡相 β'，Al-Mg 合金的平衡相为 β 相（Mg_5Al_8），如图 11-6 所示。β 相沿晶界分布，对合金不具有明显的时效硬化。

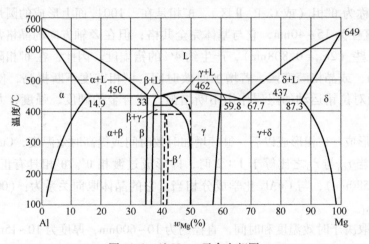

图 11-6　Al-Mg 二元合金相图

（2）Al-Si 合金　在该合金时效初期，G. P. 区在过饱和的空位处丛聚形核，直径约为 1.5~2.0nm，随后被位于基体（111）或（100）面上的片层状沉淀物替代。新相与母相的共格关系很快消失，强化效应极其有限。

（3）Al-Zn 合金　该合金的 G. P. 区淬火空位在从凝聚的位错环上形成，呈球形，直径为 1~6nm。G. P. 区的大小主要取决于时效时间和温度，合金中的 Zn 含量仅影响 G. P. 区的数量。当 G. P. 区尺寸超过 3nm 时，即在［111］方向伸长，形成椭圆形，长轴约为 10~15nm，短轴约为 3~5nm，此时强化效果最大，随后由 α'相代替（α'相如图 11-7 所示）。高温时效时，不形成 G. P. 区，直接形成过渡相。

（4）Al-Cu-Mg 合金　当 Cu/Mg≥2 时，Cu 和 Mg 原子在（210）面上丛聚，形成 G. P. 区，其直径为 0.16nm，堆垛层错为 G. P. 区的择优形核地带。随后由无序结构变为有序结构，即 S″相，它沿［100］方向长大成为棒状，与基体共格。再进一步，S″转变为 S′过渡

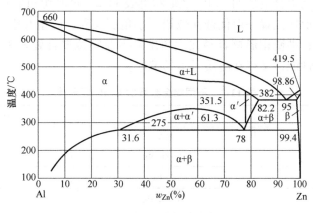

图 11-7　Al-Zn 二元合金相图

相，S′相属于斜方晶体结构，其晶格常数为 $a=0.405nm$，$b=0.906nm$，$c=0.720nm$。S′相与基体共格，甚至在厚度超过 10nm 时，仍能维持共格关系，它们的位向关系为：$(100)_{S'}//(2\overline{1}0)_{Al}$，$[010]_{S'}//[120]_{Al}$。如果 S′过渡相继续长大，即与基体失去共格，则形成 S相（Al_2CuMg）。

（5）Al-Mg-Si 合金　开始形成球状 G.P. 区，并迅速长大，沿基体的 [100] 方向拉长，变成针状或棒状的 β″相，并伴有大量空位。β″相长约 16~200nm，直径为 1.5~6nm，密度为每立方毫米 2×10^{12} ~ 3×10^{15} 个原子，对基体产生压应力，提高合金强度。如继续升温或延长时效时间，即形成局部共格的 β′过渡相。β′为立方晶体结构（$a=0.642nm$）或呈六方晶体结构（$a=0.705nm,c=0.45nm$），与基体的位向关系为：$(001)_{β'}//(110)_{Al}$，$[100]_{β'}//[01\overline{1}]_{Al}$ 或 $[011]_{Al}$。最后在 β′与基体的界面上，以消化掉 β′过渡相的方式，形成 β（Mg_2Si）稳定相。Mg_2Si 是 Al-Mg-Si 合金中的主要沉淀强化相，在时效处理过程中，沉淀顺序为：针状 G.P. 区（沿<100>）——有序的针状 G.P. 区——针状亚稳相 β′——稳定的 β 相。

（6）Al-Zn-Mg 合金　该合金内 $MgZn_2$ 沉淀物的 G.P. 区呈球形，室温时直径为 2~3nm，温度 177℃时直径增至 6nm。如果在较高温度下继续时效，球状 G.P. 区即在基体的（111）面上形成盘状，盘的厚度无明显变化，但其直径随时效时间增加和温度的升高迅速变大，如在 127℃时效 800h，直径为 20nm，在 177℃时效 700h，直径可达 50nm。

由 G.P. 区形成 η′过渡相的临界尺寸取决于合金成分。η′相的晶体结构为六方晶系，与基体存在局部共格，如果它们位向关系为 $(001)_{η'}//(111)_{Al}$，$[100]_{η'}//[110]_{Al}$ 时，则可由 η′相过渡形成 η 相（$MgZn_2$）。η 相属于六方拉维斯相，其晶格常数为 $a=0.516nm$，$c=0.849~0.855nm$。

综上，各铝合金系时效过程基本规律相同，都是先由淬火获得双重过饱和固溶体，时效初期由于空位的作用，使溶质原子以很高的速度进行丛聚，形成 G.P. 区；随着时效温度升高或时间的延长，G.P. 区转变为过渡相，最后形成稳定相。此外，在晶内的某些缺陷地带也会直接有过饱和固溶体形成过渡相或稳定相。这一过程也称为时效（沉淀）序列。

沉淀相的形状和分布与合金的成分及相界面性质有直接关系。G.P. 区与基体完全共格，表面能低，可忽略；其尺寸很小，弹性能不高，所需形核功很低，在晶内均匀形核，形核速度快，甚至发生在淬火过程中。溶质和溶剂原子半径差异决定了 G.P. 区的形状。半径差值小于 3%时，为减小表面能，G.P. 区一般呈球形；差值超过 5%，弹性能起主导作用，G.P. 区呈薄片状或针状，不同铝合金系的 G. P. 区形状见表 11-2。过渡相和平衡相形核比较困难、不均匀。其中，过渡相形核位置一般优选在位错、小角度晶界、层错及空位聚合处，G. P. 区也可作为过渡相的晶核；平衡相形核容易在大角度晶界及空位聚合处发生，因为晶体缺陷处既可以降低表面能和弹性能，又存在溶质元素的偏聚。

表 11-2　不同铝合金系的 G. P. 区形状

G. P. 区形状	铝合金系	原子直径差（%）
球形	Al-Zn	−1.9
	Al-Zn-Mg	+2.6
圆盘状	Al-Cu	−11.8
针状	Al-Cu-Mg	−6.5
	Al-Mg-Si	+2.5

5. 时效动力学

过饱和 α 固溶体的沉淀过程是一个扩散过程，沉淀速度因过冷度与原子扩散速度的相互制约而在某一温度达到最大值，沉淀速度与温度的关系具有连续冷却组织转变曲线的特点。图 11-8 所示为 Al-4Cu 合金过饱和 α 固溶体的起始转变曲线。由图可知，不同沉淀阶段有各自相应的连续冷却组织转变曲线。利用连续冷却组织转变曲线可以选定热处理工艺参数。

视频 40

铝合金时效动力学曲线主要受控于合金成分，也受淬火温度、应力状态和生产工艺的影响。对同一合金系，合金元素数量的增加，能够提高过饱和固溶度，会加快分解速度，使连续冷却组织转变曲线左移（图 11-9）。此外，工业铝合金中常含有少量锰、铬、锆等过渡族元素，对时效动力学特性也有强烈影响，影响效果与它们的存在形式有关。当这些元素以金属间化合物形式高度弥散存在时，可作为沉淀相的非自发晶核，加之，相边界可作为择优形核的部位，会促进分解，使连续冷却转变曲线明显左移（图 11-10）；当过渡族元素溶入固溶体或以初生化合物形式存在时，则影响较小。还有一些元

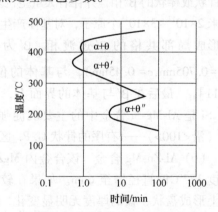

图 11-8　Al-4Cu 合金过冷固溶体的
起始转变曲线

素（包括杂质元素），因在沉淀相及基体中溶解倾向有差异，而对时效动力学特性产生影响。例如，在 $w_{Si} = 0.25\%$ 的 2A70 合金（Al-Cu-Mg-Fe-Ni）中，若硅原子溶入 G. P. 区，会使其在更高温度下仍不溶解，起到稳定作用，可作为人工时效形成 S′ 相的晶核，进而增加时效组织的弥散度和均匀性；否则，S′ 相容易在位错和晶界处形核，颗粒较粗，分布不均匀。有时，添加微量元素可扩大固溶体和沉淀相之间的体积自由能，从而减少形核功，提高沉淀相的形核率，改善时效强化效果。例如，向 Al-Zn-Mg 系合金中加入少量的 Ag 即可实现该目的。

不同合金系过饱和 α 固溶体的稳定性存在差异，例如，Al-Cu-Mg 系比 Al-Zn-Mg 系的过饱和固溶合金的稳定性低，后者的某些合金具有自淬火能力，即热加工或焊接后空冷，就可以达到淬火目的，无需单独的淬火操作。

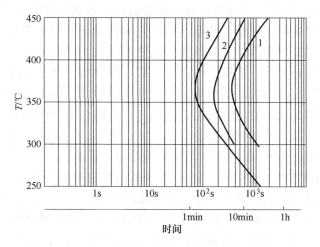

图 11-9　Al-Cu 系按 95%抗拉强度的条件起始转变线
1—Al-4.08Cu　2—Al-4.30Cu　3—Al-4.60Cu-0.89Mg

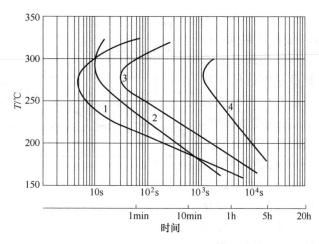

图 11-10　铬、锆、锰等元素对 Al-4.2% Zn-1.9Mg 合金 93% R_m 条件起始转变曲线的影响
1—加 0.24% Cr　2—加 0.23% Zr　3—加 0.2% Mn　4—未加

11.1.2　变形铝合金热处理及效果

1. 防锈铝合金

（1）Al-Mg 系合金　根据前述 Al-Mg 合金时效相变特点，该系合金缺乏显著的热处理强化效果，一般在退火或冷作硬化状态下使用（对于低镁铝合金）。退火工艺曲线如图 11-11 所示。退火旨在消除内应力，减小合金应力腐蚀倾向，使合金的组织和性能趋于稳定。低镁铝合金在退火处理后为单相 α 组织，高镁铝合金（$w_{Mg}>5\%$）为（α+β）相组织。

Al-Mg 系防锈铝的耐蚀性对组织状态十分敏感，镁降低了铝中的电极电位。例如，在 NaCl-H$_2$O$_2$ 溶液中，纯铝的电极电位为-0.86～-0.88V，而含镁 4%的 α 固溶体

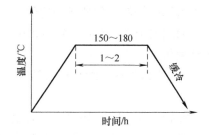

图 11-11　5A02 防锈变形铝合金的
应力退火曲线

217

电位是 $-0.90V$，Mg_5Al_8 电位为 $-1.10V$。在电化学腐蚀中 β 相是阳极，随镁含量提高，Al-Mg 合金晶界腐蚀倾向必然加剧。但通过调整生产工艺和热处理规范，获得适当的组织形态，仍可保证高镁铝合金的良好耐蚀性。考虑到 β′相或 β 相沉淀初期优先在晶界形核，并很快形成连续的网状薄膜，边缘还存在一定厚度的无沉淀带，故该铝合金的耐蚀性最差。若使 β′或 β 相在晶内均匀析出，同时晶内沉淀相球化成不连续的颗粒状，则该铝合金的腐蚀敏感性可大为减少。因此，凡能提高组织均匀性的工艺因素，皆有助于改善耐蚀性。这样的效果可以通过充分退火、长期时效及其处理前的小量冷变形（<2%）加以实现。因为前者的长期加热使晶内和无沉淀带内普遍发生沉淀，后者是因为变形增加了基体内位错密度，提高了形核率，从而使组织均匀性得以改善。应指出，过量的冷变形会造成第二相集中在滑移带附近析出，增加晶间腐蚀和应力腐蚀倾向；同样，退火温度过低或时间太短，对耐蚀性也不利。

防锈铝中 Al-Mg 比 Al-Mn 系合金的强度高，前者在大气和海水中的耐蚀性也好，但在酸性和碱性环境中却稍差些。此外，高镁铝合金（>6%~7%）由于 Mg 含量高，即使退火后 β 相也不能完全析出，在零件制造和长期使用过程中，β 相仍会继续析出，这降低了铝合金的耐蚀性，故一般高镁铝合金仅限在 70℃ 以下使用。

（2）Al-Mn 系合金 由 Al-Mn 相图（图 11-12）可知，在亚共晶部分，结晶区间仅 0.5~1.0，且液相线接近水平，加之锰在液相中扩散速度远低于其他合金元素，所以在结晶时极易形成偏析，使基体的锰含量大大超过平衡浓度。锰在合金中的固溶度与温度有明显的关系，从共晶温度时的 1.82% 减少到室温下的 0.3% 以下。时效过程中也形成过渡相（如半共格的 $MnAl_{12}$），但沉淀硬化作用很弱，时效状态和退火状态的性能十分接近。因此，3A21 合金只进行退火处理。

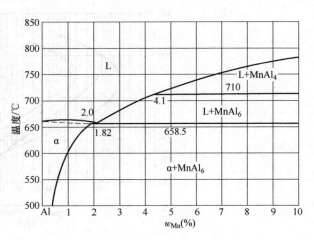

图 11-12 Al-Mn 二元相图

3A21 合金制品在退火过程中极易出现晶粒不均匀现象，这同铸锭组织中的锰偏析有关系。晶粒周围和晶内锰浓度的差异，扩大了再结晶温度区间，降低形核率，使该合金容易产生粗晶。为防止这种现象，需采用如下措施。

1）铸锭组织均匀化。将铸锭在 600~620℃ 进行高温扩散退火，减少或消除晶内偏析。

2）高温延压。将铸锭热压延温度由 390~440℃ 提高到 480~520℃，在此温度下加速过饱和固溶体的分解，促使成分均匀。

3）控制铁含量在 0.4%~0.6%。少量加入铁，可降低锰的溶解度，促使固溶体分解，减少锰偏析。

4）快速加热。缩小再结晶区间，使晶界附近和晶内同时形核，获得细晶组织。

2. 硬铝

硬铝属于 Al-Cu-Mg-Mn 系合金，热处理可借鉴 Al-Cu-Mg 合金的时效过程特点。硬铝的主要热处理方式是淬火时效。有时为消除加工硬化，恢复塑性以便进行下一道成形加工，也可采用退火处理。

（1）淬火　淬火（固溶处理）旨在使强化相充分溶解，并通过快冷保持到室温，工艺曲线如图 11-13 所示。淬火时，温度必须根据合金成分严格控制，温差不超过±5℃，保温后出炉到进入冷却介质（水、油或聚乙烯醇水溶液）的时间不超过 30s，最好控制在 15s 内。关于淬火主要工艺参数，下面予以说明。

1）淬火加热温度。选择淬火温度的基本原则是在防止出现过烧（图 11-14）、晶粒粗化、包铝层污染等问题的前提下，尽可能采用较高的加热温度，使强化相充分固溶，以便在随后时效过程中获得最大的强化效果，这对提高耐蚀性也有益。常用硬铝淬火温度和过烧温度见表 11-3。

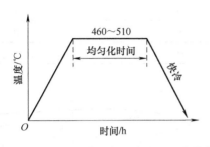

图 11-13　变形铝合金的固溶处理工艺曲线

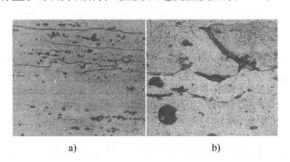

a)　　　　　　　　　　b)

图 11-14　2A12 板材显微组织

a）正常淬火组织（200×）　b）严重过烧组织（500×）

表 11-3　常用硬铝的淬火温度和过烧温度

合　　金	主要相组成	淬火温度/℃	过烧温度/℃
2A01	θ、Mg_2Si、（Al_7Cu_2Fe、Al_2CuMg、AlFeSi）	495~505	535
2A02	S（θ、$Al_{12}CuMn_2$、Mg_2Si、Al_7Cu_2Fe）	495~505	510~515
2A06	S（θ、$Al_{12}CuMn_2$、Mg_2Si、Al_7Cu_2Fe）	495~505	518
2A10	θ（Mg_2Si、S、Al_3Cu_2Fe）	510~520	540
2A11	θ（S、Mg_2Si、Al_7Cu_2Fe）	495~510	514~517
2A12	S、θ（Mg_2Si、Al_7Cu_2Fe）	495~503	506~507

2）保温时间。淬火加热时间与合金性质、原始状态有关。因各种硬铝成分相似，所以影响较大的是原始组织状态。凡强化相比较细小的，加热时间可缩短。例如，冷轧比热轧状态的板材所需加热时间短。而一般退火状态的组织因强化相较粗，保温时间较长。其次，加热时间与加热介质、零件尺寸、批量等因素也有直接关系，对包铝板材要注意防止包铝层的污染。

3）转移时间。转移时间是指工件从出炉到进入淬火槽之间的间隔时间。在转移过程中，工件温度下降可导致固溶相发生部分分解，从而降低时效强化效果，增大合金的晶间腐蚀倾向。为此，转移时间应严控。

4）淬火冷却速度的选择。根据铝合金的等温分解曲线，鼻子温度一般在 300~400℃ 之间，在此温度范围应保持足够的冷却速度。

（2）时效　时效温度对时效速度影响很大。如图 11-15 所示，温度越高，时效速度越快，但时效的强度越低。当时效温度为 150℃ 左右时，强度达到峰值后，温度再升高则效果下降，且温度越高开始软化的时间越早，软化速度越快。当温度降低到室温以下时，时效速度十分缓慢，在-50℃时，即使长时间时效，性能变化也不明显。因此，降低时效温度可以抑制时效。大多数硬铝在自然时效状态下应用，因为自然时效状态的耐蚀性优于人工时效。常用硬铝的时效工艺及性能见表 11-4。

表 11-4　常用硬铝的时效工艺与性能

工艺及性能	自然时效			人工时效	
	2A11	2A12	2A16	2A06	2A16
温度/℃	室温	室温	室温	95~105	165~175
时间/h	96~144	96~144	96~144	3	10~6
抗拉强度 R_m/MPa	380	520	460	540	400
伸长率 A(%)	15	12	15	10	10
硬度　HBW	—	131	105		—

（3）退火　为恢复塑性，硬铝在生产中常进行退火处理。与防锈铝不同的是，硬铝有较强的时效硬化能力，在退火加热时，除再结晶过程外还伴有强化相的固溶。为避免时效硬化，加热后应缓冷，使固溶体充分分解，趋于平衡状态。根据温度，退火一般可分为完全退火和不完全退火，前者目的是获得最大的成形性，后者只是部分消除冷作硬化，以便进行变形量较小的工序。完全退火规范一般在 390~450℃保温 10~60min，之后以 30℃/h 的速

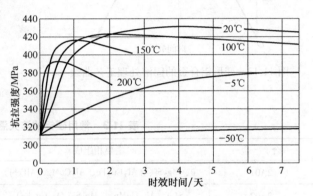

图 11-15　硬铝在不同温度下的时效曲线

度冷却至 260℃再空冷；不完全退火在 380~420℃保温 2~4h，然后空冷或水冷。

3. 锻铝

锻铝属于 Al-Mg-Si-Cu 系合金，具有优良的热塑性，主要用于生产锻件。它的热处理可依据 Al-Mg-Si 合金的时效过程特点。Cu 的加入，使得该合金中除了有 Mg_2Al 相外，还可出现 $W(Cu_4Mg_5Si_4Al_x)$、$CuAl_2$ 及 $S(CuMgAl_2)$ 相（见表 11-5），它们也能提高时效强化能力。锻铝可进行自然时效或人工时效。其中，自然时效速度较慢，需延续到 10 天，其强化效果不及人工时效的效果，因此锻铝一般在人工时效状态下使用。

表 11-5　常用锻铝的主要相组成及淬火时效工艺参数

合　金	主要相组成	淬火温度/℃	时效温度/℃	时效时间/h
6A02	$\alpha(Al)$、Mg_2Si、$W(Cu_4Mg_5Si_4Al_x)$	540	150~160	6~15
2A50 及 2B50	$\alpha(Al)$、Mg_2Si、$W(Cu_4Mg_5Si_4Al_x)$、$CuAl_2$、少量 $S(CuMgAl_2)$	515~525	150~170	4~15
2A14	$\alpha(Al)$、Mg_2Si、$S(CuMgAl_2)$、$CuAl_2$、$W(Cu_4Mg_5Si_4Al_x)$	500±5	165	6~15

锻铝的具体淬火温度及人工时效工艺参数见表 11-5。时效的温度及时间应该严格控制，因为在时效过程中有强度峰值出现，超过峰值时效温度后，加热温度越高，其峰值越低，出

现峰值所需的时间越短。时效时，合金的塑性随强度升高而明显降低，如图 11-16 所示。在锻铝人工时效过程中，如果温度低、时间短，则达不到强度峰值，出现欠时效现象；如温度过高或时间过长，则铝合金强度下降，产生过时效现象。

4. 超硬铝

超硬铝属于 Al-Zn-Mg-Cu 系，是在 Al-Zn-Mg 三元系基础上发展起来的。铜、铬、锰、锆等元素的的加入，提高了合金的力学性能，解决了高锌镁铝合金中存在的严重应力腐蚀问题。超硬铝热处理可利用 Al-Cu-Mg 合金时效特点，常用超硬铝的主要相组成为 $\alpha + MgZn_2 + T(Mg_3Zn_3Al_2) + S(CuMgAl_2)$，其中 $MgZn_2$ 是主要强化相。

超硬铝的淬火温度为 460~500℃，为减小板材表面包铝层的污染，一般规定淬火温度为 470℃±5℃。它的淬火温度范围较宽，过烧敏感性小，但性能却对淬火冷却速度敏感。因此，要严格淬火转移时间和淬火冷却介质，转移时间限制在 15s 以内，否则，较缓慢的冷却速度不仅降低强度，还损害耐蚀性，临界冷却速度要大于 450℃/s 才能保证强度和耐蚀性。

超硬铝不采用自然时效，因为 Al-Zn-Mg 系合金 G. P. 区形成速度缓慢，自然时效过程需延续数月才能达到稳定阶段，且自然时效合金的耐腐蚀能力比人工时效的差。故超硬铝只进行人工时效处理。

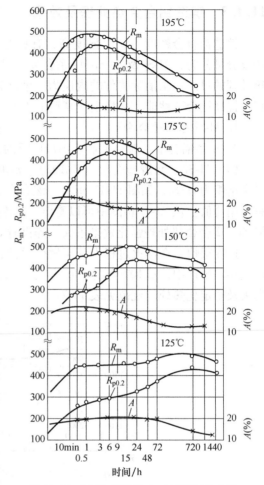

图 11-16　2A50 锻铝的人工时效硬化曲线

超硬铝人工时效分为单级时效和分级时效两种。人工时效规范对 7A04 合金性能的影响见表 11-6。单级时效规范为：120℃时效 24h，此时沉淀相结构以 G. P. 区为主，有少量的 η′ 相，合金处于最大时效硬化状态。分级时效规范为：120℃时效 3h+160℃时效 3h，强化相以 η′ 为主。第一次处理相当于形核处理，第二次提高时效温度，以原 G. P. 区为核心，形成均匀分布的 η′ 相，使合金保持较高的抗疲劳性能及耐应力腐蚀能力。

超硬铝退火规范：温度为 360~420℃，保温 10~60min，然后以不大于 30℃/s 的速度冷却到 150℃，再空冷。

表 11-6　人工时效规范对 7A04 合金性能的影响

时 效 规 范	拉 伸 性 能			疲 劳 性 能	
	R_m/MPa	$R_{p0.2}$/MPa	$A(\%)$	$0.7R_m$/MPa	至断裂的循环次数 N
120℃×24h	540	465	14.9	378	1698
140℃×16h	527	473	12.3	371	2589
120℃×3h+160℃×3h	520	465	12.2	363	2815

11.1.3 铸造铝合金热处理及效果

铸造铝合金密度小、比强度高，有良好的耐蚀性和铸造工艺性，可进行各种成形铸造。按成分可分为：Al-Si 及 Al-Si-Mg 系合金、Al-Cu 系合金、Al-Mg 系合金、Al-Zn 系合金。它们热处理的目的：①消除铸件的内应力，消除铸造偏析，改善铝合金组织中针状相组成物的形状，提高铝合金性能；②稳定在高温下工件的尺寸、组织与性能；③改善铸件切削性能。

1. Al-Si 系铸造合金

Al-Si 系铝合金是航空工业应用最广泛的一类铸造铝合金，耐蚀性和工艺性良好。

(1) Al-Si 二元铸造合金（ZL102） ZL102 合金 $w_{Si} = 10.0\% \sim 13.0\%$，处于共晶点附近，平衡组织为 $\alpha + Si$，如图 11-17 所示。该合金需经变质处理，把粗片状共晶硅细化成粒状，才有使用价值。从 Al-Si 相图中可以看出，随温度下降，Si 在 α 固溶体中有明显的固溶度变化，但 ZL102 合金热处理强化效果不大，淬火时效只能使强度提高 $10\% \sim 20\%$。原因是硅的沉淀和集聚速度很快，在淬火过程中甚至发生固溶体分解，析出硅质点，而不形成共格或半共格的过渡相。生产中，ZL102 合金一般进行退火，有时退火后还需进行稳定化热处理。ZL102 合金退火及稳定化热处理规范见表 11-7。

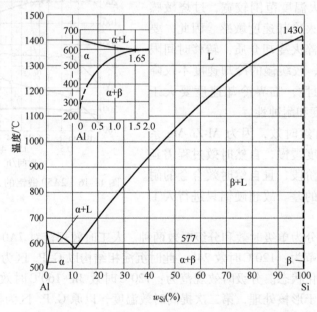

图 11-17 Al-Si 合金相图

表 11-7 ZL102 合金退火及稳定化热处理规范

序号	热处理	加热或冷却温度/℃	保温时间/h	冷却介质
1	退火	270~290	3~5	空气
2	退火	270~290	6~10	随炉冷却到150℃，再空冷
3	循环处理	−190~−40	0.5~1.0	空气或液体介质
		80~150	1~2	空气或液体介质，第三次循环在空气中进行
4	稳定化时效	115~125	3~5	空气

生产上，ZL102 合金常采用的退火工艺为：300℃±10℃，保温 2~4h，空冷或随炉冷却。典型的力学性能为：$R_m = 160MPa$，$R_{p0.2} = 90MPa$，$A = 5.0\%$，硬度为 50HBW。

（2）Al-Si-Mg 系铸造铝合金（ZL101、ZL104） 该系合金在 Al-Si 合金中添加了 Mg，有 Mg_2Si 形成。这一强化相，在沉淀过程中有明显的时效硬化作用，能显著提高合金的时效强化能力，改善合金的力学性能。ZL101 和 ZL104 合金一般在淬火+人工时效状态下使用。淬火温度一般为 535℃±5℃，时间为 2~6h，淬火加热后，在 20~100℃ 水中冷却，水温根据零件形状和力学性能要求进行调整。人工时效的温度越高，为达到相同力学性能所需的时效时间越短，采用分级时效可获得较高的综合性能，并缩短保温时间（见表 11-8）。ZL101、ZL104 合金热处理规范及应用范围分别见表 11-9，表 11-10。其中 T4 处理后合金具有中等强度（$R_m = 180 \sim 200MPa$）和较高塑性（$A = 4\% \sim 6\%$）；T5 和 T6 处理后的组织包含大量 G.P. 区和 β′相，强度较高，但塑性较低（$A = 2\% \sim 3\%$）。

表 11-8 ZL101 合金时效规范及对力学性能的影响

序号	时效规范		R_m/MPa	$R_{p0.2}$/MPa	A（%）
	t/℃	τ/h			
1	150	3	217	169	4.3
2	150	5	223	189	4.1
3	175	3	225	196	2.7
4	175	5	227	197	2.9
5	200	0.5	230	191	4.5
6	200	1	230	188	4.5
7	200	5	236	194	4.5
8	150	1①	239	190	4.1
9	200	1②	237	192	4.5

① 再加热 200℃×1h。

② 再加热 150℃×1h。

表 11-9 ZL101 合金热处理规范及应用范围

热 处 理	淬火			时效			零件工作条件
	T/℃	τ/h	冷却介质	T/℃	τ/h	冷却介质	
退火	—	—	—	300±10	2~4	—	
淬火+自然时效	535±5	2~6	水（60~100℃）	—	—	—	需要高塑性
淬火+不完全人工时效	535±5	2~6	水（60~100℃）	150±5	2~4	空气	要求高屈服强度、高硬度
淬火+完全人工时效	535±5	2~6	水（60~100℃）	200±5	3~5	空气	要求高强度
淬火+稳定化回火	535±5	2~6	水（60~100℃）	225±5	3~5	空气	要求一定强度和比较高的尺寸稳定性
淬火+软化回火	535±5	2~6	水（60~100℃）	250±5	3~5	空气	要求高的尺寸稳定性和塑性

表 11-10　ZL104 合金热处理规范及应用范围

热处理类型	淬火			时效			零件工作条件
	$T/℃$	τ/h	冷却介质	$T/℃$	τ/h	冷却介质	
人工时效	—	—	—	175±5	5~10	空气	中等负荷
淬火+完全人工时效	535±5	3~5	水（60~100℃）	175±5	5~10	空气	高负荷

（3）Al-Si-Mg-Cu 系铸造铝合金（ZL105）　ZL105 合金降低了硅含量，增添了 Cu，改善了铝合金的耐热性。ZL105 合金常用的热处理规范见表 11-11。ZL105 合金热处理后相应的室温及高温性能见表 11-12。

表 11-11　ZL105 合金常用的热处理规范

热处理类型	淬火			时效			零件工作条件
	$T/℃$	τ/h	冷却介质	$T/℃$	τ/h	冷却介质	
人工时效	—	—	—	180±5	5~10	空气	中等负荷
淬火+不完全人工时效	525±5	3~5	水（60~100℃）	175±5	5~10	空气	高负荷
淬火+完全人工时效	525±5	3~5	水（60~100℃）	200±5	3~5	空气	高温工作
淬火+稳定化回火	525±5	3~5	水（60~100℃）	230±5	3~5	空气	高温工作，要求尺寸稳定

表 11-12　ZL105 合金典型性能

状　　态	室 温 性 能				高温性能（250℃）
	R_m/MPa	$R_{p0.2}/MPa$	$A(\%)$	硬度　HBW	R_m/MPa
人工时效	180	150	—	650	
淬火+不完全人工时效	240	180	0.8	800	180
淬火+完全人工时效	270	—	1.3	700	150
淬火+稳定化回火	240	—	1.2	700	

2. Al-Cu 系铸造铝合金

Al-Cu 系铸造铝合金中主要强化相 $CuAl_2$ 具有较强的时效硬化能力和热稳定性，使得该系合金适合高温工作，具有较高的室温强度。在航空领域常用的 Al-Cu 系铝合金有 ZL203、ZL201 及 ZL201A。前者属于 Al-Cu 二元合金，$w_{Cu}=4.0\%~5.0\%$；ZL201 和 ZL201A 合金均属于添加了少量 Ti 的 Al-Cu-Mn 系合金，其组织中除了 $CuAl_2$ 强化相外，还有热稳定性很高的 $T(Al_2CuMn_2)$ 相，加之固溶在 α 相中的锰降低了基体原子的扩散速度，延缓了时效过程，使合金沉淀硬化效果可保持到更高温度，这决定了 ZL201 和 ZL201A 合金具有高强、耐热特性。

ZL203 合金在淬火及自然时效或不完全人工时效状态下使用，淬火加热温度为 515℃ ± 5℃，保温 10~15h，在 80~100℃ 水中冷却；人工时效规范为 150℃×（2~4）h。热处理后 ZL203 合金的典型性能见表 11-13。

拓展内容

新中国第一枚金属国徽

表 11-13　ZL203 合金典型性能

状　　态	R_m/MPa	$R_{p0.2}$/MPa	$A(\%)$	硬度
淬火+自然时效	220	110	8.0	650HBW
淬火+不完全人工时效	250	150	5.0	800HBW

ZL201 合金淬火一般采用分级加热，即 530℃±5℃保温 5~9h，再升温到 535~543℃保温 5~9h，然后在 60~100℃水中冷却。对塑性要求较高的铸件可选用"固溶处理+自然时效处理"；要求高屈服强度则进行"高温成形+不完全人工时效"处理，规范是 175℃保温 3~5h，空冷。也可进行稳定化时效，即 250℃保温 3~10h。对于薄壁、小尺寸零件也可选用一次淬火加热，即 545℃保温 10~15h，水淬。

ZL201A 合金淬火加热制度为：530℃±5℃保温 7~9h，再升温到 545℃保温 7~9h，60~100℃水淬，之后在 160℃时效 6~9h。热处理后，ZL201 和 ZL201A 合金的力学性能见表 11-14。

表 11-14　ZL201 及 ZL201A 合金的力学性能

合　　金	热处理状态	R_m/MPa	$A_e(\%)$	硬度
ZL201	淬火+自然时效	>290	>8	>700HBW
	淬火+不完全人工时效	>330	>4	>900HBW
ZL201A	淬火+不完全人工时效	>390	>8	>1000HBW

3. Al-Mg 和 Al-Zn 系铸造铝合金

(1) Al-Mg 系铸造铝合金　Al-Mg 系铸造铝合金具有优良的耐蚀性，密度低，强度和韧性较高，在食品和化工业应用较广泛；缺点是铸造工艺性差、易氧化和形成热裂纹。包括 ZL301(w_{Mg} = 9.5% ~ 11.5%)、ZL302 (w_{Mg} = 10.5% ~ 13%，w_{Si} = 0.8% ~ 1.2%，含少量铍和钛)、ZL303(w_{Mg} = 4.5% ~ 5.5%，w_{Si} = 0.8% ~ 1.3%，w_{Mn} = 0.1% ~ 0.4%) 合金。鉴于 Al-Mg 系合金时效时析出的 Mg_5Al_8 相，特别是沿晶界分布的 Mg_5Al_8 对合金耐蚀性及塑性的不利影响，该系铸造铝合金只进行淬火处理，应避免采用人工时效处理工艺。

ZL301 合金一般采用 430℃±5℃加热，保温 12~20h，然后在 40~50℃油淬或 80~100℃水中淬火。处理后的综合力学性能为：R_m = 300~400MPa，$R_{p0.2}$ = 170MPa，A_e = 12%~15%，有良好的耐蚀性。应指出，对因枝晶偏析严重，引起较大脆性的铸件，可通过淬火前的 435℃×13h 均匀化退火予以消除。

ZL302 合金淬火一般在 425℃±5℃加热，保温 15~20h，在油或 100℃水中淬火。典型力学性能为：R_m = 240MPa，$R_{p0.2}$ = 180MPa，A_e = 3%，硬度为 95HBW。ZL303 合金淬火一般规范为：420~430℃加热，保温 15~20h，在 50~100℃油或沸水中淬火。

(2) Al-Zn 系铸造铝合金　Al-Zn 系铸造铝合金具有较高的强度，是一种最便宜的铸造铝合金，缺点是耐蚀性差。铸态下，Al-Zn 系铸造铝合金具有时效硬化能力，故称自强化合金。常用的有 ZL401(w_{Zn} = 9.0% ~ 13.0%，w_{Si} = 6.0% ~ 8.0%，w_{Mg} = 0.1% ~ 0.3%) 和 ZL402(w_{Zn} = 5.0% ~ 7.0%，含少量镁、钛、铬) 铸造铝合金。

ZL401 铸造铝合金可采用在 175℃人工时效 5~10h 或在 250~300℃下保温 1~3h 退火的热处理，可消除铸件内应力，稳定尺寸，提高强度，人工时效状态力学性能为：R_m = 220 ~

230MPa，$R_{p0.2}$ = 150MPa，A = 2%，硬度为 80HBW。ZL402 铸造铝合金的时效处理规范为 $(175 \sim 185)\text{℃} \times (8 \sim 10)\text{h}$。

11.1.4 常见缺陷及消除方法

1. 过烧

过烧是铝合金常见的一种热处理缺陷，表现为 Al-Si 系合金中 Si 相组织粗大，呈球状；Al-Cu 系合金组织中 α 固溶体内出现圆形共晶体；Al-Mg 系合金表面有严重黑点；在高倍显微镜下，组织中沿 α 晶粒边界发生流散的共晶体痕迹，晶界变宽；2A12 合金界面变粗发毛或者呈现液相球和过烧三角晶界。此外，过烧严重时，工件会翘曲，表面存有结瘤和气泡。

造成过烧的原因与解决办法如下。

1）铸造铝合金中形成低熔点共晶体的杂质元素过多，加热速度太快，导致不平衡低熔点共晶体尚未扩散消失而发生熔化。对此，应严控炉料，采用随炉以 200～250℃/h 的升温速度缓慢加热，或采用分段加热。

2）变形铝合金的变形量小而导致的共晶体集中。对此，应降低加热温度。

3）炉温不均匀，实际温度超过工艺规范。对此，应定期检查炉温仪表及炉温分布状况。

2. 粗晶

晶粒粗大可能出现在退火板材和淬火板材中，冲压成形时呈"橘皮"状表面。这可能是因为退火或固溶处理之前经受了临界变形度（5%～15%）的变形，使得加热时晶粒剧烈长大。对此，可采用高温加快速短时加热；在正规热处理之前增加一次去应力退火，调整加工变形量使变形量在临界变形量之外，且变形加工前进行去应力退火。此外，固溶处理和退火温度过高，保温时间过长，也是导致粗晶的原因之一。对此，应控制热处理温度和时间在规定工艺参数范围内。

3. 裂纹

经热处理后，零件上可能出现裂纹，一般出现在拐角部位，尤其是在壁厚不均匀之处。产生裂纹的原因与解决办法如下。

1）铸件在淬火前已有显微或隐蔽的裂纹，在热处理过程中扩展为可见裂纹。对此，应改进铸造工艺，消除铸造裂纹。

2）外形复杂，壁厚不均匀，应力集中。对此，应增大圆角半径，增设铸件加强筋，太薄部分用石棉包扎。

3）升温和冷却速度太大，附加了过大的热应力。对此，应缓慢均匀加热，并采用缓和的冷却介质或等温淬火。

4. 畸变

畸变常表现为热处理后工件形状和尺寸发生改变，如翘曲、弯曲，或者机械加工后工件出现畸形。造成畸变的原因与解决办法如下。

1）加热或冷却太快。对此，应改变加热和冷却方法。

2）装炉不恰当，在高温下或淬火冷却时产生畸变。对此，可采用适当的夹具，正确选择工件下水方法。

3）工件内存在残余应力，经切削加工后，应力重新分布，产生畸变。对此，应采用缓和冷却介质减少残余应力和采用去应力退火。

5. 腐蚀

腐蚀缺陷常表现为：在盐浴加热的工件表面上，特别是在逐渐有疏松的部位有腐蚀斑迹；在工件的螺纹、细槽和小孔有腐蚀斑迹；工件的耐蚀性不良。造成腐蚀缺陷的主要原因和解决措施如下。

1）熔盐中氯离子含量过高。对此，应定期检查硝盐成分，控制氯离子不超过 5%。

2）工件在淬火后清洗时未将残留硝盐全部去除。对此，应用热水仔细清洗。

3）热处理不当。对此，应确保工件均匀快速冷却，缩短淬火转移时间，正确选择时效规范。

6. 力学性能不达标

力学性能不合格的缺陷特征是多方面的，造成原因各异，具体情况见表 11-15。

表 11-15 力学性能不合格的缺陷特征、产生原因及消除方法

缺陷特征	产生原因	消除方法
力学性能达不到技术条件规定的指标	合金化学成分有偏差	根据工件材料的具体化学成分调整热处理规范，对下批铸件调整化学成分
	违反热处理工艺规范，一般是由于加热温度不够高，保温时间不够长或淬火转移时间过长	制定和严格遵守合理的热处理规范
淬火后强度和塑性不合格	固溶处理不当	调整加热温度和保温时间，使固溶相充分溶入固溶体，缩短淬火转移时间。或者重新处理
时效后强度和塑性不合格	时效处理不当，或淬火后冷变形量过大使塑性降低，或清洗温度过高停留时间过长，或淬火至时效间的时间不当	调整时效温度和保温时间，过硬者可补充时效
退火后塑性偏低	退火温度偏低，保温时间不足或退火后冷速过快	重新退火
锻/铸件壁厚和壁薄部分性能相差很大	工件各部分厚薄相差悬殊，原始组织和烧透时间不同，影响固溶强化效果	延长加热保温时间，使之均匀加热，强化相充分溶解

11.2 铜合金的热处理

拓展内容

新中国第一块
粗铜锭

纯铜可用作导电、导热兼耐腐蚀的器材及配制铜合金，常用热处理方法为再结晶退火，在此不做讨论。本节仅叙述铜合金热处理。铜合金是通过向铜中加入 Zn、Sn、Al、Fe、Ni、Mn、Si、Pb 等元素获得，分为黄铜、青铜和白铜等，常用于耐磨、耐腐蚀、导电、导热元件的制备，也可制作铆钉或垫圈等。铜合金常用的热处理方法有：均匀化退火、去应力退火、再结晶退火、固溶时效处理，其中均匀化退火目的是使铸锭、铸件的化学成分均匀，一般在冶金厂或铸造车间进行。

11.2.1 黄铜的热处理

黄铜是以铜为基的铜锌合金，价格较低，色泽美丽，具有好的力学性能、耐蚀性、导电

和导热性、加工工艺性能。黄铜分为二元黄铜及多元黄铜两类，前者是简单的 Cu-Zn 合金，又称为普通黄铜；后者在 Cu-Zn 合金中加入 Al、Sn、Pb、Si 等第三元素，又称为复杂或特殊黄铜。工业上，黄铜的退火组织分为 α、（α+β′）及 β′ 黄铜。其理论基础如下：Cu-Zn 合金二元相图（图 11-18）包括五个包晶反应和六种相（α、β、γ、δ、ε、η）。α 相是以铜为基的固溶体，具有面心立方晶格，晶格常数随 Zn 含量的增加而增大，Zn 的溶解度随温度降低而增大。当温度降至 456℃ 时，固溶度可增至 39%。α 相区内存有 Cu_3Zn、Cu_9Zn 有序化合金区，Cu_3Zn 有两个变体，即 $α_1$ 和 $α_2$，在约 420℃ 时 α 固溶体有序化为 $α_1$，在 217℃ 时 $α_1$ 转变为 $α_2$。α 塑性良好，适宜冷、热加工。

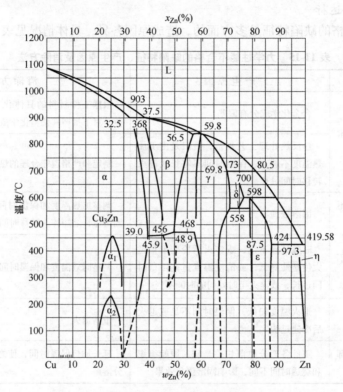

图 11-18 Cu-Zn 合金二元相图

β 相是以 CuZn 为基的固溶体，具有体心立方晶格，在 456~468℃ 时发生有序化转变，转变为有序固溶体 β′。高温无序 β 相塑性好，可进行热加工；β′ 相很脆，难以进行冷加工，室温下单相 β′ 合金使用意义不大。γ 相是以 Cu_5Zn_8 为基的固溶体，具有复杂立方晶格，硬而脆，难以压力加工。这意味着黄铜中的 Zn 含量应在 46% 以下，不含 γ 相。

1. 黄铜热处理工艺

（1）低温退火 该工艺目的是消除冷变形加工应力和开裂，热处理规范为（260~300）℃×（1~3）h，保温后空冷。此法对于 $w_{Zn}>20\%$ 的黄铜，为消除可能出现的"季裂"，一般加热温度为 200~350℃，加热时间为 1~5h。

（2）再结晶退火 该工艺目的是消除冷加工硬化及恢复合金的塑性，热处理规范为（500~700）℃×（1~2）h，保温后空冷或水冷。冷却方式根据要求加以选择，水冷的优点是可以去除零件表面的氧化皮，获得清洁的外观，便于进行校直。

为保证黄铜退火后的光亮度，宜采用真空炉或保护气氛炉加热，常见黄铜的退火工艺规范见表 11-16。

表 11-16　常见黄铜的退火工艺规范

黄铜牌号	低温退火或防止季裂退火温度/℃	再结晶退火温度/℃	黄铜牌号	低温退火或防止季裂退火温度/℃	再结晶退火温度/℃
H95	—	540~600	HPb59-1	285	600~650
H70	260	520~650	HAl72-2	300~350	600~650
H68	260	520~650	HAl60-1-1	240~260	600~650
H62	280	600~700	HMn58-2	—	600~650
H59	—	600~670	HMn55-3-1	—	600~650
HSn90-1	—	650~720	HFe59-1-1	—	600~650
HSn62-1	350~370	550~650	HFe58-1-1	—	500~600
HPb74-3	—	600~650			

2. 黄铜热处理后的力学性能与用途

黄铜退火后的力学性能与用途见表 11-17。

表 11-17　常见黄铜退火后的力学性能与用途

合金名称	牌号	状态	R_m/MPa	A(%)	用途
黄铜	H95	退火	240	52	用于导波管、冷凝器、散热片、导电零件等
	H68	退火	330	56	用于各种复杂的冲压件和深冲件、散热器外壳、导波管、波纹管等，用途极广
	H62	退火	360	49	用于各种销钉、铆钉、螺母、垫圈、导波管、夹线板、环形件及散热器零件，船舶工业、造纸工业专用零件等
锡黄铜	HSn62-1	退火（冷变形50%）	400(700)	40(4)	船舶零件
铅黄铜	HPb74-3	退火（冷变形50%）	350(550)	50(4)	汽车拖拉机及一般机器上要求可加工性好的零件
铝黄铜	HAl60-1-1	退火（冷变形50%）	450(750)	45(8)	在海水中工作的高强度零配件
锰黄铜	HMn58-2	退火（冷变形50%）	400(700)	40(10)	船舶及弱电业用零件
铁黄铜	HFe59-1-1	退火（冷变形50%）	450(700)	50(7)	在摩擦和海水腐蚀条件下工作的零件及垫圈、衬套等
	HFe58-1-1	退火	450	10	适用于热压和切削加工制作的高强零件

11.2.2　青铜的热处理

青铜分为锡青铜和无锡青铜。前者为 Cu-Sn 合金，历史最久，耐腐蚀、耐磨、弹性好；后者根据铜中加入的主要合金元素不同，分为铝青铜、铅青铜、锰青铜及铍青铜等。下面重点介绍锡青铜、铝青铜和铍青铜的热处理。

1. 锡青铜的热处理

（1）Cu-Sn 合金二元相图及锡青铜组织　Cu-Sn 合金二元相图如图 11-19 所示。图中 α 相是锡在铜中的固溶体，具有面心立方晶格，塑性好；β 相是以 Cu_5Sn 为基的固溶体，为体心立方晶格，高温塑性好；γ 和 δ 相是以 $Cu_{31}Sn_8$ 为基的固溶体，属于复杂立方晶格，硬脆；ε 是以 Cu_3Sn 为基的固溶体。在生产条件下，相图中的一系列共析反应因 Cu-Sn 合金中原子扩散过程缓慢而不能进行到底，特别是在较低温下的 δ $\Longleftrightarrow$ α+ε 转变更是如此，需要在长时间保温条件下才能完成。通常合金组织中不会出现（α+ε）组织，可能得到（α+δ）组织（图 11-20）。组织中 δ 相的出现需要 $w_{Sn}>5\%\sim6\%$，当 w_{Sn} 达到 20% 以上时，过多的硬脆 δ 相使合金完全变脆，强度显著降低。故工业锡青铜的 w_{Sn} 控制在 3%～14% 范围内，变形锡青铜的 w_{Sn} 一般应低于 5%～6%；$w_{Sn}>10\%$ 的青铜仅适于铸造。

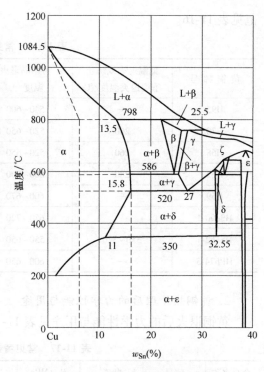

图 11-19　Cu-Sn 合金二元相图

（2）锡青铜的热处理工艺

1）均匀化退火。锡青铜铸锭的均匀化退火旨在消除铸造过程中产生的化学成分和组织的不均匀性，改善随后的冷变形加工工艺性，具体加热温度一般为 700℃，工艺曲线如图 11-21a 所示。

2）再结晶退火。再结晶退火用于锡青铜冷变形加工的工序间，目的是消除加工应力、细化晶粒和提高塑性等。此工艺加热温度为 450～650℃，具体温度与牌号和被处理材料的有效厚度或直径有关，工艺曲线如图 11-21b 所示。

3）低温退火。低温退火在锡青铜合金冷变形加工后进行，目的是提高合金弹性的稳定性和弹性极限。此工艺的工艺曲线如图 11-21c 所示，温度范围为 150～275℃，具体加热温度与锡青铜牌号有关，不同牌号锡青铜合金冷变形 60% 后的最佳退火工艺和力学性能见表 11-18。

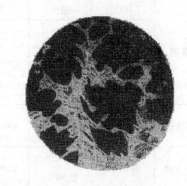

图 11-20　Cu-10% Sn 合金的铸态组织
[α 固溶体+（α+δ）共析体]
α—暗色　δ—亮色

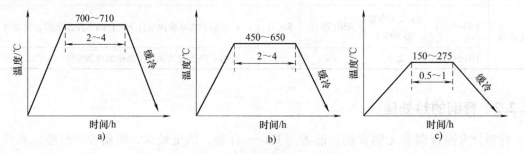

图 11-21　锡青铜退火工艺曲线
a）均匀化退火　b）再结晶退火　c）低温退火

表 11-18　锡青铜合金预先冷变形 60%后的最佳退火工艺和力学性能

牌　号	冷变形 60%后的退火工艺		硬度
	退火温度/℃	时间/min	HV
QSn4-3	150	30	218
QSn6.5-0.1	150	30	—
QSi3-1	275	60	210

2. 铝青铜的热处理

（1）Cu-Al 合金二元相图及铝青铜组织　铝青铜是以铝为主加合金元素的铜。图 11-22 所示是富铜部分的 Cu-Al 合金二元相图。其中，α 相是以铜为基的固溶体；β 相是以 Cu_3Al 为基的固溶体，具有体心立方晶格；γ_1 和 γ_2 相是以 $Cu_{32}Al_{19}$ 为基的固溶体，属于复杂立方晶格，γ_2 是硬脆相，它的存在会降低合金的塑性，提高合金的耐磨性能。β 相在 565℃发生 $\beta \rightleftharpoons \alpha+\gamma_2$ 共析反应，该反应只能在缓慢冷却条件下进行，冷却速度较快时，反应来不及进行，β 相将以无扩散相变的方式转变为 β′相。若铝含量较高时，马氏体转变要经过一个中间过渡阶段，先形成 β_1 相，然后才转变为马氏体 β′或 γ′，即：

$$\beta \xrightarrow{\text{（有序化）}} \beta_1 \xrightarrow{\text{（无扩散相变）}} \beta'（\text{或 } \gamma'）$$

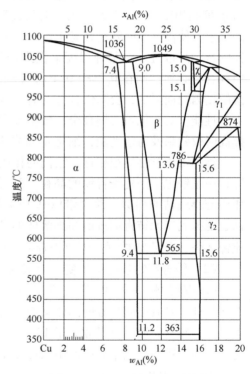

产物 β′及 γ′为铝含量不同的马氏体，二者均具有近似密排六方晶格，呈针状，硬度、强度高，塑性低。

在平衡条件下，$w_{Al}<9.4\%$ 时 Cu 合金组织为单相 α；在铸造条件下，$w_{Al}=8\%\sim9\%$ 时 Cu 合金组织为 α+γ_2。因为冷却速度较快时 β ——→α 转变进行不完全，有一部分 β 相保留下来，并在随后反应中转变为共析体，进而增加 Cu 合金硬度，降低塑性。但 w_{Al} 超过 10%时，γ_2 还会导致硬度的降低。因此，变形铜合金的铝含量不超过 7%。

（2）铝青铜的热处理工艺　铝青铜的热处理工艺采用淬火+回火，目的是获得良好的力学性能，使合金具有高的硬度和强度，高的耐磨性和高的冲击值、疲劳强度。淬火加热在真空或分解氨气、保护气体等作用下完成，加热温度为 850~950℃，保温 1~2h，出炉后水冷。回火时要保证零件表面光亮清洁，仍需在

图 11-22　Cu-Al 合金二元相图

保护气氛加热设备中进行。回火温度因零件的技术要求而不同，对要求高强度、高硬度和高耐磨性的零件，采用 250~350℃进行回火；对要求强度和良好韧性的零件，选用 500~650℃，保温时间均为 1.5~2h。回火结束后出炉水冷。常见铝青铜的热处理工艺规范见表 11-19。

表 11-19　常见铝青铜的热处理工艺规范

牌　号	退火温度/℃	淬火温度/℃	回火温度/℃	硬度
QAl9-2	650~750	800	350	150~187HBW
QAl9-4	700~750	950	250~300(2~3h)	170~180HBW
QAl10-3-1.5	650~750	830~860	300~350	207~285HBW

（续）

牌　号	退火温度/℃	淬火温度/℃	回火温度/℃	硬度
QAl10-4-4	700~750	920	650	200~240HBW
QAl11-6-6	—	925(保温 1.5h)	400(24h 空冷)	365HV

3. 铍青铜的热处理

（1）Cu-Be 相图及铍青铜组织　铍青铜是含铍（1.7%~2.5%）的铜合金，简称铍铜。Cu-Be
二元系相图富铜部分如图 11-23 所示，图中有 α、β、γ 三个单相区。α 相是以铜为基的固溶体，
具有面心立方晶格；β 和 γ 都是以 CuBe 为基的固溶体，具有体心立方晶格，前者无序，后者有
序。在 605℃发生 β——→α+γ 共析反应。Be 在铜中的极限溶解度为 2.7%（864℃），溶解度随温
度下降而急剧降低，在 300℃下降为 0.02%，故铍青铜具有很高的淬火时效强化效果。

铍青铜一般含 Ni，镍强烈降低铍在固态铜中的溶解
度，降低 β 相的含量，提高合金的共析反应温度；微量
Ni 能抑制相变过程，延缓淬火及时效过程中饱和固溶体
的分解，使淬火及时效过程易于控制，Ni 还能抑制铍青
铜的再结晶过程，在某种程度上促进均匀组织的形成。
但镍含量必须控制在 0.2%~0.4%，否则，铍在铜中的
溶解度因镍而降低，会降低合金的时效效果及时效后的
力学性能。对于低铍青铜合金，微量或少量的镍能显著
提高时效效果及力学性能，细化 α 固溶体晶粒。

钴和镍化学性质很相近，它们的作用和效果基本一
样；微量铁也能细化铍青铜的晶粒，延缓相变过程，其
作用与镍或钴的相似，铁含量以 0.15%左右效果最好；
钛也能抑制二元铍青铜过饱和固溶体的分解，效果甚至

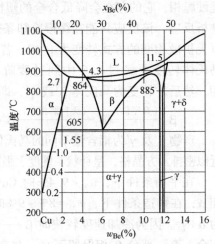

图 11-23　Cu-Be 二元系相图

比镍还强，微量 Ti 能强烈细化铍青铜的铸造组织，使变形再结晶材料获得细而均匀的组织。

（2）铍青铜时效过程相变　一般认为，时效过程中铍青铜过饱和固溶体的分解过程为：
α 过饱和固溶体——→G. P. 区（或 γ″）——→γ′——→γ。此处 G. P. 区是一种片状沉淀物，原子呈
有序排列，具有中间过渡的晶体结构，与母相的 ｛100｝ 面共格，也称作 γ″。这种区域的原密
度极高，每立方厘米原子数大于 10^{18}。时效过程中 γ″尺寸增大，同时共格应力场增加，最后
转变为另一种与母相半共格的中间过渡相 γ′。在 315℃时效 3h 和 100h 后，γ′沉淀物直径分别
约为 10μm、100μm。

上述是过饱和固溶体的连续分解过程，它也可不连续析出。这时过饱和固溶体一般在晶
界上非均匀形核，然后长入相邻的晶体中，脱溶区逐渐扩大。不连续析出的产物为中间过渡
相 γ_I，其形态、晶体结构、晶格常数及位向与连续析出的 γ′产物相同。在 425℃时效 800h
后，γ_I 转变为稳定的 γ 相。过饱和固溶体的脱溶方式与时效温度相关，在 380℃以下，连续
脱溶是 α 的主要分解方式，在 380℃以上时效则主要是不连续析出占优势。

在 G. P. 区向 γ′转变的阶段，G. P. 区高度弥散，加之它与母相的比体积差别大，在其周围引
起较大的应力场，对位错运动的阻力大，造成很好的时效强化效果，故此时铍青铜的力学性能最
高。如果铍青铜过时效，在晶界上会出现网状及瘤状暗色区域（图 11-24），该区域不是单独的相，
会导致力学性能降低。微量镍、钴、铁、钛的加入，能弱化铍青铜过时效的特征组织。

（3）铍青铜的热处理工艺 铍青铜具有很高的热处理强化效果，制品一般都要进行淬火时效处理。固溶时效后，强度可达 1250~1500MPa，硬度可达 350~400HBW，接近中等强度钢的水平。铍青铜热处理时，在固溶状态具有极好的塑性，可进行冷加工成形。固溶处理后进行冷变形，再进行时效，可以提高强度、硬度，能显著提高弹性极限，减小弹性滞后值，这对仪表弹簧的生产具有特别重要的意义。

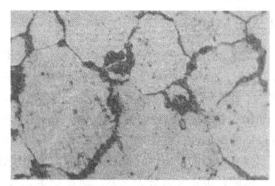

图 11-24　铍青铜的过时效组织，晶界出现大量瘤状暗色区域（晶界反应 500×）

基于 Cu-Be 固溶及时效相变特点，铍青铜的淬火及时间选择原则是使强化相充分固溶，使晶粒度保持在 15~45μm。一般淬火加热温度在 780~820℃ 之间，对用作弹性元件的材料，采用 760~780℃，温度精度严控在 ±5℃。保温时间一般按 1h/25mm 计算。淬火可在真空、氨气、惰性气体或还原性气氛中加热以获得光亮处理效果；也可在空气炉中，但淬火后需要酸洗，以去除氧化皮。考虑到大多数熔盐会使铍青铜表面发生晶间腐蚀和脱铍，故不能在盐浴炉中进行淬火处理。淬火时，注意尽量缩短淬火转移时间，以免时效后力学性能达不到技术要求，厚度较薄的零件不超过 3s，一般零件不超过 5s。淬火冷却介质一般采用水，复杂零件为了避免变形也可采用油。此外，铸造铍青铜的固溶处理与均匀化退火相结合，保温时间较长，一般最少需要 3h 以上，以消除铸造组织的枝晶偏析。一些铍青铜的固溶处理温度见表 11-20。

对于 $w_{Be}>1.7\%$ 的铍青铜，最佳时效温度为 300~350℃；对于 $w_{Be}<0.5\%$ 的铍青铜，最佳时效温度为 450~480℃；它们的保温时间都是 1~3h。一些铍青铜时效温度见表 11-20。

表 11-20　铍青铜的固溶处理温度及时效温度

合金（质量分数）	固溶处理温度/℃	时效温度/℃
Cu+1.9%~2.2% Be+0.2%~0.5% Ni	780~790	320~330
Cu+2.0%~2.3% Be+（<0.4% Ni）	780~800	300~345
Cu+1.60%~1.85% Be+0.2%~0.4% Ni+0.10%~0.25% Ti	780~800	320~330
Cu+1.85%~2.10% Be+0.2%~0.4% Ni+0.10%~0.25% Ti	780~800	320~330
Cu+1.90%~2.15% Be+0.25%~0.35% Co	785~790	305~325
Cu+1.6%~1.8% Be+0.25%~0.35% Co	785~790	305~325
Cu+0.45%~0.6% Be+2.35%~2.60% Co	920~930	450~480
Cu+0.25%~0.50% Be+1.4%~1.7% Co+0.9%~1.1% Ag	925~930	450~480
Cu+0.2%~0.3% Be+1.4%~1.6% Ni	950~960	450~500
Cu+0.63% Be+2.48% Ti	780~800	450~500
Cu+0.2%~2.3% Be+0.35%~0.45% Co+0.07%~0.11% Fe	800~820	295~315

11.3　钛合金的热处理

钛合金比强度高，耐蚀性较好，工作温度范围宽泛，是十分重要的结构材料。从 20 世纪 50 年代开始，钛工业获得快速发展，逐渐在造船、航天航空、化工、冶金、医疗等领域获得应用。

11.3.1 钛的合金化

钛在 882.5℃ 发生同素异构转变，在 882.5℃ 以下为 α-Ti，具有密排六方晶格，$a = 0.295nm$，$c = 0.468nm$，其轴比值 c/a 小于相应的理论值 1.633，有相当的塑性，可冷变形强化；自 882.5℃ 到熔点温度（1668℃）为 β-Ti，具有体心立方晶格，900℃ 时的晶格常数 $a = 0.331nm$，具有良好的塑性。钛的化学活性极高，只能用真空电弧炉熔铸。纯钛在较多介质中有很强的耐蚀性，在海水中耐蚀性优于不锈钢和铜合金；在 550℃ 以下空气中能形成致密氧化膜，具有较高的稳定性；但导热性差，摩擦系数大，易粘刀，可加工性较差。

钛的合金化元素分为三类，即 α 稳定元素、中性元素和 β 稳定元素。

1. α 稳定元素

α 稳定元素能显著提高钛合金的 β 转变温度，稳定 α 相。这些元素包括 Al、Ga、Ge、O、N、C，它们在元素周期表中离钛较远，其电子结构、化学性质等与钛的差别较大。Al 是典型的 α 稳定元素，Ti-Al 合金二元相图如图 11-25 所示。Al 的加入可强化钛的 α 相，降低钛合金的密度，显著提高钛合金的再结晶温度和热强性；提高 β 转变温度，使 β 稳定元素在 α 相中的溶解度增大。铝在钛合金中的作用类似碳在钢中的作用，几乎所有钛合金中都含铝。但铝不利于钛合金的耐蚀性，会降低其压力加工性能。

Al 原子以置换方式存在于 α 相中，当其添加量超过溶解极限后，会出现以 Ti_3Al 为基的有序 α_2 固溶体，使合金变脆，热稳定性降低。故 Al 在钛合金中的最高溶解量有限制。铝当量（铝当量 $= w_{Al} + \frac{1}{3}w_{Sn} + \frac{1}{6}w_{Zr} + 10\% w_O$）用以衡量 α 稳定元素在钛合金中稳定 α 相的程度。铝当量一般小于 9，过高时会导致有序的 α_2 相形成，使合金变脆。

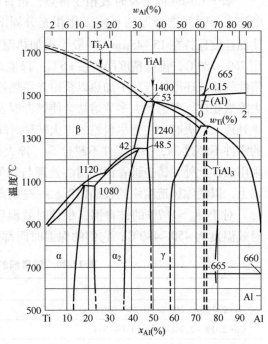

图 11-25 Ti-Al 合金二元相图

2. 中性元素

中性元素对钛的 β 转变温度影响不明显，包括 Zr、Sn、Ha、Ce、La、Mg，常用的是锆和锡。中性元素的加入，在提高 α 相强度的同时，也提高热强度，对塑性的不利作用比 Al 小，有利于压力加工及焊接性能。

3. β 稳定元素

β 稳定元素可降低钛的 β 转变温度，按晶格类型及与钛形成二元相图的特点，分为 β 同晶稳定元素和 β 共析稳定元素两类。前者具有与 β 钛相同的晶格类型，如 V、Mo、Nb、Ta 等，它们能与 β 钛无限互溶，与 α 钛有限溶解；后者在 α 和 β 钛中均为有限溶解，在 β 中的溶解度更大些，与钛形成具有共析反应的相图，如 Mn、Cr、Fe、Si、Cu、Ni 等。在两类稳定元素中，β 同晶稳定元素能以置换方式大量固溶入 β 钛中，产生的晶格畸变较小，在提高强度的同时，能使固溶体保持较高的塑性。另外，用 β 同晶稳定元素强化的 β 相，组织稳定性较好，且温度变化时 β 相不会发生共析或包析反应生成脆性相。故 β 同晶元素在钛合金中被广泛应用。

稳定元素的加入稳定了 β 相，其含量的增加降低了 β 转变温度，决定了钛合金中 β 相的数量及稳定程度。当 β 稳定元素含量达到某一临界值（临界浓度）时，较快冷却能使合金中的 β 相保持到室温；临界浓度记为 C_k，用以衡量各种 β 稳定元素稳定 β 相的能力。常用 β 稳定元素的临界浓度见表 11-21。C_k 越小，则元素稳定 β 相的能力越强。除此之外，为了衡量钛合金中 β 相的稳定程度或 β 稳定化元素的作用，人们提出了 β 相稳定系数 K_β 的概念。K_β 是指钛合金中各 β 稳定元素浓度与各自的临界浓度比值之和。显然，K_β 值越大，钛合金的 β 稳定元素总含量越高，β 相数量越多。按照 K_β 值及退火或空冷后的组织，工业上钛合金分为：α、近 α、α+β 及 β 型四大类（图 11-26）。其中，α 钛合金的 K_β 值接近零，这类钛合金几乎不含 β 稳定元素，退火组织基本为等轴 α 相，铝当量为 5%~6%，主要合金元素是 α 稳定元素及中性元素；近 α 钛合金的 K_β 值小于 0.23，这类钛合金主要靠 α 稳定元素固溶强化，另有少量的 β 稳定元素，使退火组织中有少量的 β 相，以改善压力加工性，使钛合金具有一定的热处理强化效果，并抑制 α_2 相的析出；（α+β）钛合金的 K_β 值在 0.23~1.0 范围内，也称为两相钛合金，这类钛合金中铝当量一般控制在 8% 以下，β 稳定元素的含量为 2%~10%，主要是为了获得足够数量的 β 相，以进一步改善钛合金的压力加工性和热处理强化能力；β 钛合金的 K_β 值大于 1，可细分为近 β 钛合金（$K_\beta=1\sim1.5$）、亚稳 β 钛合金（$K_\beta=1.5\sim2.5$）及稳定 β 钛合金（$K_\beta>2.5$），常用的是近 β 和亚稳 β 钛合金。β 钛合金的铝当量一般为 2%~5%，其中加入了较多的 β 稳定元素，通过水冷或空冷得到几乎全部的等轴亚稳 β 相。亚稳 β 相时效后，形成弥散的 α、稳定 β 或其他第二相，使钛合金强度大幅度提高。

表 11-21　常用 β 稳定元素的临界浓度

合金元素	Mo	V	Nb	Ta	Mn	Fe	Cr	Co	Cu	Ni	W
C_k(%)	11	14.9	28.4	40	6.5	5	6.5	7	13	9	22

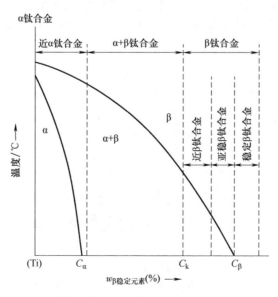

图 11-26　钛合金分类与钛合金平衡组织及成分关系图

235

11.3.2 钛合金的相变

钛合金中相变比较复杂，除了钛的同素异构变化之外，还有马氏体相变、ω 相变等。

1. 马氏体相变

纯钛自 882.5℃ 以上温度或合金元素含量低于 C_k 的钛合金在 β 相区温度以足够冷却速度快冷时，金相试样表面出现浮凸，组织中出现马氏体。这说明在快冷过程中钛及钛合金发生了马氏体相变。这种马氏体是 α 稳定元素过饱和的固溶体，通过 β 相中原子集体有规律地近程迁移，发生切变相变形成的。马氏体相变在实质上是一种广义的同素异构转变。

若 β 稳定元素含量不高，钛合金淬火时 β 相将由体心立方晶格切变为密排六方晶格，形成的过饱和固溶体为六方马氏体，用 α' 表示；若 β 稳定元素含量较高，晶格切变阻力较大，淬火时 β 相由体心立方晶格切变为斜方晶格，形成的过饱和固溶体称为斜方马氏体，用 α'' 表示。钛合金的马氏体转变开始和终了温度分别记为 Ms、Mf 点，它们随 β 稳定元素含量增加而降低。当 β 钛合金中 β 稳定元素含量高于 C_k 时，Ms 点降至室温以下也不发生马氏体转变，这种 β 相称为过冷或亚稳 β 相。若 β 稳定元素浓度超过 C_k 很多并超过图 11-26 中的 C_β 时，则无论快冷或慢冷，β 相都不会发生任何转变。

α' 与合金元素含量相关。含量较低时，Ms 点高，α' 的光学组织为具有表面浮凸效应的块状集团，每个集团内的马氏体板条相互平行，各集团之间由小角度晶界隔开，马氏体板条内主要是密集位错的精细结构，基本上不存在孪晶，α' 的典型组织如图 11-27 所示。随合金含量增加，块状 α' 集团尺寸减小，甚至可以减小到变成单片的 α'，每片 α' 之间均有不同的位向关系，同时片内出现较多的孪晶，这种马氏体称为针状马氏体，其典型组织如图 11-28 所示。当合金元素含量更高时，在一些钛合金中可能会出现具有更细针状形态的 α''，其中有密集的孪晶，典型组织如图 11-29 所示。应指出，并非所有钛合金系中均出现 α''，在二元钛合金中，只有钛原子与合金元素原子半径之比小于 1.07 时，才可能形成 α''。此外，过冷 β 相受力时也可能发生马氏体转变，该现象尤其在 β 稳定元素含量略高于 C_k 的某些 β 钛合金中容易发生，形成应力诱发马氏体。该组织均具有 α'' 晶体结构，也呈针状，如图 11-30 所示。

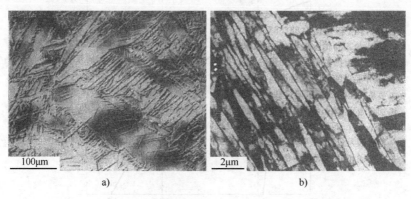

a)   b)

图 11-27 块状 α' 马氏体的组织形态（Ti-1.78Cu 合金，900℃ 水冷）

a) 光学显微组织照片 b) 电子显微组织照片

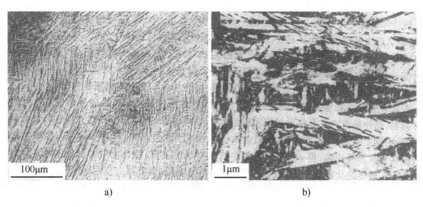

图 11-28 针状 α′马氏体的组织形态（Ti-12V 合金，900℃水冷）

a）光学显微组织照片 b）电子显微组织照片

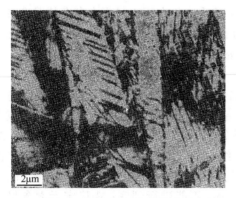

图 11-29 针状 α″马氏体形态
（Ti8.5Mo0.5Si 合金，950℃水冷）

图 11-30 应力诱发马氏体组织形态
（Ti14Mo3Al 合金）

2. ω 相变

将 C_k 附近合金的 β 相从高温迅速冷却，可转变为 ω 相，该相与 β 相共生且共格，是 β ——α 转变的中间过渡相，其结构与合金元素含量有关。合金元素较少时，ω 相为六方结构；合金元素含量增加，逐步过渡到棱方晶系。ω 相可由淬火时的 β 相形成，也可由淬火后亚稳 β 相在 550℃以下等温（回火或时效）转变而来。淬火时，β ——ω 转变属于无扩散相变，点阵改组时的原子位移很少，金相试样上不出现表面浮凸，这与经典马氏体转变不同。ω 相粒子尺寸很小，约为 2～4nm，分布高度弥散且密集，体积分数可达 80%以上。等温回火时，ω 相的形核仍以切变方式进行，长大依靠原子扩散，这与淬火 ω 相不同。等温时由亚稳 β 相转变而成的 ω 相称为等温 ω 相或时效 ω 相，它的形成是由于亚稳 β 相在等温时发生了溶质原子偏聚，形成了溶质富集区和贫化区，当贫化区溶质浓度接近 C_k 时，即可发生 ω 转变。等温 ω 相一般有椭球体和立方体两种形态（图 11-31），这与合金元素在 ω 相和 β 相共格界面造成的错配度高低有关。ω 相硬而脆，在合金中出现时，强度、硬度和弹性模量显著提高，塑性急剧降低；当其体积分数超过 80%时，钛合金无宏观塑性；如体积分数适当（约 50%），则钛合金可有良好的强度与塑性配合。

在回火或时效时，如果钛合金中含铝，可促进 α 相在亚稳 β 相中的形核和长大。α 相长

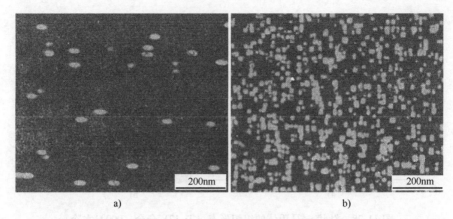

图 11-31　等温 ω 相电镜照片（暗场）

a）椭球体　b）立方体

大要消耗母体（β+ω），从而降低 ω 相的稳定性，即降低 ω 相在回火过程中存在的温度及时间范围。杂质元素氧是强 α 稳定元素，也抑制 ω 相的形成。一般工业钛合金中都含有较多的铝，故在回火或时效工艺适当时，一般可使钛合金中的 ω 相充分分解。

3. 钛合金慢冷却中的相变

对钛合金相变影响最大的是 β 稳定元素。图 11-32 所示为 Ti-β 同晶元素二元系固态平衡相图，此图可用来分析钛合金慢冷（如退火中的炉冷或大型工件空冷）过程。图中 T_0 点为纯钛的同素异构转变温度，若相图远点是钛合金，则 T_0 点可扩展为一个温度区间（图 11-26）；$T_0 C_\beta$ 线表示 β ——→α 转变开始温度线，即 β 相变点线；$T_0 C_\alpha$ 线为 β ——→α 转变终止线。由图可知，β 稳定元素含量小于 C_α 的钛合金，无论从何种温度炉冷，组织均为 α 单相，但空冷时，钛合金组织中往往残留少量的 β 相，因为 β ——→α 不能进行到底；β 稳定元素含量大于 C_β 时，任何温度下慢冷或快冷，均为单相 β 组织；成分位于 $C_\alpha \sim C_\beta$ 的钛合金自 β 相区慢冷时，α 相不断从 β 相中析出，两相成分分别沿 $T_0 C_\beta$ 及 $T_0 C_\alpha$ 线变化，相变时 α 在 β 晶界形核，并沿晶界长大成为网状晶界 α，同时在晶界处 α 相以片状向 β 晶内生长，平行排列形成 α 片丛，每个片丛为一个 α 束域，该形态的 α 往往称为魏氏组织，如图 11-33 所示。

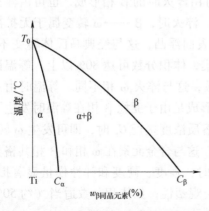

图 11-32　Ti-β 同晶元素二元系固态平衡相图

图 11-33　片状 α 相（IMI685 合金，β 相区炉冷）

　　钛合金从（α+β）两相区慢冷时，由于冷却前组织中已存在 α 颗粒（称为初生 α），冷却过程中 α 相沿初生 α 颗粒边界析出，使初生 α 颗粒粗化，也可在初生 α 颗粒边界形核后向 β 相内生长，形成 α 束域。在慢冷过程中从 β 晶粒中析出的 α 束域组织，统称为β 转变组织；但习惯上，β 转变组织特指两相区温度加热并冷却时，由 β 晶粒转变所得的组织。

　　4. 钛合金快速冷却中的相变

　　钛合金快冷时的相变比较复杂，存在 β ——→α′、α″、ω 及亚稳 β 的相变过程，获得的相与组织取决于淬火加热温度及原始组织状态等因素，这需用亚稳相图（图 11-34）表示。该图与平衡相图相比，增加了 T_0C_k 及 T_0C_1 线，在成分坐标上增添了 C_0、C_2、C_3 点。三个点分别对应于快冷时开始出现 α″、ω 及不再出现 ω 的 β 稳定元素含量界限，T_0C_k 线为马氏体相变开始线，也称为 Ms 线；T_0C_1 线为马氏体相变终止线，也称 Mf 线。由图可知，β 稳定元素含量低于 C_0 的钛合金自 β 相区淬火得到 α′ 相；成分在 C_0C_1 之间的钛合金得到 α″相；成分在 C_1C_2 之间的钛合金得到 α″ 及残余 β 相；成分在 C_2C_3 之间的钛合金淬火过程中发生 ω 相变生成 ω 相与残余 β 相的弥散混合物。成分在 C_2C_k 之间的钛合金淬火产物中还有α″相。

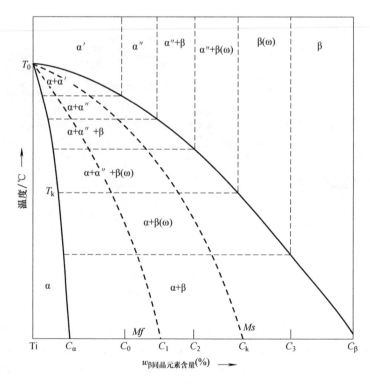

图 11-34　Ti-β 同晶二元系亚稳相图

　　如果将钛合金只加热到 α+β 两相区（即 $T_0C_β$ 线以下）温度，则钛合金组织中存在 α 相。与 α 相共存的 β 相成分，根据杠杆定律应位于此温度水平线与 $T_0C_β$ 线的交点上。快冷时 α 相不发生转变，只有 β 相发生转变，其转变产物由 β 相成分决定。因此，可作一系列水平线段，将 α+β 两相区分隔成不同的温度区间，分别将自各区间内温度淬火所得的组织（或相组成物）标于各区间内，如图 11-34 所示，根据该图，可预测任何成分的钛合金自任何温度淬火所得组织。例如，从略高于 T_k 温度淬火所得组织为 $\alpha+\alpha''+\beta(\omega)$。

5. 亚稳相的分解

按照图 11-34，在较快冷却条件下，将形成具有 α'、α''、ω 及亚稳 β 等相的组织。这些相是不稳定的，一旦有条件（如加热），便要分解。它们的分解过程比较复杂，但最终产物均为平衡态的 α 相、β 相。若钛合金中存在 β 共析元素，且在分解过程中能够发生共析反应，则部分 β 会发生 $\beta \longrightarrow \alpha+Ti_xM_y$ 反应，生成一些 Ti_xM_y 化合物。在亚稳相分解过程的一定阶段，可以获得弥散分布的 α、β 相，造成弥散强化效应。这是大多数钛合金能够进行热处理强化（淬火时效强化）的基本原理。

（1）六方马氏体 α' 的分解 α' 时效时的分解过程与 β 稳定元素含量有关。当钛合金中 β 稳定元素含量较低时，α' 的分解过程一般为：$\alpha' \longrightarrow \alpha+\alpha' \longrightarrow \alpha+\beta$。即 α' 相首先析出 α 相。随着 α 相的析出，α' 相内 β 稳定元素浓度不断增大，最终改组为 β 晶格。α 相既可在 α' 相中形核，也可以在已形成的 β 相中继续形核，形核主要位置为相界、位错等。

当钛合金中 β 稳定元素含量较高，且主要为 β 同晶元素时，α' 的分解过程一般为：$\alpha' \longrightarrow \alpha'+\beta \longrightarrow \alpha+\beta$，即 α' 相首先析出 β 相。随着 β 相的析出，α' 相内 β 稳定元素浓度不断降低，最终其晶格常数变为与 α 相的相同，即转变为 α 相。β 相的析出位置如图 11-35 所示。

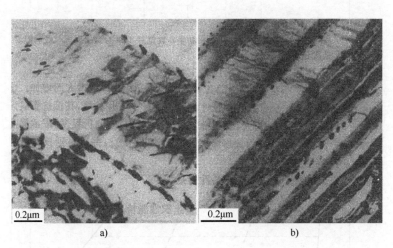

图 11-35　TC4 合金的 α' 时效时 β 相析出位置

a）在 α' 相边界及晶内形核　b）在位错上形核

当钛合金中 β 稳定元素含量较高，且存在 β 共析元素时，α' 相的分解过程为：$\alpha' \longrightarrow \alpha'+\beta \longrightarrow \alpha+\beta \longrightarrow \alpha+Ti_xM_y$、$\alpha' \longrightarrow \alpha'+Ti_xM_y \longrightarrow \alpha+Ti_xM_y$ 或 $\alpha' \longrightarrow \alpha'+\beta \longrightarrow \alpha+\beta \cdots\cdots \longrightarrow \alpha+Ti_xM_y$。前两个反应适用于 α' 相中含快共析元素的情况，后一反应出现在 α' 相中含慢共析元素的情况。对于含快共析元素的 α' 相，Ti_xM_y 化合物形成过程是在 α' 相分解初期，与 β 相的析出同时，形成快共析元素的富化区（即过渡相），并与 α' 相共格，在继续时效过程中，这些过渡相再转变为半共格或共格的化合物，有些化合物（如 Ti_5Si_3）也可在相界及位错线上直接析出。对于含慢共析元素的 α' 相，其分解时倾向于首先析出 β 相。至于共析反应是否能发生，则取决于溶质浓度、时效温度及时间等因素。

（2）斜方马氏体 α'' 相的分解 α'' 相的分解过程因其成分、溶质性质、淬火组织中与 α'' 共存相及热处理状态的不同而不同。α'' 相的分解有以下几种方式：

$$α'' \longrightarrow 亚稳\ β+α''(贫) \longrightarrow 亚稳\ β+α' \longrightarrow β+α$$
$$α'' \longrightarrow α+α''(富) \longrightarrow 亚稳\ β+α \longrightarrow β+α$$
$$α'' \longrightarrow α''(富)+α''(贫) \longrightarrow 亚稳\ β+α''(贫) \longrightarrow β+α$$
$$α'' \longrightarrow 亚稳\ β \longrightarrow β(贫) \longrightarrow ω \longrightarrow α \longrightarrow β+α$$
$$α'' \longrightarrow 亚稳\ β \longrightarrow β(富) \longrightarrow β \longrightarrow β+α$$

（3）亚稳 β 相的分解　时效温度下，密排六方的 α 相在体心立方的亚稳 β 相中形核比较困难，因此，β 相必须经过一些中间过渡阶段才能析出 α 相。至于形成何种过渡相，则取决于钛合金的化学成分和时效温度。最常见的过渡相是 ω 相和 β′ 相。等温 ω 相在前文已做介绍；β′ 相是在 200~500℃ 时，由 β 稳定元素含量较高的钛合金亚稳 β 相中分离出来的另一种成分的体心立方过渡相。β′ 相在 β 相基体内均匀分布，与 β 相共格，但所含 β 稳定元素比 β 相少。亚稳 β 相的时效分解过程一般为：亚稳 β $\longrightarrow$ β+β′ $\longrightarrow$ α''+β $\longrightarrow$ α+β 或亚稳 β $\longrightarrow$ β+β′ $\longrightarrow$ ω+β $\longrightarrow$ α+β。

（4）ω 相的分解　α′ 相时效时的分解过程与 β 稳定元素含量有关。淬火 ω 相在时效时与其他亚稳相一起分解成（α+β）相；而等温 ω 相则是亚稳 β 相或 α'' 相分解过程中的过渡相，当时效温度和时间合适时，最后也要分解为（α+β）相。

（5）过饱和 α 相的分解　经过淬火后，一些稳定元素、中性元素及一些快共析元素（Si、Cu 等）可能在 α 相中过饱和，这些过饱和 α 相在时效过程可能发生 α $\longrightarrow$ α₂ 的析出。α₂ 为有序的硬脆相，名义成分为 Ti₃M（M = Al，Sn 等），一般呈椭球状、杆状或细颗粒状分布在 α 相基体内。

（6）共析分解　钛与共析元素组成合金系时，在一定成分或温度范围内发生 β $\longrightarrow$ α+Ti$_x$M$_y$ 的共析反应。反应速度与元素是快共析元素还是慢共析元素有关，也与元素浓度、反应温度及杂质元素有关。在共析反应容易进行的条件下，快冷过程中即可发生，此时甚至得不到过冷的亚稳 β 相。在含慢共析元素且共析温度又比较低的条件下，即使在共析温度保温几周时间，反应也不能开始。

11.3.3　钛合金热处理特点及工艺

1. 钛合金的热处理特点

1）马氏体相变不引起钛合金的显著强化。这与钢的马氏体相变不同，钛合金的热处理强化只能依赖淬火形成的马氏体时效分解。

2）同素异构转变难以细化晶粒；应避免形成使钛合金变脆的 ω 相。

3）导热性差可导致钛合金，尤其是 α+β 钛合金的淬透性差，淬火热应力大，使零件淬火时易翘曲；导热性差可能使钛合金局部温度过高，超过 β 相变点，导致魏氏组织的形成。

4）化学性质活泼。热处理时，钛合金与氧和水蒸气反应，在工件表面形成一定深度的富氧层或氧化皮；也可能吸氢，引起氢脆，使钛合金性能变差。

5）β 相变点差异大。即使是同一成分，冶炼炉次不同的钛合金 β 转变温度有时也相差很大，这一特点在制定工件加热温度时要特别注意。

6）在 β 相区加热时 β 晶粒长大倾向大，粗化的晶粒使合金的塑性急剧下降。故应严格控制加热温度和时间，在 β 相区加热的热处理应慎用。

2. 钛合金的退火

退火的主要目的是消除因各种加工变形产生的应力,提高材料的塑性,保证其具有一定的力学性能。钛合金常见退火方式有普通退火、等温退火、去应力退火等,各种退火方式的退火温度范围如图11-36所示。退火冷却方式为:炉冷到一定温度后空冷、分级冷却(在加热保温后,将工件迅速转入另一炉温较低的炉中,保温一定时间后空冷)。

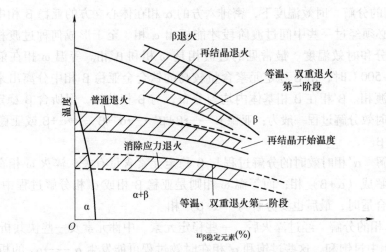

图 11-36 钛合金各种方式退火温度范围示意图

(1) 去应力退火 去应力退火的目的是消除钛合金在机械加工、冲压、弯边、焊接和其他工艺过程中出现的部分内应力。其温度较低,组织中空位浓度下降,会发生部分多边化,形成亚结构。退火后钛合金屈服强度略有降低,其他力学性能基本不变。退火保温时间取决于工件的变形加工过程、所需消除应力的程度和工件截面尺寸。机械加工件一般退火 0.5 ~ 2h,焊接件为 2 ~ 12h。

(2) 普通退火 普通退火目的是基本消除钛合金半成品中的应力,使其具有较高的强度和符合技术条件要求的塑性。这种退火是一般冶金产品出厂时常用的热处理,其温度与再结晶开始温度相当或略低。此法实质是使经过热变形的半成品组织发生完全多边化和部分再结晶,以及使钛合金在热变形后得到的一些亚稳 β 相发生分解,从而使半成品完全消除内应力,且保持适当的强化状态,具有符合要求的塑性。

(3) 再结晶退火 再结晶退火目的是彻底消除加工硬化,调整组织中初生 α 相的比例和稳定组织。退火温度高于再结晶终了温度,保温时间根据工件厚度而定,厚度小于 5mm 时保温少于 0.5h,厚度大于 5mm 后,保温时间随厚度增加而适当延长,但一般不超过 2h。冷却方式采用出炉空冷。此法实质是将变形的晶粒转变为等轴晶。退火后的晶粒尺寸及初生 α 相数量、再结晶程度等,决定了钛合金的性能。一般再结晶退火后的材料强度低于普通退火的情况,但前者塑性更高。

(4) 等温退火 等温退火目的是获得最好的塑性及热稳定性,适合含 β 稳定元素较多的、高温下工作的两相钛合金。等温退火是先将工件加热到低于两相区上线温度 30 ~ 80℃,保温一定时间后炉冷至某一较低温度(比两相区上限温度低 300 ~ 400℃)下保温后,在空气中冷却。等温退火采用分级冷却方式,可使 β 相充分分解,并有一定的聚集。

(5) 双重退火和三重退火 双重退火和三重退火目的是改善钛合金的断裂韧性,稳定组织，获得良好的强度和塑性。此法一般适用于高温下工作的钛合金。双重退火是对钛合金进行两次加热和空冷。第一次加热温度相当于再结晶终了温度，使组织发生再结晶并具有合适体积分数的初生 α 相；第二次再加热到低于再结晶温度的某一温度（低于 β 相变点 300~500℃），保温较长时间，使第一次退火空冷得到的亚稳 β 相充分分解，从而产生一定程度的时效强化效果，以得到具有与普通退火强度相近、断裂韧性高及高温下稳定的组织。

三重退火原理与双重退火类似，只是将第二次退火分两次完成。三重退火的第一次退火与双重退火的目的及工艺相同，第二次退火温度略低于再结晶开始温度，保温时间较短，主要是使成形工序中的热校形易于进行，也有使组织进一步稳定的作用；第三次退火过程与双重退火的第二次退火相同（保温时间略短），目的仍是进一步稳定组织和实现一定程度的时效强化。

（6）预防白点退火　预防白点退火目的是去除钛及钛合金在轧制或锻压过程中吸进的氢气，从而保证工件工作的可靠性。预防白点退火在真空炉中进行，真空度不低于 0.133Pa。预防白点退火温度一般为 600~900℃，保温时间为 2~6h，空冷。应指出，钛合金真空退火比一般退火的晶粒长大倾向严重，故真空预防白点退火的温度不宜过高，时间也不宜过长。

3. 钛合金的强化热处理

根据前述钛合金相变理论，可通过淬火或固溶时效进行强化热处理。如图 11-37 及图 11-38 所示，近 β 及亚稳 β 钛合金加热后快冷，或两相钛合金加热到低于 T_k 温度快冷时，不发生相变仅得到亚稳 β 组织（β 稳定元素欠饱和的固溶体），如对其进行时效，可获得弥散相使钛合金强化，该强化处理即为固溶时效处理。两相钛合金从高于 T_k 或近 α 钛合金从高于 Ms 温度快冷时，β 相发生无扩散相变，转变为马氏体。回火时，马氏体分解为弥散相，使合金强化，该强化热处理即为钛合金的淬火回火。钛合金形成马氏体时强化不显著，强化主要靠回火时马氏体分解所得的弥散相，这与亚稳 β 的时效强化机制相同。可见，钛合金的强化热处理可称为固溶时效处理，也可称为淬火回火处理，有时也笼统地称为淬火时效。三者之间并无原则上的区别。

强化热处理适用于 α+β 及亚稳 β 钛合金，有的近 α 钛合金有时也采用强化热处理。钛合金热处理工艺参数对强化效果有显著的影响，也与钛合金成分相关。例如，β 稳定元素含量较少的 α+β 型 BT14 钛合金，淬火温度超过 T_k 后，由于组织中出现了强度略高的 α′，淬火态的强度增加（图 11-37a）；β 稳定元素含量较高的 BT15 钛合金，淬火温度升高时，淬火后强度并不增加（图 11-37b），原因是组织中出现的 α″相强度较低；含 β 稳定元素更高的 BT16 钛合金，在 β 相变点附近淬火时，强度出现了最低值（图 11-37c），这是由于在此条件下淬火得到了单一亚稳 β 组织，其强度必然低于相变点以下淬火得到的 α+亚稳 β 组织。此外，两相钛合金在 T_k 温度附近淬火，$R_{p0.2}$ 出现最低值（图 11-37a、b），其原因是在拉伸应力作用下，C_k 成分附近的亚稳相中形成了应力诱发马氏体。此时钛合金具有良好的冷成形性。

淬火温度会影响所得亚稳相的比例（图 11-38），进而影响时效强化效果。一般条件下，组织中亚稳的 β 相和 α″相越多，时效强化效果越明显。例如，BT16 钛合金在略低于相变点附近淬火时的时效强化效果最好（图 11-39），就是因为此时组织中的 β 相和 α″相较多。

243

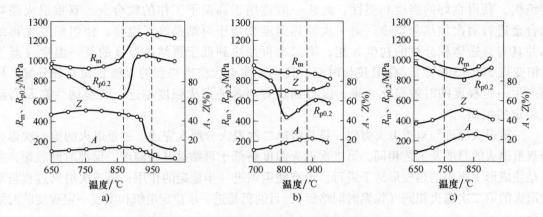

图 11-37 钛合金淬火后力学性能与淬火温度的关系
a) BT14 b) BT15 c) BT16

固溶（时效）加热温度一般在相变点附近，应根据钛合金成分及性能要求来确定。α+β型钛合金常在 α+β 相区加热，通常比两相区上限温度略低或低 50~60℃；对 β 型钛合金，应在稍高于 β 转变点的温度加热，以免晶粒过分长大。对于保温时间，应在热透的前提下尽可能缩短，因为固溶处理温度通常比较高，氧化严重。保温时间可按经验式 $\tau=(5\sim8)+AD$ 计算，其中 τ 为保温时间（min）；A 为保温时间系数（3min/mm）；D 为零件有效厚度（mm）。固溶（淬火）时，一般在冷水中冷却，对于薄壁零件或小零件，可在油中或空气中冷却。

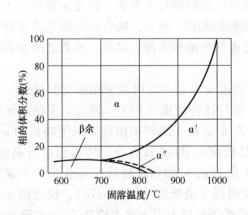

图 11-38 TC4 钛合金（Ti6Al4V）不同温度淬火相的组成

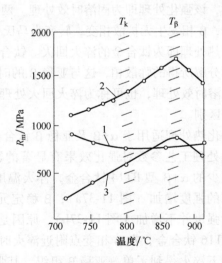

图 11-39 BT16 钛合金（φ12mm 棒材）时效后强度与淬火温度的关系
1—淬火后 2—时效后 3—时效强化效果

时效温度通常高于 450℃、低于 600℃。对于耐热钛合金，温度应高于工作温度 50~100℃；时效时间通常为 4~10h 或更长一些。时效后在空气中冷却。几种钛合金固溶处理及时效工艺规范见表 11-22。

表 11-22 几种钛合金固溶处理及时效工艺规范

合金牌号	名义化学成分	产品类型	固溶处理			时效		
			加热温度/℃	保温时间/h	冷却介质	加热温度/℃	保温时间/h	冷却介质
TC4	Ti-6Al-4V	薄板材>6.4mm	850~930	0.5~2	水	450~600	2~6	空气
		板材	900~940	$\frac{1}{12}\sim\frac{1}{6}$	水	540	4	空气
		棒、锻件挤压件	925~955	0.5	水	540	4	空气
			955±15	2	水	540	4	空气
TC6	Ti-6Al-2.5Mo-1.5Cr-0.3Si-0.5Fe		840~900	$\frac{1}{3}\sim2h$	水	500~620	1~4	空气
TC11	Ti-6.5Al-3.5Mo-1.5Zr-0.3Si		β 热处理β相变点以上 20~30℃再于 950±10	0.5 / 1~2	油空气	550±10	6~7	空气
TC16	Ti-3Al-5Mo-4.5V		780~830	1.5~2.5	水	500~580	6~10	空气
TC17	Ti-5Al-2Sn-2Zr-4Mo-4Cr	β 锻造	800±10	4	水	585~685	8	空气
			840±10	1	空气			
		α+β 锻造	800±10	4	水			
TC18	Ti-5Al-4.75Mo-4.75V-1Cr-1Fe		700~760	1	水	500~560	8~16	空气
TC19	Ti-6Al-2Sn-4Zr-6Mo		870	1	水	595	8	空气

4. 钛合金的形变热处理

钛合金的形变热处理工艺有高温和低温形变热处理两种，工艺曲线如图 11-40 所示。两相钛合金多采用高温变形热处理，变形终止后立即进行水冷；变形温度一般不超过 β 相变点，变形度为 40%~70%。高温变形后立即淬火，可使压力加工变形时晶粒内部产生的高密度位错或其他晶格缺陷全部或部分地保留至室温，在随后的时效过程中，作为析出相的形核位置，使析出相高度弥散，并均匀分布，从而显著增强时效强化效果。两相钛合金形变热处理后，R_m 比一般的淬火时效处理提高 5%~10%，R_{eL} 提高 10%~30%。如时效前预先对钛合金进行冷变形，也可在组织中造成高密度位错及大量晶格缺陷，随后进行时效，也可获得同样效果。因此，低温或高温形变热处理都适用于 β 钛合金，也可将两者结合在一起使用。应指出，β 钛合金淬透性较好，高温变形终止后可进行空冷，高温变形温度对其影响敏感性比两相钛合金的低，故生产中 β 钛合金更宜采用高温形变热处理。

245

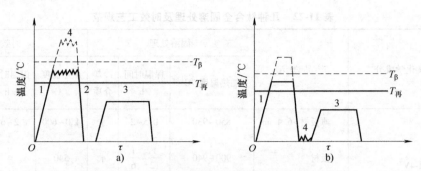

图 11-40　钛合金常用的形变热处理工艺过程示意图

a) 高温形变热处理　b) 低温形变热处理

1—加热　2—水冷　3—时效　4—高温或低温变形　T_β—β 相变温度　$T_再$—再结晶温度

11.4　镁合金的热处理

镁合金是航空工业中应用较多的一种有色金属，其密度比铝还小，比强度和比刚度较高，减振能力好，能承受较大的冲击振动载荷。镁合金还具有优良的切削加工和抛光性能，易于进行铸造和热加工，可生产各类铸件、锻件以代替铝合金使用，可制作各种框架、壁板、起落架的轮毂、发动机的机匣、机架、仪表、电动机壳体等。

11.4.1　镁合金化与热处理原理

镁的合金化原理是利用固溶强化和时效处理所造成的沉淀硬化，提高合金的常温和高温性能。因此，所选择的合金元素在镁基体中应有较高的固溶度，并随温度变化有较明显的变化，在时效过程中能形成强化效果显著的第二相。此外，要考虑合金元素对镁合金耐蚀性和工艺性的影响。目前应用的铸造或变形镁合金都集中在以下几个合金系：Mg-Al-Zn 系，如 AZ40M，AZ41M，ZM5；Mg-Zn-Zr 系，如 ZM1，ZK61M；Mg-RE-Zr 系或 Mg-RE-Mn 系，如 ZM3，ME20M。

其中，Mg-Al-Zn 和 Mg-Zn-Zr 系是发展高强镁合金的基础，Al、Zn 是主要合金元素，均与 Mg 构成共晶系相图，分别如图 11-41 和图 11-42 所示。Mg-Al 共晶温度为 437℃，共晶反应为 L ⟶ δ(Mg)+γ，共晶成分 w_{Al} 为 32.3%；γ 相为 $Mg_{17}Al_{12}$，具有与 α-Mn 相同的立方晶体结构，$a=1.0469\sim1.0591nm$。437℃时铝在镁中的溶解度为 12.6%，其值随温度下降而迅速减小，室温下约为 1.5%。经固溶时效处理后，γ 相弥散析出，有一定的强化作用。

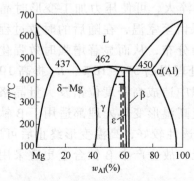

图 11-41　Mg-Al 合金相图

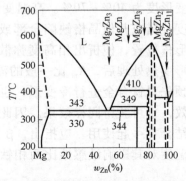

图 11-42　Mg-Zn 合金相图

在 Mg-Zn 合金相图中，富 Mg 端于 343℃进行 L $\longrightarrow$ α+Mg$_7$Zn$_3$ 共晶转变，在 330℃时发生 Mg$_7$Zn$_3$ $\longrightarrow$ α+MgZn 共晶转变。MgZn 化合物具有六方结构，$a = 0.533$nm，$c = 1.716$nm，熔点为 349℃。在共晶温度下，锌在镁中的溶解度为 8.4%，室温下则小于 1.0%。MgZn 是 Mg-Zn 系合金的强化相，它比 Mg-Al 系合金中 Mg$_{17}$Al$_{12}$ 的强化效果好。

Zr 在镁合金中为辅助元素。Mg-Zr 组成包晶系，包晶温度为 654℃，反应为 L $\longrightarrow$ α(Zr) $\longrightarrow$ α（图 11-43）。锆在镁中的溶解度在 654℃时为 3.6%，300℃时降到 0.3%。Zr 的主要作用是细化晶粒，即在熔融镁合金冷凝过程中，首先结晶出具有与镁相同晶体结构的 α-Zr，起到非自发晶核的作用，使组织明显细化；同时还有相当固溶强化效果，可以全面改善合金的强度和塑性。Zr 的另一个作用是净化镁合金，因为 Zr 能与 Mg 中杂质 Fe 在熔炼过程中化合生成 Zr$_2$Fe$_3$、ZrFe$_2$，可提高镁合金纯度，改善合金的力学性能和耐蚀性。

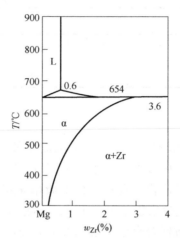

图 11-43　Mg-Zr 相图

上述镁合金使用温度不高于 150℃，而 Mg-RE-Zr 和 Mg-RE-Mn 系可在 150~250℃范围内工作，属于耐热镁合金。该 Mg 合金中常用的 RE 包括 Nd、Ce、La 及混合稀土 MM，它们与 Mg 构成类似的共晶系和相近的相组成。Mg-RE-Zr 合金中 Zr 的主要作用仍是细化晶粒，对杂质有净化作用，可改善镁合金的耐蚀性。Mg-RE-Mn 合金中 Mn 有一定的固溶强化效果，同时可降低镁合金的原子扩散能力，提高耐热性，增加镁合金的耐蚀性。

与铝合金相同，镁合金的基本固态相变形式是过饱和固溶体的分解，它也是时效硬化的理论依据。下面结合主要镁合金系各自的相变特点加以介绍。

1. Mg-Al 系合金

Mg-Al 系合金在共晶温度以下，平衡组织为 δ 固溶体+Mg$_{17}$Al$_{12}$化合物。鉴于 Al 在 Mg 中的固溶度从 437℃时的 12.6%降到室温下的约 1%，利用淬火处理可获得过饱和 δ 固溶体。该固溶体在随后时效过程中不经任何中间阶段直接析出非共格的平衡相 Mg$_{17}$Al$_{12}$，不存在预沉淀或过渡相阶段。Mg$_{17}$Al$_{12}$相有连续析出和非连续析出两种类型的形成方式。这两种方式在一般情况下是共存的，通常以非连续析出为先导，然后进行连续析出。这表明前者在能量上处于有利地位，易于形成。非连续析出大多从晶界或位错处开始，Mg$_{17}$Al$_{12}$以片状形式按一定取向往晶内生长，附近的 δ 固溶体同时达到平衡浓度。从晶界开始的非连续析出进行到一定程度后，晶内产生连续析出，Mg$_{17}$Al$_{12}$相以细小片状形式沿基面（0001）生长，与此相应，基体铝含量不断下降，晶格常数连续增大。

连续及非连续析出在时效组织中所占相对量与镁合金成分、淬火加热温度、冷却速度及时效规范等因素有关。AZ92A（Mg-9Al-2Zn）合金时效组织、力学性能与淬火冷却速度的关系见表 11-23。可以看出，冷却速度增加，连续析出量占比越高，进而对强化效果产生影响。此外，时效强化主要表现在提高屈服强度，而抗拉强度变化较小。

表 11-23　淬火速度对 AZ92A 合金时效组织及力学性能的影响

410~190℃之间的冷却时间/s	连续析出和非连续析出量之间的比例	时效规范		$A(\%)$	$R_{p0.2}$/MPa	R_m/MPa
		时间/h	温度/℃			
190	0.40	18	175	2	169	281
65	0.65	18	175	1.8	176	294
5	0.88	18	175	2.2	211	312
0.5	0.96	18	175	3.5	209	338
各种冷却速度[①]	—	—	—	2	110	280

① 指淬火状态性能。

2. Mg-Zn 系合金

Mg-Zn 系合金的时效过程比较复杂，存在预沉淀阶段。110℃ 以下，可以观察到发生 G. P. 区 $\longrightarrow$ β′ $\longrightarrow$ β（MgZn）；110℃ 以上，不形成 G. P. 区，发生 α $\longrightarrow$ β′ $\longrightarrow$ β（MgZn）。β′ 相是亚稳过渡相，尺寸小，呈片状，具有与拉维斯相 $MgZn_2$ 相同的结构，稳定性高。Mg-Zn 系合金时效为连续析出，强化效果超过 Mg-Al 系，且随 Zn 含量增多而增强（见表 11-24）。但 Mg-Zn 系合金晶粒易长大，故镁合金中常加入少量的 Zr，以细化晶粒和改善合金的力学性能。

表 11-24　不同 Mg-Zn 二元合金的力学性能

$w_{Zn}(\%)$	原始加工状态			淬火态			淬火+人工时效/176℃×16h		
	$A(\%)$	$R_{p0.2}$/MPa	R_m/MPa	$A(\%)$	$R_{p0.2}$/MPa	R_m/MPa	$A(\%)$	$R_{p0.2}$/MPa	R_m/MPa
2	11	35	180	11	35	180	8	40	175
4	9	50	180	8	40	180	50	110	190
6	5	65	180	6	55	190	2	160	220
8	4	75	170	5	75	190	1	175	240

3. Mg-RE 系合金

Mg-RE 系合金时效强化相为 Mg_9RE 或 $Mg_{12}RE$。稀土元素中 Nd 在 α 固溶体中溶解度（约 4%）较大，Mg-Nd 系合金的时效强化效果最显著。目前，对于 Mg-RE 系合金的时效序列，尚存争议。有著作认为这类合金的过饱和固溶体分解过程中，不存在明显的预析出阶段，直接形成 Mg_9Nd、Mg_9Ce 等平衡相；但有实验却表明存在中间过渡相，沉淀序列为：α 过饱和固溶体 $\longrightarrow$ G. P. 区 $\longrightarrow$ β″ $\longrightarrow$ β′ $\longrightarrow$ β（Mg_9Nd），过渡相与基体之间保持共格关系。

Mg-RE 系的时效产物弥散度高，与硬化峰值相对应的时效组织在普通光学显微镜下难以分辨，只在晶界处有较深的侵蚀色，这是由强化相优先在晶界析出所致。在工业应用中，Mg-

RE 系合金中常加少量 Zn，这对固溶强化具有补充作用，还能增强时效硬化效应。此时的强化相为（Mg，Zn）,RE。

4. Mg-Mn 系合金

Mg-Mn 系合金时效时，不经过预析出阶段，直接形成 α-Mn，该相具有立方晶格，强化效果较差，但热稳定性较高。单独的 Mg-Mn 系合金应用较少。

11.4.2　镁合金的热处理工艺

镁合金热处理类型与铝合金的基本相同，主要有退火、固溶处理、直接人工时效处理、固溶处理+人工时效。

1. 镁合金的淬火与时效

淬火与时效适用于变形和铸造镁合金的热处理强化。由于合金元素在镁中扩散缓慢和易于形成低熔点的偏析物，镁合金的淬火与时效具有以下特点：淬火加热温度较低，淬火加热速度缓慢，淬火保温时间较长，可以缓慢冷却，加热必须在保护气氛中进行，自然时效几乎没有强化效果。

（1）淬火

1）淬火温度。镁合金中偏析物熔点低，容易产生过烧，淬火加热应采用较低的温度，一般为 380~415℃。

2）加热速度。如果将镁合金快速加热到淬火温度，往往会因低于淬火温度的低熔点偏析物来不及扩散，而在晶粒边界发生局部熔化，使工件报废。为防止该现象的发生，通常采用较低温度（250~380℃）入炉，并随炉缓慢或分段加热的方法。

3）保温时间。淬火需要很长的保温时间，一般要数十小时。因为 Al、Zn 等合金元素在镁中扩散困难，加之过剩相需要充分溶入固溶体中。若生产中不需过剩相的充分溶解，保温时间可以适当缩短至十余小时。当采用一次缓慢加热代替分段加热时，其淬火温度下的保温时间，应为分段加热时各段保温时间的总和。

4）冷却速度。镁合金不像铝合金淬火时，需要大的冷却速度，一般在空气或热水（70~100℃）中冷却即可，因为镁合金中扩散过程进行得很慢，导致过剩相不易从固溶体中析出。应指出，与在空气中相比，在热水中冷却所得力学性能更高，但后者存在产生显微裂纹的风险，故镁合金多在空气中冷却。

5）加热介质。镁合金淬火加热通常在密封性较好的空气循环电炉中进行。为减少氧化和防止着火，需采用保护气氛。所用保护气氛不必完全去除炉中的空气，只需在炉中掺入一定量的惰性气体或其他防止镁氧化的气体即可。常用的保护气体有 Ar、CO_2、SO_2 等。需强调，镁合金不得在硝盐槽中加热，以防止着火或爆炸事故的发生。

（2）时效　镁合金淬火后的过饱和固溶体比较稳定，自然时效几乎没有强化效果。除了要求具有较高塑性的工件，一般都采用人工时效。人工时效温度与保温时间对时效效果的影响，与铝合金时效的情况相同，即提高时效温度可以加速时效过程，缩短时间；但温度过高或时间过长，会降低强化效果，甚至使合金软化。

2. 铸造镁合金的扩散退火

扩散退火的目的是消除因铸造而产生的内应力，减轻铸造偏析，改善组织，提高铸件的力学性能。该目的对于热处理可强化的镁合金，通过淬火可以达到，一般无需扩散退火。但对于不能通过热处理强化的铸造镁合金，则常常需要进行扩散退火。退火温度一般为

380~420℃，保温时间为 8~16h，然后随炉冷却。但在许多情况下，铸造镁合金不进行扩散退火而是在较低温度下进行去应力退火。退火温度为 170~300℃，保温时间 3~8h，在空气中冷却。

3. 变形镁合金的再结晶退火

再结晶退火目的是消除加工硬化，恢复塑性，便于继续进行冷变形加工或避免零件在使用时发生应力腐蚀。

热处理不能强化的变形镁合金（包括工业纯镁），再结晶退火时，发生回复-再结晶过程；而热处理可强化的变形镁合金，则还有过剩相在固溶体中的溶解和从固溶体中析出的过程。因此，再结晶温度必须高于镁合金的再结晶温度而低于过剩相强烈溶解的温度。退火时间较长，因为变形镁合金退火时发生的回复-再结晶过程及过剩相的溶解析出过程进行的比较缓慢。

退火的冷却方法对变形镁合金性能的影响不明显，故一般在空气中冷却。若要求镁合金获得最高塑性，可采用随炉冷却。为了使变形加工后的镁合金保持较高的强度，同时消除应力，使塑性部分地恢复，可以在低于再结晶温度的温度下，进行低温退火。退火温度一般为 190~230℃，保温时间 1~3h，然后在空气中冷却。

热处理不能强化的变形镁合金，在热变形加工后，一般无需退火。如有必要，可按再结晶退火工艺规范退火，以消除热加工应力。热处理可以强化的变形镁合金，通常进行淬火与时效处理，在热加工后也无需退火。

4. 常用镁合金热处理规范

常用镁合金热处理规范见表 11-25。

表 11-25　常用镁合金热处理规范

合金类别	合金系	合金牌号	固溶处理			时效（或退火）		
			加热温度/℃	保温时间/h	冷却介质	加热温度/℃	保温时间/h	冷却介质
高强度铸造镁合金	Mg-Al-Zn	ZM5	415±5	14~24	空气	—	—	
			415±5	14~24	空气	200±5	8	空气
	Mg-Zn-Zr	ZM1	—			175±5	28~32	空气
			—			195±5	16	空气
		ZM2	—			324±5	5~8	空气
		ZM8	480(H$_2$ 中)	24	空气	150	24	空气
耐热铸造镁合金	Mg-RE-Zn-Zr	ZM3	—			250±5	10	空气
			—			325±5	5~8	空气
		ZM4	570±5	4~6	压缩空气	—	—	—
			570±5	4~6	压缩空气	200	12~16	空气
		ZM6	530±5	8~12	压缩空气	205	12~16	空气
	Mg-Y	ZMg	—			310	16	空气

（续）

合金类别	合金系	合金牌号	固溶处理			时效（或退火）		
			加热温度/℃	保温时间/h	冷却介质	加热温度/℃	保温时间/h	冷却介质
高强度变形镁合金	Mg-Mn	MB1→M2M	—	—	—	340~400	3~5	空气
	Mg-Mn-Ce	MB8→ME20M	—	—	—	280~320	2~3	空气
	Mg-Al-Zn	MB2→AZ40M	—	—	—	280~350	3~5	空气
		MB3→AZ41M	—	—	—	250~280	0.5	空气
		MB5→AZ61M	—	—	—	320~380	4~8	空气
		MB6→AZ62M	—	—	—	320~350	4~6	空气
			380±5	—	—	—	—	—
		MB7→AZ80M	—	—	—	210±10	1	空气
			415±5	—	—	175±10	10	—
	Mg-Zn-Zr	MB15→ZK61M	—	—	—	150	2	空气
			515	2	水	150	2	空气

11.4.3 镁合金热处理缺陷及防止方法

镁合金热处理常见的缺陷为晶粒长大、表面氧化、过烧及变形等。镁合金热处理时产生的缺陷及其原因和防止方法见表 11-26。

表 11-26 镁合金热处理时产生的缺陷及其原因和防止方法

缺陷名称	产生原因	防止方法
氧化	热处理时未使用保护气体	使用含 SO_2 量为 0.5%~1.5%，或含 CO_2 量为 3%~5% 或在真空、惰性气体保护下进行热处理
过烧	① 加热速度太快 ② 超过了合金的固溶处理温度 ③ 合金中存在较多的低熔点物质 ④ 炉温控制仪失灵，炉温过高 ⑤ 加热不均匀，使工件局部温度过高	① 采用分段加热，或从 260℃ 升温到固溶处理温度的时间要适当延长 ② 炉温控制在 ±5℃ 范围以内，加强对仪表的检查校正 ③ 降低镁合金中锌含量到规定的下限 ④ 保持炉内热循环良好，使炉温均匀

（续）

缺陷名称	产生原因	防止方法
畸变与开裂	① 热处理中未使用夹具和支架 ② 工件加热温度不均匀	① 采用退火处理消除铸件中的残余应力 ② 加热速度要慢 ③ 工件壁厚相差较大时，薄壁部分用石棉包扎起来 ④ 采用夹具、支架和底盘等
晶粒长大	铸件结晶时使用冷铁，导致局部冷却太快，在随后热处理时，未预先消除内应力	热处理前先进行消除内应力处理；铸造结晶时选择适当的冷却速度；必要时采用间断加热方法进行固溶处理
性能不均匀	① 炉温不均匀，炉内热循环不良或炉温控制不好 ② 工件冷却速度不均匀	① 用标准热电偶校对炉温，热循环应良好 ② 控制炉温时热电偶放在规定的炉温均匀的地方 ③ 进行第二次热处理
性能不足（不完全热处理）	① 固溶处理温度低 ② 加热保温时间不足 ③ 冷却速度过低	① 经常检查炉子工作情况 ② 严格按热处理规范进行加热 ③ 进行第二次热处理
ZM5 合金阳极化颜色不良	① 固溶处理后冷却速度太慢 ② 合金中铝含量过高使 Mg_4Zn_3 相大量析出	① 应在固溶热处理后强烈鼓风冷却 ② 调整铝含量至规定的下限

本章小结及思维导图

　　固溶时效广泛用于强化有色金属（铝合金、铜合金、钛合金、镁合金）。固溶处理即为淬火处理，是先将室温下大于溶解度的合金加热保温，使合金元素溶入固溶体中，后经快冷在室温得到过饱和固溶体，基体一般不发生晶型转变；固溶处理后，在室温或高于室温的温度下对合金进行保温，使第二相从中析出即为时效。有色金属的固溶时效热处理以其相变为理论基础。本章思维导图如图 11-44 所示。

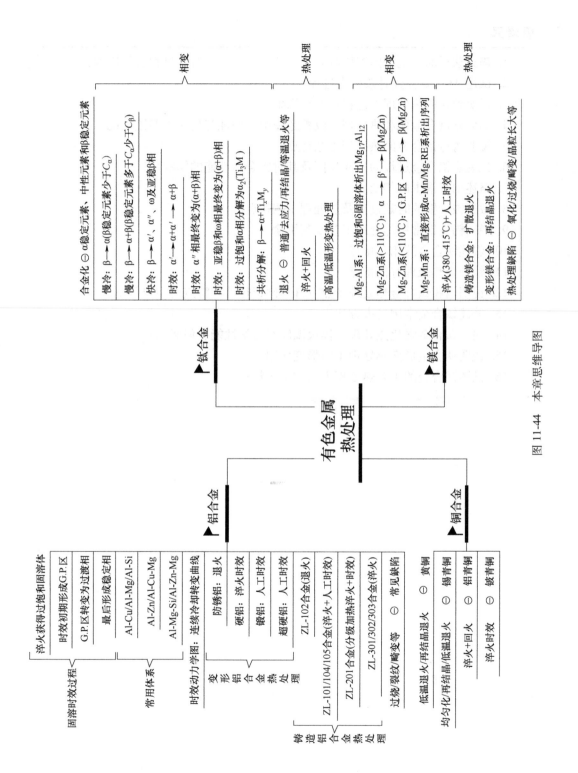

图 11-44　本章思维导图

思考题

1. 淬火获得的过饱和固溶体具有什么性质？它们对时效过程有何影响？
2. 试述 Al-4Cu 合金时效析出过程。
3. 说明硬铝的热处理工艺特点及注意事项。
4. 如何通过合金化和热处理来改善超硬铝的韧性与耐应力腐蚀性能。
5. 说明铸造铝合金的热处理工艺特点。
6. 试说明铝合金过烧的形成原因及其对铝合金性能的影响。
7. 略述铝青铜中的相变。
8. 叙述铍青铜的时效过程及热处理工艺特点。
9. 说明锡青铜常用热处理工艺及其用途。
10. 叙述钛合金的相变特点。
11. 钛合金热处理有何特点？
12. 说明两相钛合金热处理特点及其与硬铝热处理特点的主要区别。
13. 简述钛合金常用退火方法。
14. 何为钛合金强化热处理？淬火温度对力学性能有何影响？
15. 说明钛合金形变热处理中的形变作用。
16. 试述镁合金的主要热处理方式和工艺特点。

参 考 文 献

[1] 胡立光, 谢希文. 钢的热处理 [M]. 5版. 西安：西北工业大学出版社, 2016.

[2] 王顺兴. 金属热处理原理与工艺 [M]. 2版. 哈尔滨：哈尔滨工业大学出版社, 2019.

[3] 才鸿年, 马建平. 现代热处理手册 [M]. 北京：化学工业出版社, 2010.

[4] 马伯龙, 杨满. 热处理技术图解手册 [M]. 北京：机械工业出版社, 2015.

[5] 叶宏. 金属热处理原理与工艺 [M]. 北京：化学工业出版社, 2011.

[6] 张宝昌. 有色金属及其热处理 [M]. 西安：西北工业大学出版社, 1993.

[7] 朱明. 材料热处理原理及工艺 [M]. 徐州：中国矿业大学出版社, 2013.

[8] 崔忠圻. 金属学与热处理 [M]. 3版. 北京：机械工业出版社, 2020.

[9] 侯旭明. 热处理原理与工艺 [M]. 2版. 北京：机械工业出版社, 2015.

[10] 潘建生, 胡明娟. 热处理工艺学 [M]. 北京：高等教育出版社, 2009.

[11] 徐祖耀, 相变与热处理 [M]. 上海：上海交通大学出版社, 2014.

[12] 刘宗昌. 金属学与热处理 [M]. 北京：化学工业出版社, 2008.

[13] 崔忠圻, 刘北兴. 金属学与热处理原理 [M]. 3版. 哈尔滨：哈尔滨工业大学出版社, 2007.

[14] 李炜新. 金属材料与热处理 [M]. 北京：机械工业出版社, 2008.

[15] 赵乃勤. 热处理原理与工艺 [M]. 北京：机械工业出版社, 2012.

[16] 王学武. 金属材料与热处理 [M]. 北京：机械工业出版社, 2016.

[17] 叶宏. 金属材料与热处理 [M]. 北京：化学工业出版社, 2015.

[18] 胡保全. 金属热处理原理与工艺 [M]. 北京：中国铁道出版社, 2017.

[19] PERELOMA E, EDMONDS D V. Phase transformations in steels [M]. London：Woodhead Publishing, 2012.

[20] LIŠČIČ B, TENSI H M, CANALE L C F, et al. Totten. Quenching Theory and Technology [M]. Oxfordshire：Taylor & Francis, 2010.

[21] LAUGHLIN D E, HONO K. Physical Metallurgy [M]. Amsterdam：Elsevier, 2015.

[22] HAIDEMENOPOULOS G N. Physical Metallurgy：Principles and Design [M]. BocaRaton：CRC Press, 2018.

[23] BRYSON W E. Heat Treatment Master Control Manual [M]. Liberty Twp：Hanser Publications, 2004.

[24] HADESHIA H K D H B. Bainite in steels [M]. BocaRaton：CRC Press, 2001.

[25] 刘宗昌, 计云萍, 任慧平. 金属热处理原理的演变及成熟 [J]. 热处理技术与装备, 2020, 41：1-9.

[26] 柯观振. 我国金属热处理的现状与发展趋势探讨 [J]. 中国金属通报, 2018, 1：56-57.

[27] 辛西阳, 李胡勇. 工艺参数对高强建筑钢回火组织和性能的影响 [J]. 热加工工艺, 2016, 45：190-195.

[28] 段承轶, 詹卢刚. 调质工艺对Q690D钢综合力学性能及组织的影响 [J]. 钢铁研究学报, 2013, 25：48-53.

[29] 高朋, 高野, 陈俊, 等. 回火温度对DQ工艺1000MPa级高强钢组织及性能的影响 [J]. 金属热处理, 2019, 44：72-76.

[30] 宗影影, 薛克敏, 单德斌, 等. 热处理对BT14钛合金显微组织和力学性能的影响 [J]. 材料科学与工艺, 2004, 12 (5)：546-549.

[31] 郭春华, 孙强. 智能型真空渗碳技术的推广应用 [J]. 金属加工, 2020, 4：18-22.

[32] 姜如松, 廖永红. 40CrMnMo钢单体泵泵体淬火开裂分析及对策 [J]. 金属热处理, 2016, 41：187-191.

[33] GUIMARÃES J R C, RIOS P. Fundamental aspects of the martensitetransformation curve in Fe-Ni-X and Fe-C alloys [J]. Journal of Materials Research and Technology, 2018, 7 (4)：499-507.

[34] UMEMOTO M, HYODO T, Tatsuo Maeda, et al. Electron microscopy studies of butterfly martensite [J]. Acta Metallurgical, 1984, 32 (8)：1191-1203.

［35］STORMVINTER A, HEDSTRÖM P, BORGENSTAM B. A Transmission Electron Microscopy Study of Plate Martensite Formation in High-carbon Low Alloy Steels ［J］. Journal of Materials Science and Technology, 2013, 29（4）: 373-379.

［36］SHIM D H, LEE T, LEE J, et al. Increased resistance to hydrogen embrittlement in high-strength steelscomposed of granular bainite ［J］. Materials Science Engineering A, 2017, 700: 473-480.

［37］WAKASA K, WAYMAN C M. The morphology and crystallography of ferrous lath martensite studies of Fe-20% Ni-5% Mn-Ⅲ. Surface relief, the shape strain and related features ［J］. Acta Metallurgical, 1981, 29: 1013-1028.

［38］JEE K K , HAN J H, JANG W Y. Measurement of volume fraction of ε martensite in Fe-Mn based alloys ［J］. Materials Science and Engineering A, 2004, 378: 319-322.

［39］SATO H, ZAEFFERER S. A study on the formation mechanisms of butterfly-type martensitein Fe-30% Ni alloy using EBSD-based orientation microscopy ［J］. Acta Materialia, 2009, 57: 1931-1937.

［40］SHTANSKY D V, NAKAI K, OHMORI Y. Pearlite to austenite transformation in an Fe-2. 6Cr-1C alloy ［J］. Acta Materialia, 1999, 47（9）: 2619-2632.